机电一体化技术专业群"双高"项目建设成果

高等职业教育机电一体化技术专业系列教材

工业机器人虚拟仿真技术及应用

VIRTUAL SIMULATION TECHNOLOGY
AND APPLICATION OF INDUSTRIAL ROBOT

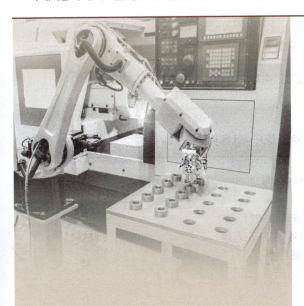

◎ 主　编　朱永丽　陈帅华
◎ 副主编　谢立夏　匡振骠　蒋雨芯　贺晓辉
◎ 参　编　蒋永翔　周旺发　王　帅　陈　宏　曾　辉
　　　　　　韩海川　薛　强　贾树鹏　刘　彦　韩　浩
　　　　　　郑　伟　白岩峰　王　哲　李　萌　王海玲

机械工业出版社
CHINA MACHINE PRESS

本书为重庆工程职业技术学院机电一体化技术专业群"双高"项目建设成果。本书以企业真实案例为载体，针对ABB公司的RobotStudio软件操作、Smart组件的使用、轨迹离线编程、动画效果的制作、仿真验证等进行了全面讲解。全书共9个项目，主要内容包括：认识、安装工业机器人仿真软件；构建基本仿真工业机器人工作站；工业机器人虚拟仿真3D建模；"匠"字离线轨迹编程；创建双机器人拆垛与码垛工作站；仿真调试双机器人拆垛与码垛工作站；创建基于输送链跟踪的焊接、码垛机器人工作站；创建带变位机的焊接机器人工作站；创建喷涂机器人工作站。

本书的内容符合高等职业教育专科层次工业机器人技术专业学生职业技能的培养要求和1+X工业机器人应用编程（中级）要求，可作为高等职业院校工业机器人技术、机电一体化技术和电气自动化技术等专业的教材，也可作为智能制造与自动化工程相关技术人员的进修与培训用书。

本书配有电子课件，凡使用本书作为教材的教师可登录机械工业出版社教育服务网www.cmpedu.com注册后下载。咨询电话：010-88379375。读者也可以登录智慧职教MOOC平台使用配套课程资源。

图书在版编目（CIP）数据

工业机器人虚拟仿真技术及应用 / 朱永丽，陈帅华主编 . — 北京：机械工业出版社，2024.4

机电一体化技术专业群"双高"项目建设成果　高等职业教育机电一体化技术专业系列教材

ISBN 978-7-111-75337-7

Ⅰ.①工…　Ⅱ.①朱…②陈…　Ⅲ.①工业机器人 – 计算机仿真 – 高等职业教育 – 教材　Ⅳ.①TP242.2

中国国家版本馆 CIP 数据核字（2024）第 054858 号

机械工业出版社（北京市百万庄大街22号　邮政编码100037）
策划编辑：薛　礼　　　　　责任编辑：薛　礼　王莉娜
责任校对：高凯月　梁　静　封面设计：张　静
责任印制：刘　媛
涿州市殷润文化传播有限公司印刷
2024年6月第1版第1次印刷
184mm×260mm・21.75印张・482千字
标准书号：ISBN 978-7-111-75337-7
定价：65.00元

电话服务　　　　　　　　　网络服务
客服电话：010-88361066　　机 工 官 网：www.cmpbook.com
　　　　　010-88379833　　机 工 官 博：weibo.com/cmp1952
　　　　　010-68326294　　金 书 网：www.golden-book.com
封底无防伪标均为盗版　　　机工教育服务网：www.cmpedu.com

前言

党的二十大报告指出，教育、科技、人才是全面建设社会主义现代化国家的基础性、战略性支撑；统筹职业教育、高等教育、继续教育协同创新，推进职普融通、产教融合、科教融汇，优化职业教育类型定位。当前，科教兴国战略已经成为国家战略的重要组成部分，高职教育的地位日益重要，高质量的创新型人才培养已经成为实施科教兴国战略的重要举措之一。编写本书旨在贯彻落实国家科教兴国战略，推动工业机器人技术的应用和创新，为我国现代化建设提供有力的人才支撑和技术支持。

工业机器人作为现代工业发展的重要装备，已成为衡量一个国家制造水平和科技水平的重要标志。近年来，全球主要经济体（如美国、日本、欧盟）纷纷加快推进工业机器人的发展和应用步伐，以期在新一轮工业革命中占据制高点，保持或重获制造业竞争优势。

目前，工业机器人的应用主要是通过编程来实现的。工业机器人编程有在线示教编程和离线编程两种方式。离线编程方式使用具有强大虚拟仿真功能的软件，具有可优化产线布局及工艺设计、缩短研发周期、降低研发成本、减少工业机器人的停机时间、远离危险工作环境、方便修改工业机器人程序等优点。

本书在编写时联合相关科研机构、高校、企业的多位工业机器人技术与应用专家，提炼多个典型工业机器人应用案例，理论和实践相结合，力争使学生通过学习本书掌握工业机器人离线编程与生产线虚拟仿真技术。本书基于ABB工业机器人开发的RobotStudio离线编程软件，采用项目式教学方法组织教材内容。本书依据知识难度与任务复杂度，按照由浅入深的原则设置了项目，将每个项目分为项目背景描述、学习目标、若干任务、拓展训练等，每个任务又包含任务描述、知识准备、任务实施部分。学生在完成项目学习的同时，能够提高解决工程实践问题的能力。

本书配套有大量的模型素材、高清实物图片、教学视频等多媒体教学资源以帮助学生学习。学生可以扫描书中的二维码观看配套教学资源，也可在智慧职教MOOC学院（https://mooc.icve.com.cn/cms/）搜索"机器人虚拟仿真技术及应用"获取相关数字化学习资源。数字化学习资源包括经典离线编程项目、课程演示文稿、微课、教学实训手册、教案、离线编程综合考核题目以及教学大纲等。

本书由重庆工程职业技术学院朱永丽和重庆城市职业学院陈帅华任

主编，重庆水利电力职业技术学院万兵教授任主审，重庆工程职业技术学院谢立夏、重庆水利电力职业技术学院匡振骠、重庆工程职业技术学院蒋雨芯、重庆电子工程职业学院贺晓辉任副主编，参加编写的还有天津职业技术师范大学蒋永翔，天津博诺智创机器人技术有限公司周旺发、王帅，库卡机器人（上海）有限公司陈宏，埃夫特智能装备股份有限公司曾辉，北京锐科环宇科技有限公司韩海川等。

  本书在编写过程中，得到了遨博（北京）智能科技股份有限公司、埃夫特智能装备股份有限公司、北京锐科环宇科技有限公司、安徽博皖机器人有限公司、湖北博诺机器人有限公司、天津博诺智创机器人技术有限公司、重庆城市职业学院、重庆水利电力职业技术学院、天津市职业大学、天津渤海职业技术学院、天津现代职业技术学院、天津交通职业学院、天津机电职业技术学院、天津工业职业学院、天津职业技术师范大学等企业和院校提供的许多宝贵的建议和大力支持，在此一并表示衷心的感谢！

  由于编者水平有限，书中难免存在不足之处，敬请广大读者批评指正。

编 者

二维码索引

名称	二维码	页码	名称	二维码	页码
初识工业机器人仿真应用技术		3	建立工业机器人工件坐标系		63
安装工业机器人仿真软件 RobotStudio		7	机器人仿真运行及录制视频		66
布局工业机器人基本工作站		24	3D 建模		74
创建机器人系统与手动操纵		30	机械装置的创建		83
虚拟示教器的基本应用		37	工具的创建		94
虚拟示教器 RAPID 编程操作		43	"匠"字离线轨迹创建		101

（续）

名称	二维码	页码	名称	二维码	页码
目标点调整及其轴配置		108	工作站仿真调试准备		163
路径优化		112	编写机器人拆垛与码垛程序		175
创建双机器人工作站		128	拆垛与码垛工作站仿真设置		183
抓手工具的制作		140	创建基于输送链跟踪的焊接机器人工作站（1）		196
抓手Smart组件的制作		145	创建基于输送链跟踪的焊接机器人工作站（2）		204
输送链Smart组件的制作		151	创建基于输送链跟踪的码垛机器人工作站		219

（续）

名称	二维码	页码	名称	二维码	页码
创建变位机与机器人联动工作		261	机器人与自定义单轴变位机联动（2）		296
工件焊接轨迹编程		276	创建往复喷涂机器人工作站		307
机器人与自定义单轴变位机联动（1）		287	创建曲面喷涂机器人工作站		324

目录

前言

二维码索引

项目1 认识、安装工业机器人仿真软件 ········ 1
- 任务1 初识工业机器人仿真应用技术 ······ 3
- 任务2 安装工业机器人仿真软件 RobotStudio ······ 6
- 任务3 RobotStudio软件的授权管理 ····· 10
- 任务4 RobotStudio软件的界面介绍 ····· 12

项目2 构建基本仿真工业机器人工作站 ········ 21
- 任务1 布局工业机器人基本工作站 ······ 23
- 任务2 创建机器人系统与手动操纵 ······ 29
- 任务3 虚拟示教器的基本应用 ······ 35
- 任务4 虚拟示教器RAPID编程操作 ······ 42
- 任务5 建立工业机器人工件坐标系 ······ 63
- 任务6 机器人仿真运行及录制视频 ······ 65

项目3 工业机器人虚拟仿真3D建模 ········ 71
- 任务1 3D模型的创建 ······ 72
- 任务2 测量工具的使用 ······ 79
- 任务3 机械装置的创建 ······ 82
- 任务4 工具的创建 ······ 89

项目4 "匠"字离线轨迹编程 ······ 99
- 任务1 "匠"字离线轨迹的创建 ······ 100
- 任务2 目标点的调整及轴配置 ······ 107
- 任务3 路径优化 ······ 111
- 任务4 运行仿真及TCP跟踪 ······ 117

项目5 创建双机器人拆垛与码垛工作站 ········ 123
- 任务1 创建双机器人工作站 ······ 125
- 任务2 抓手工具的制作 ······ 134
- 任务3 抓手Smart组件的制作 ······ 142
- 任务4 输送链Smart组件的制作 ······ 149

项目6 仿真调试双机器人拆垛与码垛工作站 ········ 159
- 任务1 仿真调试准备 ······ 161
- 任务2 机器人拆垛与码垛程序编写 ······ 171
- 任务3 调试拆垛与码垛工作站 ······ 181

项目7 创建基于输送链跟踪的焊接、码垛机器人工作站 ······ 191
- 任务1 创建基于输送链跟踪的焊接机器人工作站 ······ 193
- 任务2 创建基于输送链跟踪的码垛机器人工作站 ······ 212

项目8 创建带变位机的焊接机器人工作站 ········ 257
- 任务1 仿真调试准备 ······ 259
- 任务2 机器人与自定义单轴变位机联动 ······ 286

项目9 创建喷涂机器人工作站 ······ 303
- 任务1 创建往复喷涂机器人工作站 ······ 305
- 任务2 创建曲面喷涂机器人工作站 ······ 322

参考文献 ······ 340

项目 1 认识、安装工业机器人仿真软件

【项目背景描述】

工业自动化的市场竞争压力日益加剧，在保证质量的前提下，客户在生产中要求更高的效率，以降低成本。如今，在新产品生产之始就花费时间检测或试运行机器人程序是行不通的，因为这意味着要停止现有产品的生产来对新的或修改的部件进行编程。现在，生产厂家在设计阶段就对新部件的可制造性进行检测。在为机器人编程时，离线编程可与建立机器人应用系统同时进行。

在产品制造的同时对机器人系统进行编程，可提早开始产品生产，缩短上市时间。通过离线编程可视化及可确认的解决方案和布局能够降低风险，并通过创建更加精确的路径来获得更高的部件质量。RobotStudio 软件采用 ABB 公司的 VirtualRobot TM 技术，它是市场上离线编程的领先产品。通过新的编程方法，ABB 公司正在世界范围内建立机器人编程标准。图 1-1 所示为机器人视觉检测的应用。

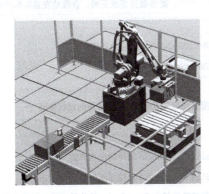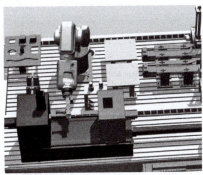

图 1-1 机器人视觉检测的应用

工业机器人虚拟仿真技术及应用

【学习目标】

知识目标	能力目标	素养目标
1. 了解工业机器人仿真应用技术 2. 了解 RobotStudio 软件的主要功能及优点 3. 掌握 RobotStudio 软件的安装方法 4. 掌握 RobotStudio 软件的授权操作方法 5. 认识 RobotStudio 软件的操作界面	1. 能够正确下载 RobotStudio 软件 2. 能够正确安装 RobotStudio 软件 3. 能够正确授权 RobotStudio 软件 4. 熟悉 RobotStudio 软件界面各模块 5. 掌握恢复默认 RobotStudio 界面的操作方法	1. 树立正确的学习观、价值观，自觉践行行业道德规范 2. 牢固树立质量第一、信誉第一的意识 3. 养成遵规守纪、安全生产、爱护设备、钻研技术的良好习惯 4. 具有质量意识、环保意识、安全意识、信息素养、工匠精神和创新思维 5. 勇于奋斗，乐观向上，具有自我管理能力和职业生涯规划的意识，有较强的集体意识和团队合作精神

对接工业机器人应用编程 1+X 证书模块
1.1.1 能够了解工业机器人仿真软件的特点和作用
1.1.2 能够掌握离线编程软件安装过程
1.1.3 能够熟悉 RobotStudio 软件激活授权作用及操作
1.1.4 能够掌握离线编程软件的工作界面使用方法

【学习导图】

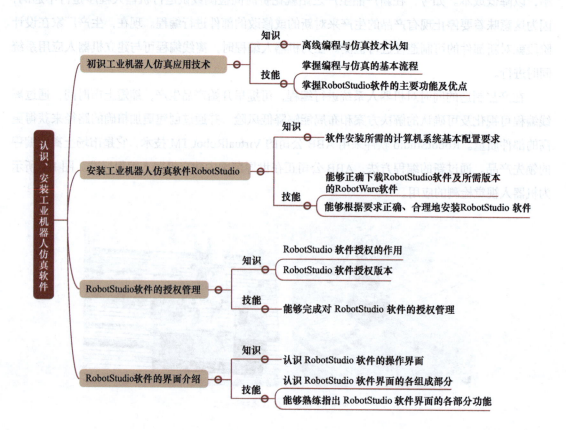

任务1　初识工业机器人仿真应用技术

【任务描述】

本任务主要认识什么是工业机器人离线仿真技术，了解仿真在工作中的应用；学生应了解学习完本课程后应具备哪些能力、未来可以胜任什么样的工作岗位。

初识工业机器人仿真应用技术

【知识准备】

随着科技的发展，人类文明正迈向智能时代。智能制造作为其中重要的一环，越来越受到国家的重视与扶持。近些年，制造强国战略的全面启动实施加快了传统制造业转型升级的步伐，工业机器人作为智能制造的重要实施基础，其行业应用的需求呈现爆发式增长。

工业机器人是一种可编程的操作机，其编程的方法通常可分为在线示教编程和离线编程两种。在线示教编程就是操作人员亲临生产现场，通过操作工业机器人示教器，依靠人眼观测，手动调整机器人的位置和姿态的同时，在示教器中添加各种程序指令，从而编写机器人的运动控制程序。目前，在线示教编程的方式仍然占据着主流地位，但是由于其本身操作的局限性，在实际的生产应用中主要存在以下问题：

1）在线示教编程过程烦琐，编程人员在记录关键点位置时需要反复点动机器人，工作量较大，编程周期长，效率低。

2）精度完全由示教者目测决定，对复杂的路径进行示教时，在线示教编程难以取得令人满意的效果。

例如，工业机器人的弧焊、切割和涂胶等作业属于连续轨迹的运动控制。工业机器人在运行过程中展现出的行云流水般的运动轨迹和复杂多变的姿态控制使用在线示教编程是难以实现的。另外，如果工业机器人要完成特殊图形轨迹的刻画，需要记录成百上千个关键点，这对于在线示教编程来说无疑工作量巨大。因此，传统的在线示教编程越来越难以满足现代加工工艺的复杂要求，其应用范围逐步被压缩至机器人轨迹相对简单的应用，如搬运、码垛和点焊等作业。

工业机器人离线编程的出现有效地弥补了在线示教编程的不足，并且随着计算机技术的发展，离线编程技术也越发成熟。工业机器人的离线编程软件通过结合三维仿真技术，利用计算机图形学的成果，对工作单元进行三维建模，在仿真环境中建立与现实工作环境对应的场景，采用规划算法对图形进行控制和操作，在不使用真实工业机器人的情况下进行轨迹规划，进而生成机器人程序。在离线程序生成的整个周期中，利用离线编程软件的模拟仿真技术，可在软件提供的仿真环境中运行程序，并将程序的运行结果可视化。离线编程与仿真技术为工业机器人的应用带来了以下的优势：

1）减少了机器人的停机时间，当对下一个任务进行编程时，机器人仍可在生产线上进行工作。

2）通过仿真功能，可预知发生的问题，从而将问题消灭在设计阶段，保证了人员和财产的安全。

3）适用范围广，可对各种机器人进行编程，并能方便地实现编程优化。

4）可使用高级计算机编程语言对复杂任务进行编程。

5）便于及时修改和优化机器人程序。

【任务实施】

目前市场上工业机器人离线编程仿真软件的品牌很多，如 RobotStudio、RobotMaster、RobotWorks、ROBCAD 和 DELMIA 等，但是其编程与仿真的大致流程基本相同，如图1-2所示。首先，应在离线编程软件的三维界面中用模型搭建一个与真实环境相对应的仿真场景；然后，通过对模型信息的计算来进行轨迹、工艺规划设计，并转化成仿真程序，让机器人进行实时的模拟仿真；最后，通过程序的后续处理和优化，向外输出机器人的运动控制程序。

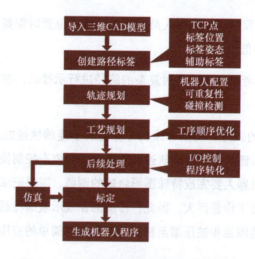

图1-2　工业机器人离线编程与仿真的基本流程

1. RobotStudio的主要功能

RobotStudio 是 ABB 工业机器人的配套软件，也是机器人制造商配套软件中做得较好的一款。RobotStudio 支持机器人的整个生命周期，使用图形化编程、编辑和调试机器人系统来创建机器人的运行程序，并可模拟优化现有的机器人程序。在 RobotStudio 中可以实现以下主要功能：

（1）CAD 文件导入　RobotStudio 支持各种主流 CAD 文件的导入，包括 IGES、STEP、VRML、VDAFS、ACIS 和 CATIA。通过使用这些非常精确的 3D 模型数据，机器人程序设计员可以生成更为精确的机器人程序，从而提高产品质量。

（2）自动路径（Auto Path）生成　这是 RobotStudio 最节省时间的功能之一。通过使用待加工部件的 CAD 模型，可在短短几分钟内自动生成跟踪曲线所需的机器人位置。如果人工执行此项任务，则可能需要数小时甚至数天。

（3）自动分析伸展能力　此便捷功能可让操作者灵活移动机器人或工件，直至所有位置均可达到，可在短短几分钟内验证和优化工作单元布局。

（4）干涉检测　在 RobotStudio 中，可以对机器人在运动过程中是否可能与周边设备发生干涉进行验证与确认，以确保机器人离线编程程序的可用性。

（5）在线作业　使用 RobotStudio 与真实的机器人进行连接通信，可对机器人进行便捷的监控、程序修改、参数设定、文件传送及备份恢复等操作，使调试与维护工作更轻松。

（6）模拟仿真　根据设计，可在 RobotStudio 中进行工业机器人工作站的动作模拟仿真以及周期节拍验证，为工程的实施提供真实的验证数据。

（7）应用功能包　ABB 公司针对不同的应用推出了功能强大的工艺功能包，将机器人更好地与工艺应用进行有效的融合。

2. RobotStudio 的优点

1）可方便地导入各种主流 CAD 格式的模型文件，包括 IGES、STEP、VRML、VDAFS、ACIS 和 CATIA 等。

2）Auto Path 通过使用待加工零件的 CAD 模型，在数分钟之内便可自动生成跟踪加工曲线所需的机器人位置（轨迹）信息。

3）程序编辑器可生成机器人程序，使用户能够在 Windows 环境中离线开发或维护机器人程序，可显著缩短编程时间、改进程序结构。

4）可以对工具中心点（Tool Center Point，TCP）的速度、加速度、奇异点或轴线等进行优化，缩短编程周期。

5）可自动进行可达性分析，能任意移动机器人或工件，直到所有位置均可到达，然后在数分钟之内完成工作单元的平面布置验证和优化。

6）虚拟示教台可作为一种非常出色的教学和培训工具。

7）事件表是一种用于验证程序结构与逻辑的理想工具，将 I/O 连接到仿真事件，可实现工位内机器人及所有设备的仿真。

8）干涉检测功能可自动监测并显示程序执行时是否会发生干涉，避免实际设备干涉造成严重损失。

9）可采用 VBA 改进和扩充 RobotStudio 功能，并根据用户的具体需要开发功能强大的外接插件、宏或定制用户界面。

10）整个机器人程序无须任何转换便可直接上传到实际机器人系统中。

任务2　安装工业机器人仿真软件RobotStudio

【任务描述】

本任务主要介绍如何在 ABB 公司官网下载 RobotStudio 仿真软件，并正确安装该软件。

【知识准备】

本书中介绍的 RobotStudio 软件的版本号为 6.08，计算机操作系统为 Windows 10 中文版。若操作系统中的防火墙和杀毒软件识别错误，可能会使 RobotStudio 安装程序不能正常运行，甚至会引起某些插件无法正常安装而导致整个软件的安装失败。建议在安装 RobotStudio 之前关闭系统防火墙及杀毒软件，避免计算机防护系统擅自清除 RobotStudio 相关组件。RobotStudio 作为一款大型的三维软件，对计算机的配置有一定的要求，要达到比较流畅的运行体验，计算机的配置不能太低。建议的计算机配置见表 1-1。

表 1-1　建议的计算机配置

项目	配置
CPU	Intel 酷睿 i5 系列或同级别 AMD 处理器及以上
显卡	NVIDIA GEFORCE CT650 或同级别 AMD 独立显卡及以上，显存容量在 1GB 或以上
内存	容量在 4GB 及以上
硬盘	可用空间在 20GB 及以上
显示器	分辨率为 1920×1080 及以上

【任务实施】

1. 下载 RobotStudio

登录网址：www.robotstudio.com，进入下载 RobotStudio 软件界面，如图 1-3 所示。

认识、安装工业机器人仿真软件 项目1

图1-3 软件下载界面

安装工业机器人仿真软件 RobotStudio

2. 安装RobotStudio6.08的操作步骤（表1-2）

表 1-2 安装 RobotStudio6.08 的操作步骤

操作说明	图例
第1步 下载软件后，在解压目录中找到 setup.exe 并双击	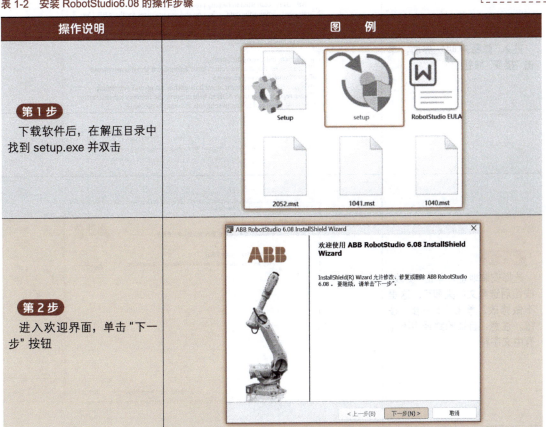
第2步 进入欢迎界面，单击"下一步"按钮	

（续）

操作说明	图　例
第3步　进入"许可证协议"界面，选择接受使用条款后，单击"下一步"按钮	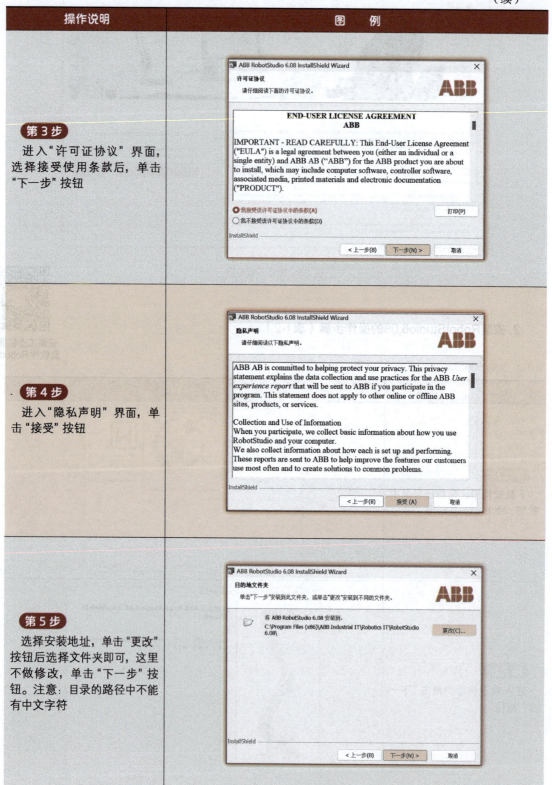
第4步　进入"隐私声明"界面，单击"接受"按钮	
第5步　选择安装地址，单击"更改"按钮后选择文件夹即可，这里不做修改，单击"下一步"按钮。注意：目录的路径中不能有中文字符	

(续)

操作说明	图例
第6步 选择安装类型，按默认选择"完整安装"即可，单击"下一步"按钮	
第7步 准备安装程序，若有问题，单击"上一步"返回修改；若没有问题，单击"安装"按钮，开始安装软件	
第8步 安装完成后单击"完成"按钮，退出安装向导	

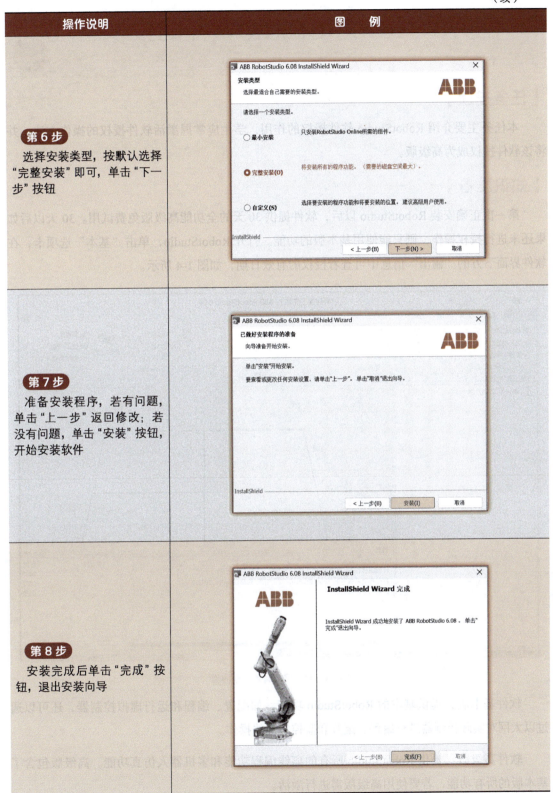

任务3　RobotStudio软件的授权管理

【任务描述】

本任务主要介绍 RobotStudio 软件授权的作用，学生应掌握激活软件授权的操作方法，并将该软件授权成为高级版。

【知识准备】

第一次正确安装 RobotStudio 以后，软件提供 30 天的全功能高级版免费试用。30 天以后如果还未进行授权操作，则只能使用基本版的功能。打开 RobotStudio，单击"基本"选项卡，在软件界面下方的"输出"信息中可查看授权的有效日期，如图1-4所示。

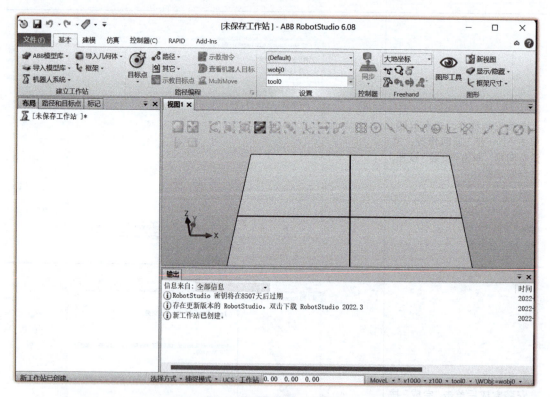

图1-4　查看授权有效日期界面

软件基本版：提供基本的 RobotStudio 功能，如配置、编程和运行虚拟控制器，还可以通过以太网对实际控制器进行编程、配置和监控等在线操作。

软件高级版：提供 RobotStudio 所有的离线编程功能和多机器人仿真功能。高级版包含了基本版的所有功能，若要使用高级版需进行激活。

认识、安装工业机器人仿真软件 项目1

　　RobotStudio 的授权购买可以与 ABB 公司进行联系。针对学校用于教学的 RobotStudio 软件，有特殊优惠政策，详情可发邮件到 school@robotpartner.cn 进行查询。

【任务实施】

　　如果已经从 ABB 公司获得 RobotStudio 软件的授权许可证，可以通过两种方式激活 RobotStudio 软件：单机许可证和网络许可证。

　　单机许可证只能激活一台计算机的 RobotStudio 软件，而网络许可证可在一个局域网内建立一台网络许可证服务器，给局域网内的 RobotStudio 客户端进行授权许可，客户端的数量由网络许可证所允许的数量决定。授权激活后，如果计算机系统出现问题并重新安装 RobotStudio，将会造成授权失效。

　　在激活之前，应将计算机连接互联网。因为 RobotStudio 软件可以通过互联网进行激活，这样操作会便捷很多。授权操作步骤见表 1-3。

表 1-3　授权的操作步骤

操作说明	图例
第 1 步 单击软件中的"文件"菜单，在下拉菜单中选择"选项"	

（续）

操作说明	图例
第2步 在弹出的"选项"对话框中选择"授权"选项，并单击"激活向导"	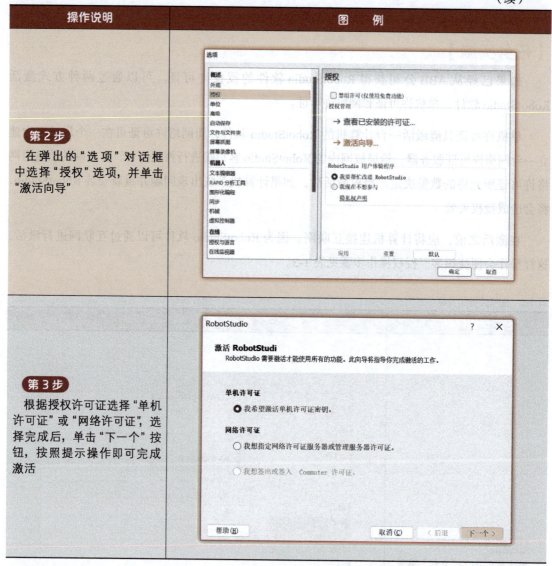
第3步 根据授权许可证选择"单机许可证"或"网络许可证"；选择完成后，单击"下一个"按钮，按照提示操作即可完成激活	

任务4　RobotStudio软件的界面介绍

【任务描述】

本任务主要介绍 RobotStudio 软件界面，学生应熟悉每个菜单栏的功能，能够熟练找到每个模块的相应功能和信息，掌握初始界面恢复的方法，能够灵活布置界面中的窗口显示。

【知识准备】

双击 RobotStudio 软件图标打开软件后，软件界面如图 1-5 所示。

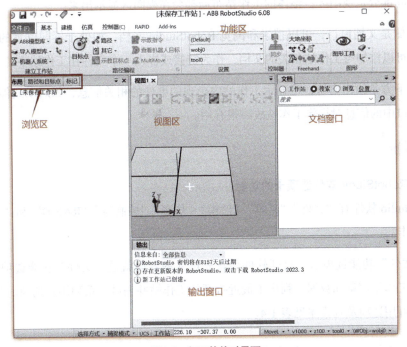

图1-5　打开软件时界面

界面的上方是功能区，主要有"文件""基本""建模""仿真""控制器""RAPID"和"Add-Ins"七个功能选项卡，左上角是自定义快速工具栏，点开可以自行定义快速访问项目和进入窗口布局，如图 1-6 所示。

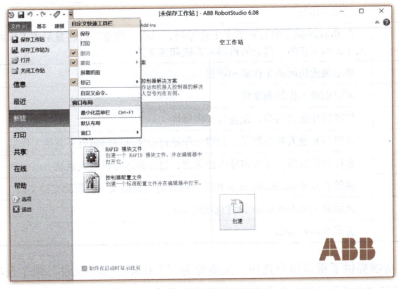

图1-6　自定义快速工具栏

界面的左侧是"布局"浏览窗口、"路径和目标点"浏览窗口、"标记"浏览窗口，主要用于分层显示工作站中的项目和工作站内的所有路径、数据等。

界面中间部分是视图区，整体的工作站布局都会在视图区显示出来。

界面右侧是文档窗口，可以搜索和浏览 RobotStudio 文档，如处于不同位置的大量库和几何体等；也可以添加与工作站相关的文档，作为链接或嵌入一个文件在工作站中。

界面的下方是输出窗口，可显示工作站内出现的事件的相关信息，如启动或停止仿真的时间。输出窗口中的信息对排除工作站故障很有用。

【任务实施】

1. 了解RobotStudio软件选项卡的功能

RobotStudio 软件有"文件""基本""建模""仿真""控制器""RAPID"和"Add-Ins"七个功能选项卡。

（1）"文件"功能选项卡　打开软件后首先进入的界面就是"文件"功能选项卡，显示了当前活动的工作站信息和数据，列出了最近打开的工作站并提供一系列用户选项。"文件"选项卡下的各种可用选项及其描述见表1-4。

表1-4　"文件"选项卡下各种可用选项及其描述

选项	描述
保存/保存为	保存工作站
打开	打开保存的工作站。在打开或保存工作站时，应选择"加载几何体"选项，否则几何体会被永久删除
关闭	关闭工作站
信息	在 RobotStudio 中打开某个工作站后，单击"信息"后将显示该工作站的属性，以及作为该工作站一部分的机器人系统和库文件
最近	显示最近访问的工作站和项目
新建	可以创建工作站和文件
打印	打印活动窗口内容，设置打印机属性
共享	可以与其他人共享数据，创建工作站打包文件或解包打开其他工作站
在线	连接到控制器，导入和导出控制器，创建并运行机器人系统
帮助	提供有关 RobotStudio 安装和许可授权的信息以及一些帮助支持文档
选项	显示有关 RobotStudio 设置选项的信息
退出	关闭 RobotStudio

"新建"功能提供了很多用户选项，主要分为"工作站"和"文件"两个选项组。"工作站"选项组下有"空工作站解决方案""工作站和机器人控制器解决方案"和"空工作站"三个

选项，可以根据不同的需要创建对应的项目。RobotStudio 软件将解决方案定义为文件夹的总称，其中包含工作站、库和所有相关元素的结构。在创建文件夹结构和工作站前，必须先定义解决方案的名称和位置。"文件"选项组下有"RAPID 模块文件"和"控制器配置文件"两个选项，可以分别创建 RAPID 模块文件和标准控制器配置文件，并在编辑器中打开。

（2）"基本"功能选项卡 "基本"功能选项卡包含构建工作站、创建系统、编辑路径以及摆放工作站的模型项目所需要的命令。按照功能的不同可将"基本"功能选项卡中的功能选项分为"建立工作站""路径编程""设置""控制器""Freehand"和"图形"六个部分，如图 1-7 所示。

图1-7 "基本"功能选项卡

在"建立工作站"中单击"ABB 模型库"，可以从相应的列表中选择所需的机器人、变位机和导轨模型，并将其导入到工作站中；单击"导入模型库"可以导入设备、几何体、变位机、机器人、工具以及其他物体到工作站内；单击"机器人系统"可以为机器人创建或加载系统，建立虚拟的控制器；单击"导入几何体"可以导入用户自定义的几何体和其他三维软件生成的几何体；单击"框架"可以创建一般的框架和制定方向的框架。

"基本"功能选项卡中的"路径编程"主要用于轨迹相关的编辑。其中，"目标点"用于创建目标点；"路径"用于创建空路径和自动生成路径；"其它"用于创建工件坐标系，工具数据以及编辑逻辑指令。"路径编程"中还有"示教目标点""示教指令"和"查看机器人目标"功能。单击"路径编程"右下角的小箭头可以打开指令模板管理器，可更改 RobotSudio 软件自带的默认设置之外的其他指令的参数设置。

"设置"中的"任务"用于在下拉列表中选择任务，所选择的任务表示当前任务，新的工作对象、工具数据、目标、空路径或来自曲线的路径将被添加到此任务中，这里的任务是在创建系统时一同创建的；"工件坐标"用于从下拉列表中选择当前所要使用的工件坐标系，新的目标点的位置将以工件坐标系为准；"工具"用于从工具下拉列表中选择工具坐标系，所选择的工具坐标系表示当前工具坐标系。

"控制器"中的"同步"功能可以实现工作站和虚拟示教器之间设置、编辑的相互同步。

"Freehand"用来选择对应的参考坐标系，然后通过移动、手动控制机器人关节、旋转、手动线性、手动重定位和多个机器人的微动控制，实现机器人和物体的动作控制。

"图形"选项的功能包括视图设置和编辑设置。

(3)"建模"功能选项卡　使用"建模"功能选项卡中的命令可以创建 Smart 组件、组件组、空部件、固体、表面、测量，进行与 CAD 相关的操作以及创建机械装置、工具和输送带等。如图 1-8 所示，"建模"功能选项卡包含"创建""CAD 操作""测量""Freehand"和"机械"五个部分。

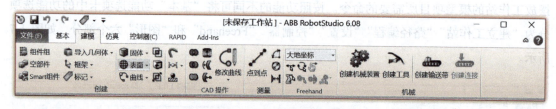

图1-8　"建模"功能选项卡

(4)"仿真"功能选项卡　使用"仿真"功能选项卡中的命令可以创建碰撞监控、配置仿真、仿真控制、监控和记录仿真。"仿真"功能选项卡包含"碰撞监控""配置""仿真控制""监控""信号分析器"和"录制短片"六个部分，如图 1-9 所示。

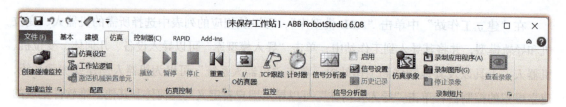

图1-9　"仿真"功能选项卡

通过"碰撞监控"可以创建碰撞集，包含两组对象：ObjectA 和 ObjectB，将对象放入其中以检测两组之间的碰撞。单击右下角的小箭头可以进行碰撞检测的相关设置。

通过"配置"中的"仿真设定"可以设置仿真时机器人程序的序列、进入点以及选择需要仿真的对象等；使用"工作站逻辑"可以进行工作站与系统之间的属性和信号的连接设置。单击右下角的小箭头可以打开"事件管理器"，通过"事件管理器"可以设置机械装置动作与信号之间的连接。

通过"仿真控制"可以控制仿真的开始、暂停、停止和复位。

通过"监控"可以查看并设置程序中的 I/O 信号、启动 TCP 跟踪和添加仿真计时器。

"信号分析器"的信号分析功能可用于显示和分析来自机器人控制器的信号，进而优化机器人程序。

通过"录制短片"可以对仿真过程、应用程序和活动对象进行全程的录制，并生成视频。

(5)"控制器"功能选项卡　"控制器"功能选项卡包含用于虚拟控制器的配置和所分配

任务的控制措施，还有用于管理真实控制器的控制功能。RobotStudio 软件允许用户使用离线控制器，即在 PC 上本地运行的虚拟 IRC5 控制器，这种离线控制器也称为虚拟控制器（VC）；还允许用户使用真实的物理 IRC5 控制器（简称真实控制器）。"控制器"功能选项卡包含"进入""控制器工具""配置""虚拟控制器"和"传送"五个部分，如图 1-10 所示。

图 1-10　"控制器"功能选项卡

（6）"RAPID"功能选项卡　"RAPID"功能选项卡提供了用于创建、编辑和管理 RAPID 程序的工具和功能，可以管理真实控制器上的在线 RAPID 程序、虚拟控制器上的离线 RAPID 程序或者不隶属于某个系统的单机程序。"RAPID"功能选项卡如图 1-11 所示。

图 1-11　"RAPID"功能选项卡

（7）"Add-Ins"功能选项卡　"Add-Ins"功能选项卡提供了 RobotWare 插件、RobotStudio 插件和一些组件等。"Add-Ins"功能选项卡如图 1-12 所示。

图 1-12　"Add-Ins"功能选项卡

2. 恢复 RobotStudio 默认界面

操作 RobotStudio 软件时，有时会不小心将某些操作窗口（如"布局""路径与目标点"和"标记"浏览窗口）意外关闭，或者将输出信息窗口意外关闭了，导致无法找到对应的操作对象和查看相关的信息。这时，可以进行恢复 RobotStudio 默认界面的操作。

1）单击"自定义快速工具栏"下拉菜单中"窗口布局"下的"默认布局"，如图 1-13 所示。

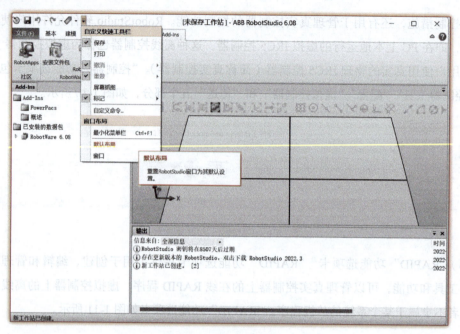

图1-13 选择"默认布局"

2）选择"默认布局"后，软件界面恢复最小化的默认布局，单击右上角的最大化按钮▢，如图1-14所示，得到默认窗口的布局；也可以在"自定义快速工具栏"的下拉菜单中选择"窗口"，选择需要打开的窗口。

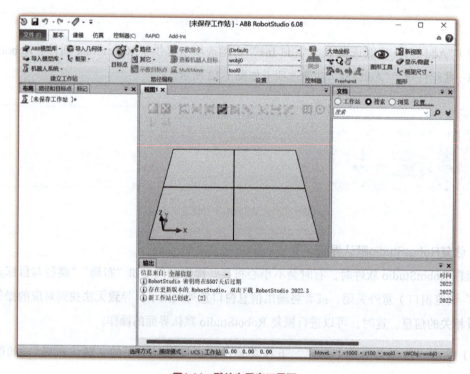

图1-14 默认布局窗口界面

【项目评价】

工业机器人领域比较知名且成熟的离线编程与仿真软件（如 RobotStudio、ROBOGUIDE、RobotMaster 等）都是国外的品牌。随着我国工业机器人市场的逐渐成形，我国的相关厂商逐步推出了一些软件来适配主流的工业机器人。

任务要求：调研目前国产离线编程与仿真软件的发展现状，与世界上主流的软件对比，进行差异化分析，并对国内厂商提出发展期待和建议。

考核方式：每 3 人一组，搜集资料并提交报告，完成评分表（表 1-5）。

表 1-5 评分表

评分表 学年		工作形式 □个人　□小组分工　□小组	实践工作时间	
训练项目	训练内容	训练要求	小组互评	教师评分
认识、安装工业机器人仿真软件	1. 国外软件现状（20分）	1) 市场方面（10分） 2) 技术方面（10分）		
	2. 国内软件现状（20分）	1) 市场方面（10分） 2) 技术方面（10分）		
	3. 依据资料（20分）	1) 权威性（10分） 2) 全面性（10分）		
	4. 对比分析（30分）	从市场占有率、技术成熟度、应用适配性及易用性等方面进行评判		
	5. 职业素养与安全意识（10分）	现场操作安全保护符合安全操作规程；团队有分工、有合作，配合紧密；遵守纪律，尊重教师，爱惜设备和器材，保持工位的整洁		

【拓展训练】

1) 试将 RobotStudio 6.08 安装在计算机中。

2) 在计算机中对 RobotStudio 软件进行授权。

项目 2
构建基本仿真工业机器人工作站

【项目背景描述】

工业机器人仿真是通过计算机对实际的机器人系统进行模拟的技术。机器人仿真系统可以通过单台机器人或多台机器人组成工作站或生产线,并提前模拟出产品实物,这不仅可以缩短生产周期,还可以避免不必要的返工。

RobotStudio 建立在 ABB virtual controller 环境下,是真正运行工业机器人系统的软件,能够使机器人生产一模一样的复制品。它使用真正的机器人程序和配置文件,使得模拟非常逼真,与现场工业机器人一样,程序调试完成后可直接用于实际生产。

本项目主要介绍如何在软件中导入机器人和周边设备模型,按照摆放要求合理布置工作站;通过手动操纵机器人,粗调或微调机器人的工作姿态。学生应学会利用三点法创建工件坐标系,并创建简单的工业机器人运行轨迹程序;学会将机器人工作站的仿真运行过程录制成视频文件或可独立播放的 EXE 文件。

【学习目标】

知识目标	能力目标	素养目标
1. 了解工业机器人工作站的总体构成,掌握创建并合理布局工业机器人工作站的方法 2. 掌握创建工业机器人系统的方法 3. 掌握手动操纵工业机器人的方法 4. 掌握虚拟示教器的基本使用方法 5. 了解程序的定义、编程方法及 RAPID 程序的结构 6. 了解工业机器人基本指令的格式及使用方法 7. 掌握创建工业机器人工件坐标系的方法 8. 掌握模拟仿真工业机器人的运动轨迹的方法 9. 掌握录制视频和制作可独立播放的 EXE 文件的方法	1. 能够创建并合理布局工业机器人工作站 2. 能够创建工业机器人系统 3. 能够手动操纵工业机器人 4. 能够完成虚拟示教器的基本操作 5. 能够进行虚拟示教器 RAPID 编程操作 6. 能够创建工业机器人工件坐标系 7. 能够完成工业机器人的模拟仿真 8. 能够按照要求录制和制作工业机器人仿真运行的视频	1. 具有质量意识、环保意识、安全意识、信息素养、工匠精神、创新思维 2. 勇于奋斗、乐观向上,具有自我管理能力、职业生涯规划的意识,有较强的集体意识和团队合作精神 3. 具有一定的审美和人文素养

（续）

对接工业机器人应用编程 1+X 证书模块
2.1.1　能够创建基础工作站
2.1.2　能够建立机器人系统与手动操纵
2.1.3　能够掌握虚拟示教器的基本应用
2.1.4　能够学会虚拟示教器 RAPID 编程操作
2.1.5　能够建立工业机器人工件坐标系

【学习导图】

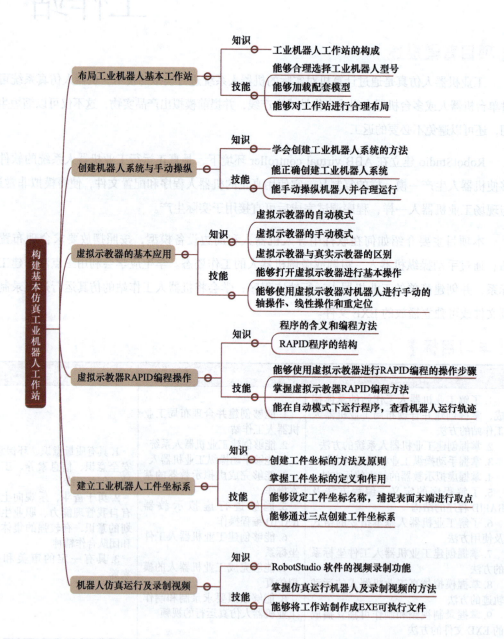

任务1　布局工业机器人基本工作站

【任务描述】

本任务主要介绍如何将软件中的机器人、设备模型以及其他三维软件创建的模型导入到软件视图窗口中，并根据摆放要求，灵活运用粗略或精确的方法布置机器人及各设备的位置，并能查看机器人的工作范围，合理布局工业机器人基本工作站。

工作站硬件包括工业机器人（焊接机器人、搬运机器人等）、工具（焊枪、夹爪、喷涂工具等）、工件、工装台（工件托盘）以及其他外围设备等，它们是构成工作站不可或缺的要素。图2-1所示为仿真机器人基本工作站。

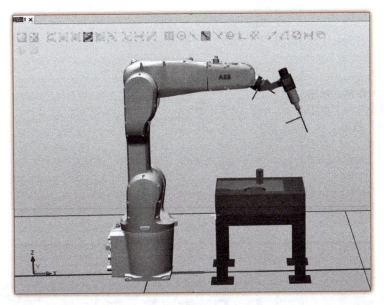

图2-1　仿真机器人基本工作站

【知识准备】

仿真机器人工作站是计算机图形技术与机器人控制技术的结合体，它包括场景模型与控制系统软件。基本的工业机器人工作站包含工业机器人、工作对象。工业机器人工作站是指使用一台或多台机器人，配以相应的周边设备，用于完成某一特定工序作业的独立生产系统，也可称为机器人工作单元。它主要由机器人及其控制系统、辅助设备、其他周边设备所构成，在工业机器人工作站中，机器人及其控制系统应尽量选用标准装置，个别特殊的场合需要设计专用机器人，而末端执行器等辅助设备以及其他周边设备则随应用场合和工件的不同存在较大差异。这里只介绍一般工作站的构成。

机器人周边设备是指可以附加到机器人系统中，用来加强机器人功能的设备。这些设备是除了机器人本身的执行机构、控制器、作业对象和环境之外的其他设备和装置，例如用于定位、装夹工件的工装，用于保证机器人和周围设备通信的装置等。在一般情况下，灵活性高的工业机器人，其外围设备较简单，可适应产品型号的变化；灵活性低的工业机器人，其外围设备较复杂，当产品型号改变时，需要付出较高的投资来更换外围设备。

布局工业机器人基本工作站

【任务实施】

创建工业机器人工作站，并进行合理布局，操作步骤见表2-1。

表 2-1　创建及合理布局工业机器人工作站的操作步骤

操作说明	图　例
第1步 新建一个空工作站。单击"文件"→"新建"→"空工作站"→"创建"按钮	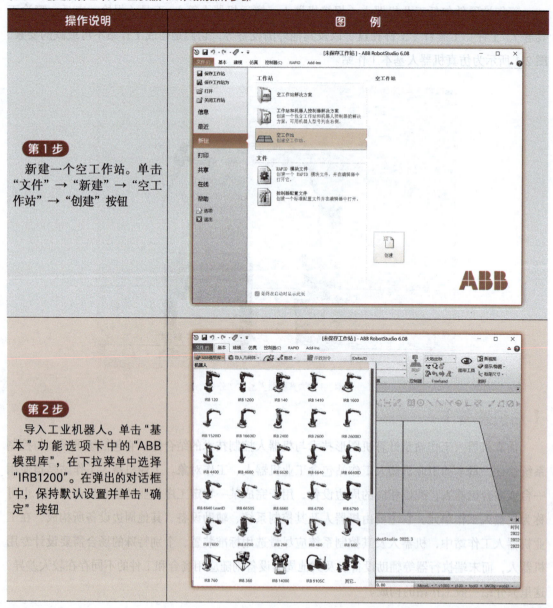
第2步 导入工业机器人。单击"基本"功能选项卡中的"ABB模型库"，在下拉菜单中选择"IRB1200"。在弹出的对话框中，保持默认设置并单击"确定"按钮	

（续）

操作说明	图 例
第2步 导入工业机器人。单击"基本"功能选项卡中的"ABB模型库"，在下拉菜单中选择"IRB1200"。在弹出的对话框中，保持默认设置并单击"确定"按钮	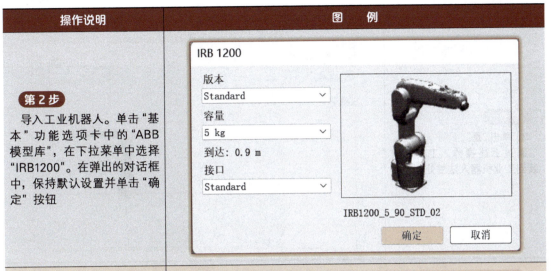
第3步 加载工业机器人的工具 1）单击"基本"功能选项卡中的"导入模型库"按钮，在下拉菜单中选择"设备"→"Training Objects"→"my-Tool-2" 2）选中"MyTool-2"，按住鼠标左键，将其向上拖到"IRB1200_5_90_STD_02_2"后松开鼠标左键	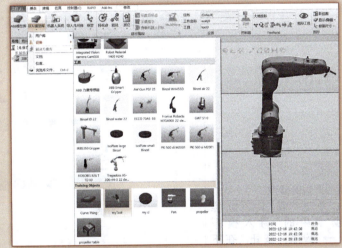 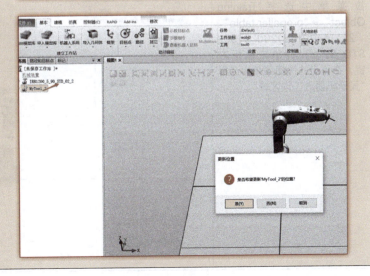

（续）

操作说明	图 例
第3步 3）单击"是" 通过上述操作，工具已安装到工业机器人法兰处	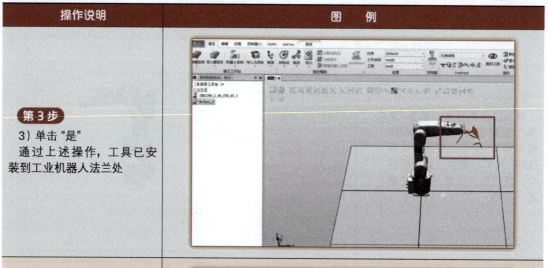
第4步 摆放周边的模型 1）单击"基本"功能选项卡中的"导入模型库"→"设备"按钮，在下拉菜单中选择"Training Object"→"propeller table" 2）选中"IRB1200_5_90_STD_02_2"，并单击鼠标右键，在弹出的快捷菜单中选择"显示机器人工作区域"	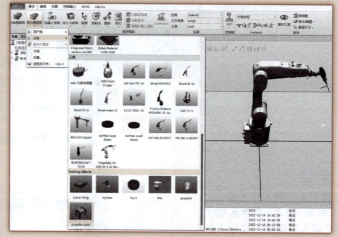 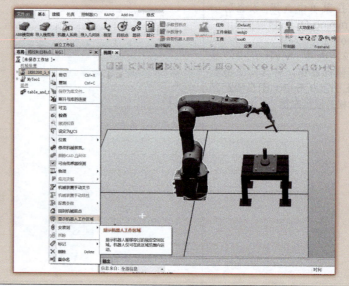

（续）

操作说明	图例
第4步 3）图中白线围成的区域为工业机器人可到达的范围，工作对象应调整到工业机器人的最佳工作范围之内。在"Freehand"选项组中，单击"移动"按钮，拖动图中箭头，使工业机器人处于合适的位置 4）单击"基本"功能选项卡中的"导入模型库"按钮，在下拉菜单中选择"设备"→"Training Object"→"Curve Thing" 5）选中"Curve Thing"，单击鼠标右键，在弹出的快捷菜单中选择"位置"→"放置"→"两点"	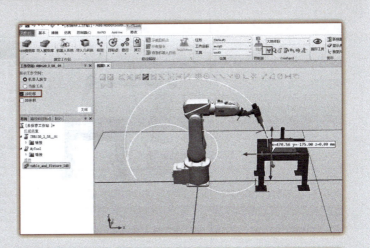 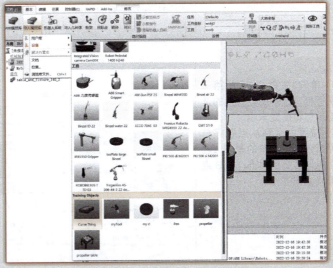 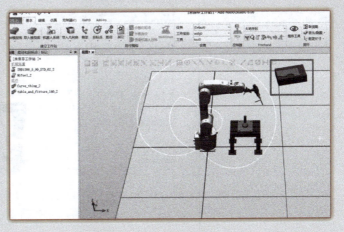

（续）

操作说明	图例
第4步 6）单击"主点 – 从"的第一个坐标框，选中捕捉工具的选择部件和捕捉末端。 7）按照主点到从点顺序单击两个物体对齐的基准线。第1点与第2点对齐，第3点与第4点对齐	

（续）

操作说明	图例
第 4 步 8）对象已准确对齐并放置到小桌子上	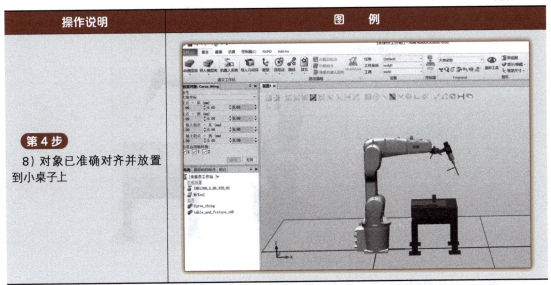

注意：可使用键盘与鼠标组合调整工作站视图。

1）平移：<Ctrl>+ 鼠标左键。

2）视角：<Ctrl>+<Shift>+ 鼠标左键。

3）缩放：滚动鼠标中间滚轮。

任务2　创建机器人系统与手动操纵

【任务描述】

在机器人虚拟仿真过程中，需要创建虚拟控制器来控制机器人的仿真运行。本任务主要介绍如何加载系统并判断是否加载完成；建立具备电气特性的虚拟控制器，以完成相关的仿真操作；通过三种手动操纵模式、采用直接拖动或精确手动控制方式合理操控机器人运行。

【知识准备】

在完成了机器人布局以后，要为机器人加载系统，建立虚拟控制器，使其具有电气的特性，以完成相关的仿真操作。

机器人系统可通过"基本"功能选项卡中的"机器人系统"来创建。"机器人系统"下拉菜单有3个选项，分别是"从布局""新建系统"和"已有系统"，如图2-2所示。

工业机器人虚拟仿真技术及应用

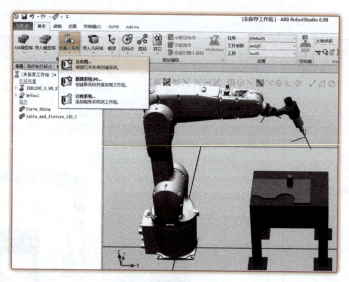

图2-2 创建机器人系统

"从布局"是指根据现有的工作站布局进行系统的创建;"新建系统"是指创建一个新的机器人系统,再加入已布局好的工作站中;"已有系统"是为工作站添加一个现有的机器人系统。

创建机器人系统与手动操纵

【任务实施】

1.创建机器人系统

创建机器人系统的操作步骤见表2-2。

表2-2 创建机器人系统的操作步骤

操作说明	图 例
第1步 单击"基本"功能选项卡中的"机器人系统",在下拉菜单中选择"从布局"	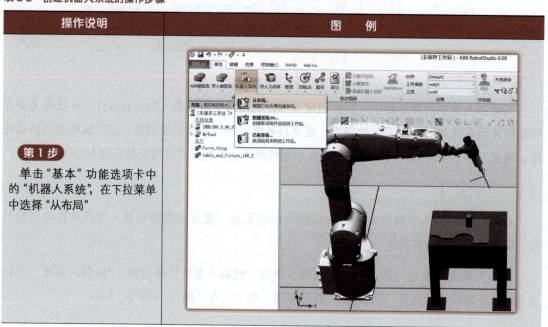

— 30 —

（续）

操作说明	图 例
第2步 设定好系统名字与保存的位置后单击"下一个"按钮，继续在弹出的界面中选择系统的机械装置后单击"下一个"按钮，最后单击"完成"按钮 注意：名称和位置只使用英文字条 　系统建立完成后，右下角"控制器状态"应为绿色 　如果创建机器人系统后发现机器人的位置不合适，还需要进行调整，就要在移动机器人的位置后重新确定机器人在整个工作站中的坐标位置。在"Freehand"工具栏中，根据需要选中移动或旋转，拖动机器人到新的位置，单击"Yes"按钮	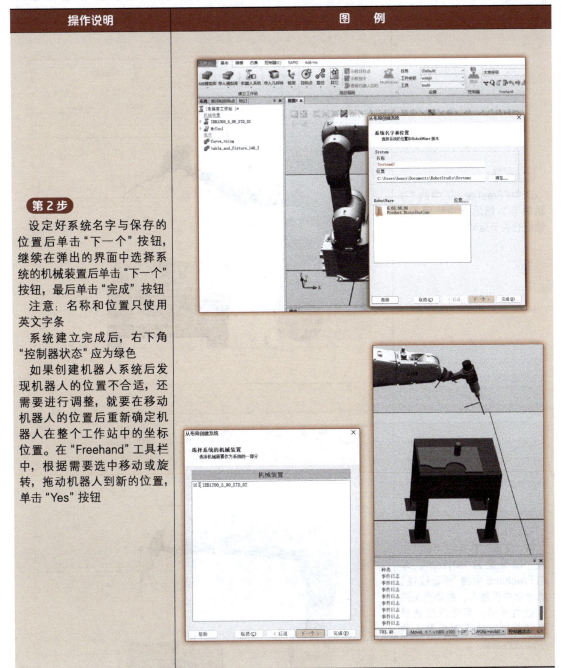

2. 手动操纵

在 RobotStudio 中，工业机器人的手动操纵用于手动使机器人运动到所需要的位置。手动操纵共有三种方式：手动关节、手动线性和手动重定位，可以通过直接拖动和精确手动两种控制方式来实现。工业机器人手动操纵的操作步骤见表2-3。

表2-3 手动操纵的操作步骤

操作说明	图例
第1步 选中"Freehand"中的"手动关节",然后选中机器人各轴进行关节运动	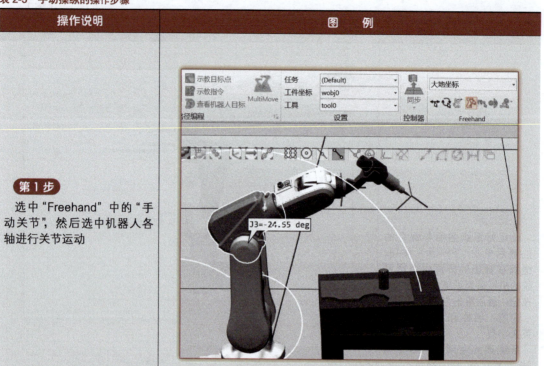
第2步 将"设置"工具栏中的"工具"项设定为"MyTool",单击Freehand中的"手动线性",然后选中机器人,拖动箭头进行线性运动,可完成在直接拖动控制方式下对机器人的手动线性操纵	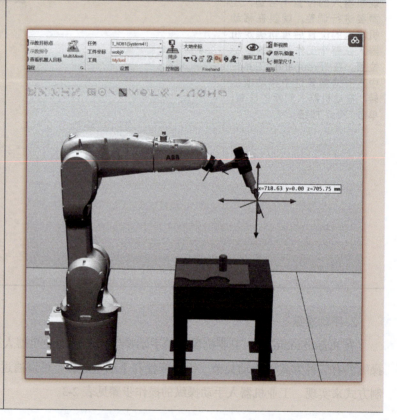

（续）

操作说明	图　　例
第3步 单击"手动重定位"，然后选中机器人，拖动箭头进行重定位运动，可完成在直接拖动控制方式下对机器人的手动重定位操纵	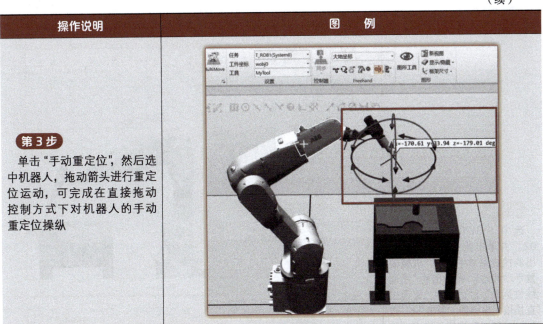
第4步 将"设置"工具栏的"工具"项设定为"MyTool"。选中"IRB1200_5_90_STD_02"并单击鼠标右键，在弹出的快捷菜单中选择"机械装置手动关节"。在弹出的"手动关节运动"对话框中，可通过拖动滑块、单击"<"或">"按钮以及设定每次点动的距离"step"值三种方法完成在精确手动控制方式下对机器人的手动关节操纵	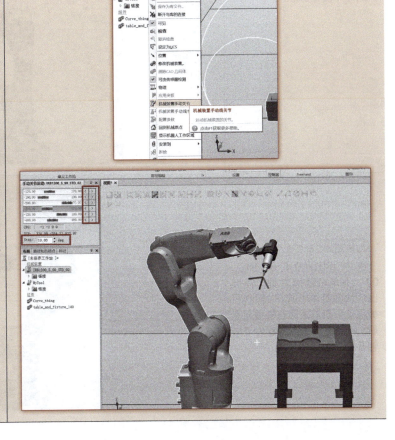

(续)

操作说明	图例
第5步 选中"IRB1200_5_90_STD_02",并单击鼠标右键,在弹出的快捷菜单中选择"机械装置手动线性"。在弹出的"手动线性运动"对话框中,可通过直接输入坐标值、单击"<"或">"按钮以及设定每次点动的距离"step"值三种方法完成在精确手动控制方式下对机器人的手动线性操纵	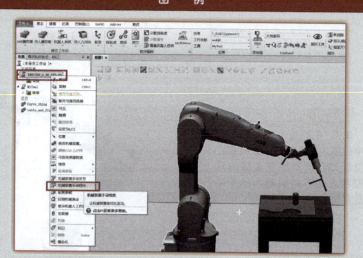 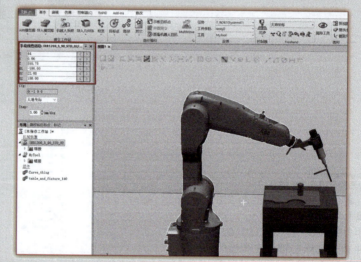
第6步 选中"IRB1200_5_90_STD_02",并单击鼠标右键,在弹出的快捷菜单中选择"回到机械原点"。机器人回到机械原点后,不是6个关节轴都为0°,轴5会在30°的位置	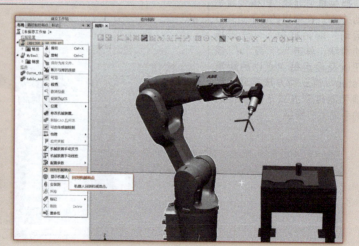

（续）

操作说明	图例
第6步 选中"IRB1200_5_90_STD_02",并单击鼠标右键,在弹出的快捷菜单中选择"回到机械原点"。机器人回到机械原点后,不是6个关节轴都为0°,轴5会在30°的位置	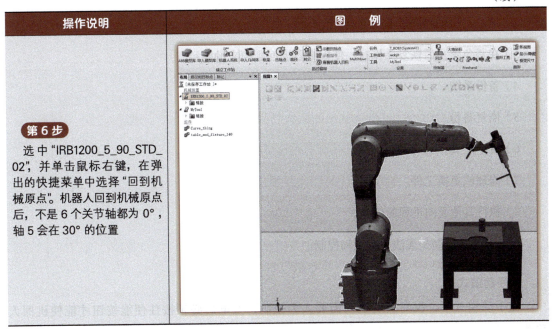

任务3　虚拟示教器的基本应用

【任务描述】

基础机器人工作站由机器人控制器、虚拟示教器、离线编程软件以及一个或多个机器人或其他机械单元组成。

示教器是一种手持操作装置,在操作机器人时用于执行多项任务,如运行程序、微动控制机器人、修改程序等。

本任务主要介绍虚拟示教器的一些基础操作,学生应认识示教器,掌握如何使用示教器。

【知识准备】

示教器由软件和硬件组成,其本身就是一台完整的计算机。ABB机器人的工作模式分为手动模式和自动模式两种。

1. 自动模式

在无人工干预下,机器人自动运行的模式,称为自动模式。自动模式下的常见任务如下:

1）启动和停止进程。

2）加载、启动和停止 RAPID 程序。

3）在紧急停止后恢复操作时，使操纵器返回到原来的路径。

4）备份系统。

5）恢复备份。

6）清空工具。

7）修理或更换工件。

8）执行其他面向进程的任务。

自动模式的限制是无法进行微动控制。

2. 手动模式

在手动模式下，机器人的运动需要人为控制，上电后必须按住使能按钮才能使机器人移动。

手动模式分为手动减速模式、手动全速模式两种。

（1）手动减速模式　在手动减速模式下，运动速度限制在 250mm/s 以下。此外，对每根轴的最大允许速度也有限制，这些轴的限制取决于机器人本身，且不可修改。

（2）手动全速模式　在手动全速模式下，操纵器能够以设定的速度运动，但只能手动控制。手动全速模式仅用于程序验证。在手动全速模式下，初始速度最高可以达到但不超过 250mm/s。这是通过限定速度为编程速度的 3% 来实现的。通过手动控制，可以将速度增加到编程速度。

手动模式下的常见任务如下：

1）在紧急停止后恢复操作时，将操纵器微调至原来的路径。

2）在出错后修正 I/O 信号的值。

3）创建和编辑 RAPID 程序。

4）启动、逐步运行和停止程序。

5）调整预设位置。

手动全速模式下的常见任务如下：

1）为最终程序验证开始、停止执行程序。

2）单步执行程序。

3）设置速度（0～100%）。

4）设置程序指针（可设为主例行程序、例行程序、光标和服务例行程序等）。

手动全速模式的限制如下：

1）修改系统参数值。

2）编辑系统数据。

3. 虚拟示教器与真实示教器的区别

1）控制面板位置不同。在虚拟示教器中，控制面板在虚拟示教器操纵杆旁边，通过单击它可改变机器人运动模式以及给电动机上电；真实的示教器无控制面板，控制面板在控制器上。

2）操纵杆不同。虚拟示教器的操纵杆是通过按住箭头方向来控制机器人移动，真实示教器需手动摇动操纵杆。

3）给电动机上电方式不同。手动模式下，单击虚拟示教器上的"Enable"即可给电动机上电；真实示教器是通过按住使能按钮不放来给电动机上电的。

4）在手动模式下，上电/复位方法不同：虚拟示教器是单击"上电/复位"，真实示教器只能在控制器上按<上电/复位>键。

虚拟示教器的基本应用

【任务实施】

使用虚拟示教器的操作步骤（表2-4）

表2-4 使用虚拟示教器的操作步骤

操作说明	图例
第1步 打开虚拟示教器。单击"控制器"功能选项卡中的"示教器"按钮，在下拉菜单中选择"虚拟示教器"，系统弹出虚拟示教器的界面。当机器人系统创建完成后，才可以看到"虚拟示教器"选项，否则是灰色的，不可选择	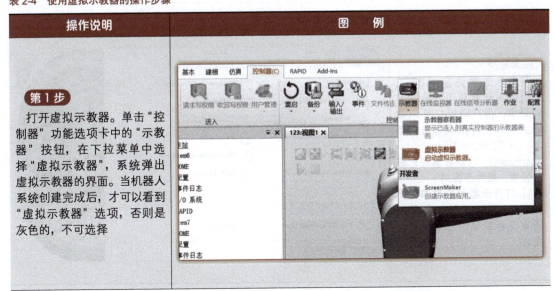

（续）

操作说明	图　例
第1步 打开虚拟示教器。单击"控制器"功能选项卡中的"示教器"按钮，在下拉菜单中选择"虚拟示教器"，系统弹出虚拟示教器的界面。当机器人系统创建完成后，才可以看到"虚拟示教器"选项，否则是灰色的，不可选择	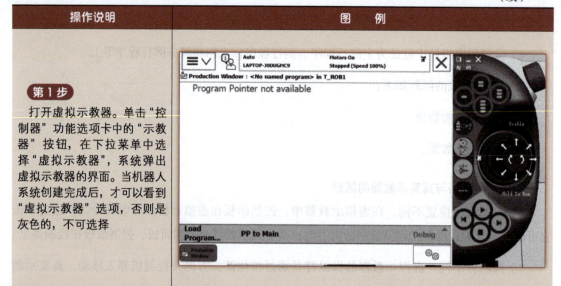
第2步 选择虚拟示教器的模式 单击示教器上的"Control Panel"按钮，弹出模式选择系统界面。单击中间的档位，此时为手动模式，同时白色的灯闪烁；单击左侧的档位，则切换到自动模式；单击右侧的档位，则切换到手动全速模式	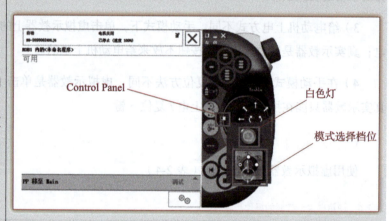
第3步 设置示教器语言。ABB工业机器人示教器可以选择多种语言，用户可以打开示教器主菜单，再依次单击主菜单→"Control Panel"→"Language"对示教器语言进行设置，操作步骤如下： 1）打开示教器主菜单，然后选择"Control Panel"。不同语言下各菜单位置不会发生变化	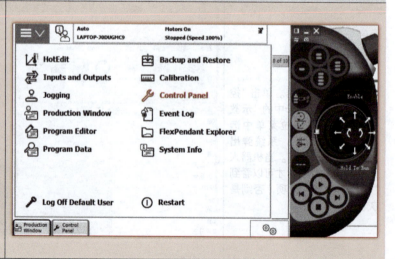

（续）

操作说明	图 例
第3步 2）在"Control Panel"界面中选择"Language" 3）在语言选项中选择"Chinese" 4）单击"OK"，然后根据系统提示选择"Yes"重启示教器，即可更改示教器语言为中文	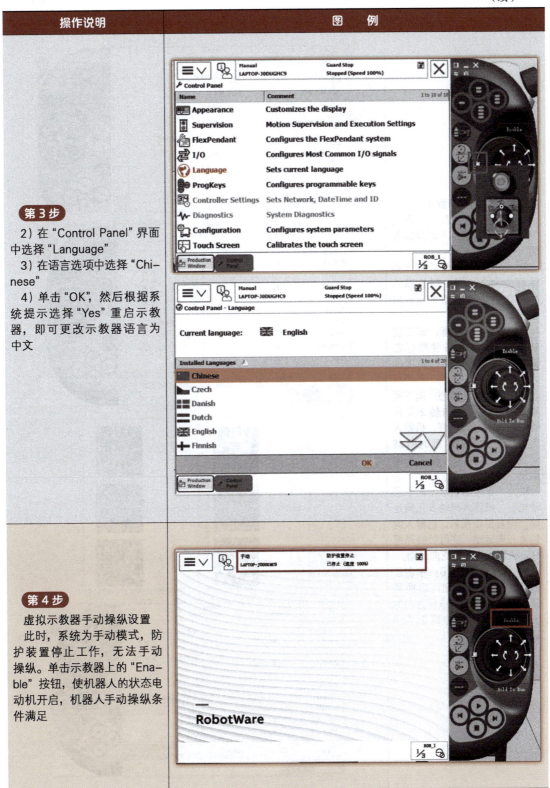
第4步 虚拟示教器手动操纵设置 此时，系统为手动模式，防护装置停止工作，无法手动操纵。单击示教器上的"Enable"按钮，使机器人的状态电动机开启，机器人手动操纵条件满足	

（续）

操作说明	图 例
第5步 手动操纵虚拟示教器 1）打开操作主界面，单击"手动操纵"，进入手动操纵界面 2）右下角矩形框处提示操纵杆方向2、1、3，即机器人的轴2、轴1和轴3的操纵杆方向 3）长按鼠标左键，调节旋转角度。注意：按住鼠标左键的时间长短与旋转角度的大小正相关 轴1~3运动状态：向下摇动摇杆，机器人向轴2正向运动；向右摇动摇杆，机器人向轴1正向运动；顺时针转动摇杆，机器人向轴3正向运动 轴4~6运动状态：向下摇动摇杆，机器人向轴5正向运动；向右摇动摇杆，机器人向轴4正向运动；逆时针转动摇杆，机器人向轴6正向运动。 4）操纵轴5、4、6。单击示教器的轴切换按钮，切换到新的界面，提示操纵杆方向为5、4、6，具体操作同2、1、3轴的操作	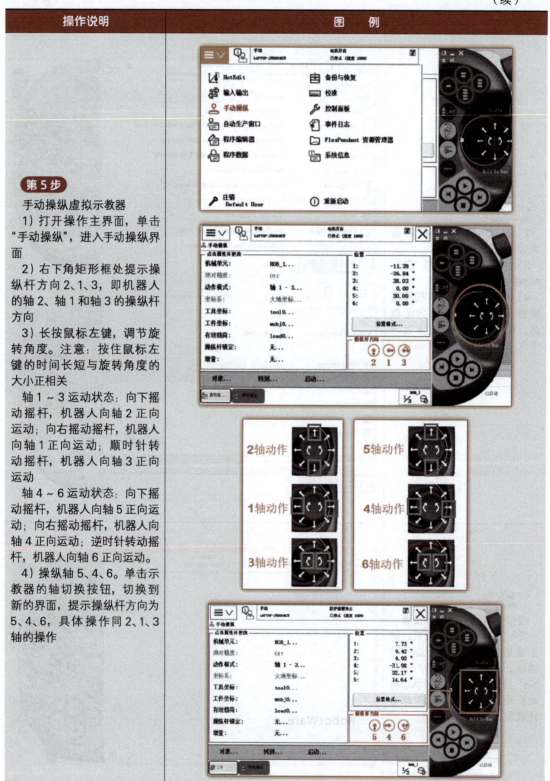

（续）

操作说明	图　例
第6步 机器人的动作模式除了之前操作的轴1～3和轴4～6两种模式以外，还有其他模式。双击"动作模式"，进入动作模式选择界面。可以看到还有另外两种动作模式：线性和重定位	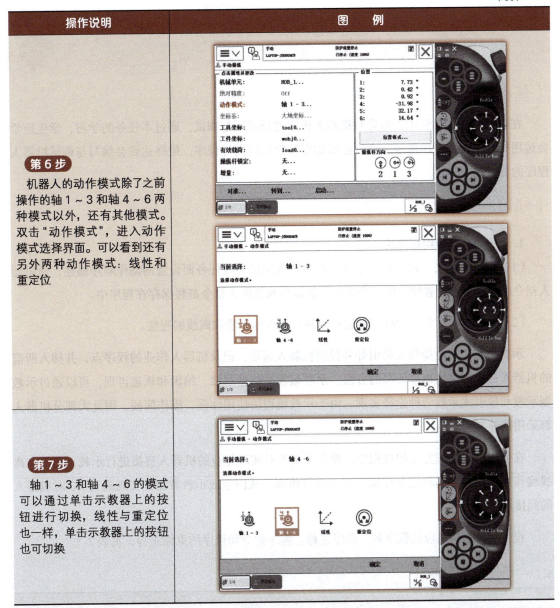
第7步 轴1～3和轴4～6的模式可以通过单击示教器上的按钮进行切换，线性与重定位也一样，单击示教器上的按钮也可切换	

注意：

1）单轴运动：轴1～3和轴4～6的运动统称单轴运动，用于控制机器人各轴的单独运动，便于调整机器人的位姿。

2）线性运动：用于控制机器人在选择的坐标系空间中进行直线运动，便于调整机器人的位置。

3）重定位运动：用于控制机器人绕选定的工具TCP坐标轴旋转，便于调整机器人的姿态。

任务4　虚拟示教器RAPID编程操作

【任务描述】

在机器人虚拟仿真中，需要对机器人程序进行编写与调试。通过本任务的学习，学生应学会运用机器人基本程序指令、会创建新的程序模块与例行程序，最终达到会编写与调试机器人程序的目标。

【知识准备】

1. 程序的含义和编程方法

（1）程序的含义　程序是为了使工业机器人完成某种任务而设置的动作顺序描述，是机器人指令的集合。在示教操作中，产生的示教数据和机器人指令都将保存在程序中。

（2）编程方法　常见的编程方法有两种：示教编程法和离线编程法。

示教编程法是由操作人员引导并控制机器人运动，记录机器人作业的程序点，并插入所需的机器人命令来完成程序编写的方法。示教编程法包括示教、编辑和轨迹再现，可以通过示教器示教和导引式示教两种途径实现。由于示教编程法使用性强，操作简便，因此大部分机器人都采用这种方法。

在使用离线编程方法的过程中，操作人员不对实际作业的机器人直接进行示教，而是在离线编程系统中进行编程或在模拟环境中进行仿真，从而生成示教数据，实现通过PC对机器人的间接示教。

程序的基本信息包括程序名、程序注释、程序指令和程序结束标志等，见表2-5。

表2-5　程序的基本信息及功能

序号	程序基本信息	功能
1	程序名	用于识别存入控制器内存中的程序。在同一目录下不能出现程序名相同的程序。程序名的长度不超过8个字符，且由字母、数字、下划线等组成
2	程序注释	程序注释用来描述程序或指令的功能或作用，便于阅读理解程序。它最长包含16个字符，且由字母、数字及符号（如@、※等）组成。新建程序后，可在选择程序之后修改程序注释
3	程序指令	包括运动指令、逻辑功能指令、寄存器指令等示教过程中所涉及的所有指令
4	程序结束标志	程序结束标志（END）自动显示在程序的最后一条指令的下一行。只要有新的指令添加到程序中，程序结束标志就会在屏幕上向下移动。当系统执行到程序结束标志时，就会自动返回到程序的第一行并终止

2. RAPID程序结构

ABB机器人的应用程序是使用RAPID语言特定的指令和语法编写而成的。RAPID程序由程序模块与系统模块组成。程序模块用于构建机器人的程序,系统模块用于系统方面的控制。

每一个程序模块可包含程序数据、例行程序、中断程序和功能四种对象,并且程序模块之间的程序数据、例行程序、中断程序和功能是可以相互调用的。除特殊定义外,所有程序模块、例行程序和程序数据的名称必须是唯一的。可根据不同用途创建多个程序模块,如用于主控制、位置计算以及存放数据的程序模块,以便于归类和管理。

在RAPID程序中,有且仅有一个主程序main,它可存在于任意一个程序模块中,并作为整个RAPID程序自动运行的起点。RAPID程序的基本架构见表2-6。

表2-6 RAPID程序的基本架构

RAPID 程序				
程序模块				系统模块
程序模块 1	程序模块 2	程序模块 3	程序模块 N	
程序数据	程序数据	程序数据	程序数据	程序数据
主程序 main	例行程序	例行程序	例行程序	例行程序
例行程序	中断程序	中断程序	中断程序	中断程序
中断程序	功能	功能	功能	功能
功能				

【任务实施】

1. 创建 RAPID 程序

1)确定需要多少个程序模块。程序模块的数量是由应用的复杂性所决定的,比如可以将位置计算、程序数据和逻辑控制等分配到不同的程序模块,以方便管理。

虚拟示教器 RAPID 编程操作

2)确定各个程序模块中要建立的例行程序,不同的功能就放到不同的例行程序中去,如夹具打开、夹具关闭这样的功能可以分别创建成例行程序。

用机器人示教器创建程序模块和例行程序的操作步骤见表2-7。

2. 添加赋值指令

创建程序模块test1,并在模块test1下创建例行程序main和Routine1,在main程序下进行运动指令的基本操作练习。

表 2-7 创建程序模块和例行程序的操作步骤

操作说明	图例
第 1 步 在示教器主菜单中单击"程序编辑器"	
第 2 步 进入程序编辑器后,界面中显示系统上次已加载的例行程序信息。单击"模块",显示当前系统已存在的模块信息(含 ABB 机器人自带的 2 个系统模块,即 BASE 模块与 USER 模块)	
第 3 步 单击"文件",在下拉菜单中选中"新建模块"	

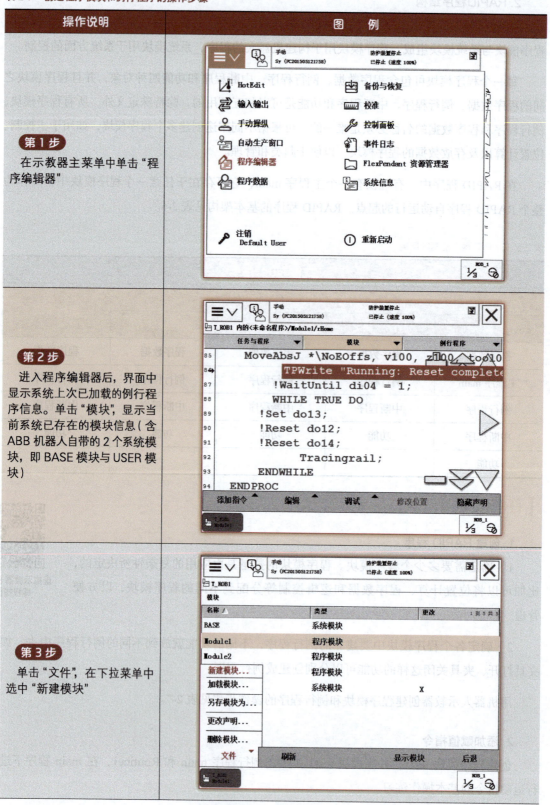

（续）

操作说明	图例
第4步 单击"是",添加新模块,然后单击"确定",完成程序模块的创建	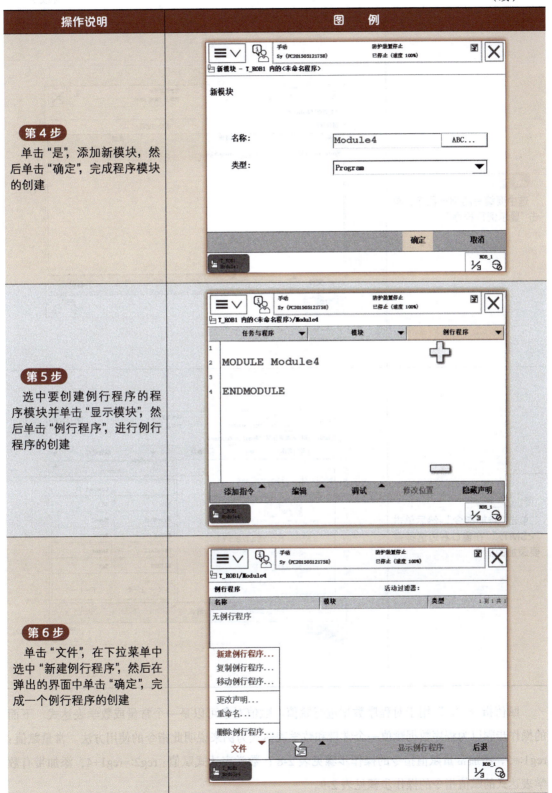
第5步 选中要创建例行程序的程序模块并单击"显示模块",然后单击"例行程序",进行例行程序的创建	
第6步 单击"文件",在下拉菜单中选中"新建例行程序",然后在弹出的界面中单击"确定",完成一个例行程序的创建	

（续）

操作说明	图　例
第7步 选中要编写的例行程序，单击"显示例行程序"	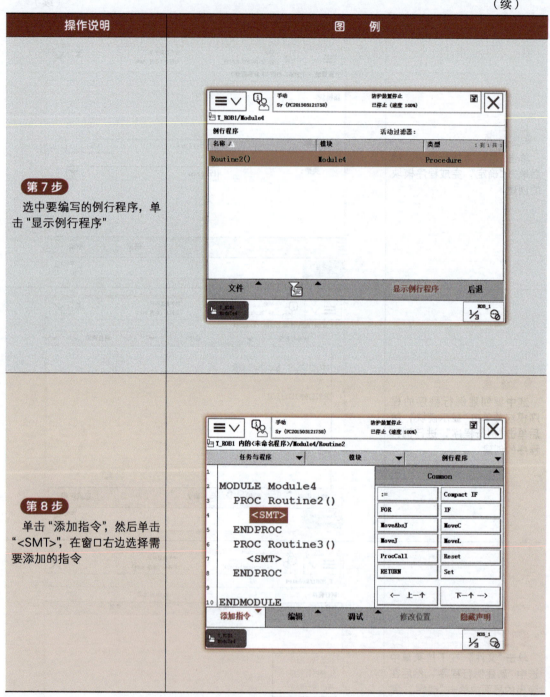
第8步 单击"添加指令"，然后单击"<SMT>"，在窗口右边选择需要添加的指令	

　　赋值指令":="用于对程序数据进行赋值。赋值对象可以是一个常量或数学表达式。下面的操作步骤以为程序数据赋值一个常量和数学表达式为例来说明此指令的使用方法。常量赋值：reg1:=5，添加常量赋值指令的操作步骤见表2-8；数学表达式赋值：reg2:=reg1+4，添加带有数学表达式的赋值指令的操作步骤见表2-9。

表2-8 添加常量赋值指令的操作步骤

操作说明	图 例
第1步 在指令列表中选择":="	
第2步 单击"更改数据类型"	
第3步 在列表中找到"num"并选中,然后单击"确定"	

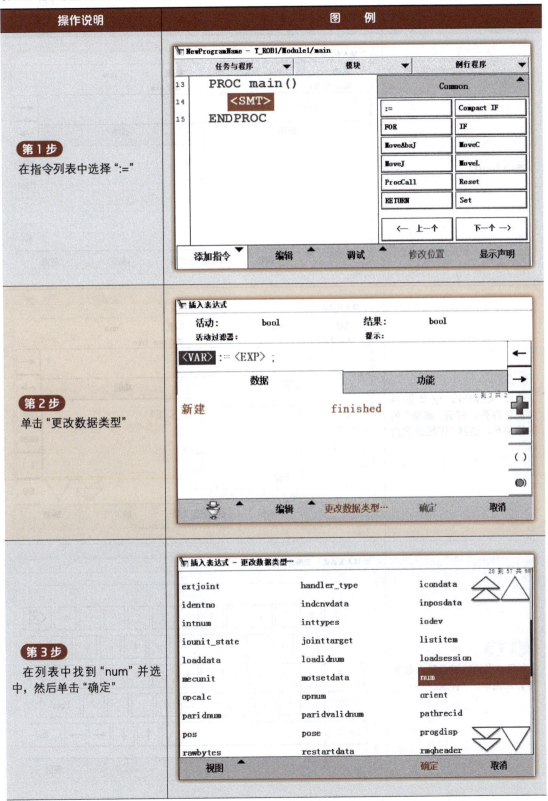

（续）

操作说明	图例
第4步 选中"reg1"	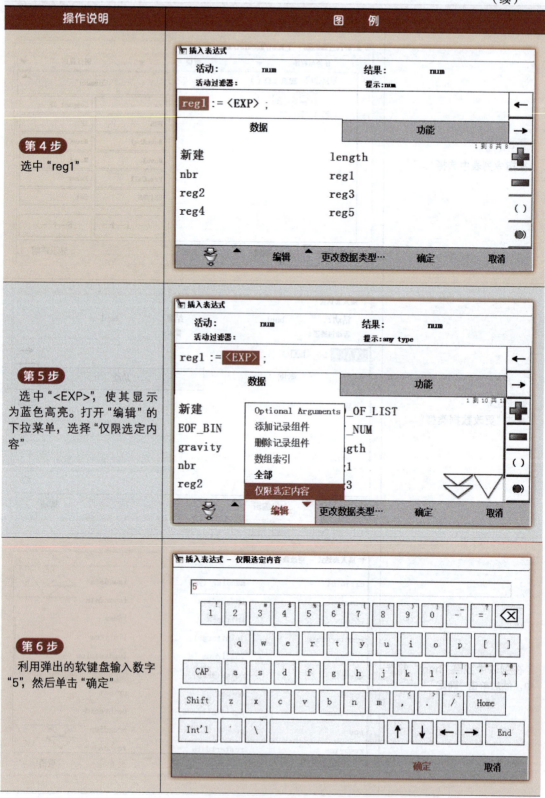
第5步 选中"<EXP>"，使其显示为蓝色高亮。打开"编辑"下拉菜单，选择"仅限选定内容"	
第6步 利用弹出的软键盘输入数字"5"，然后单击"确定"	

（续）

操作说明	图例
第7步 确定正确后，单击"确定"	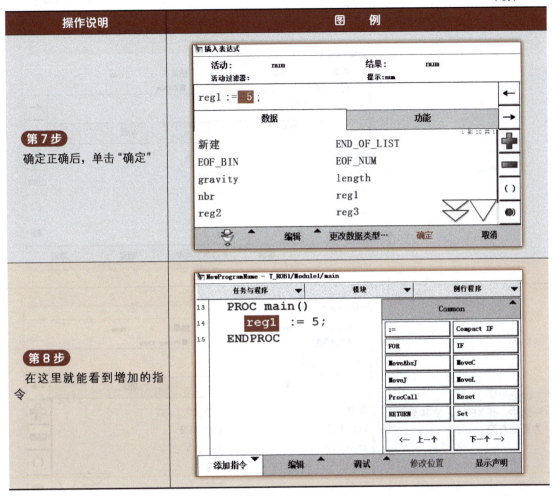
第8步 在这里就能看到增加的指令	

表2-9 添加带有数学表达式的赋值指令的操作步骤

操作说明	图例
第1步 在指令列表中选择":="	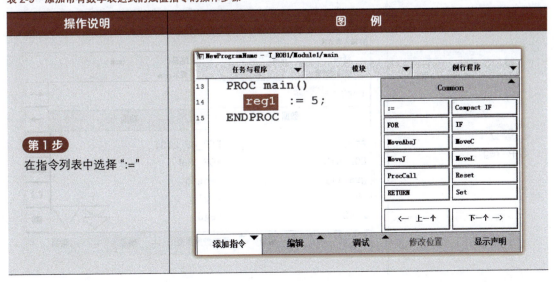

（续）

操作说明	图例
第2步 选中"reg2"	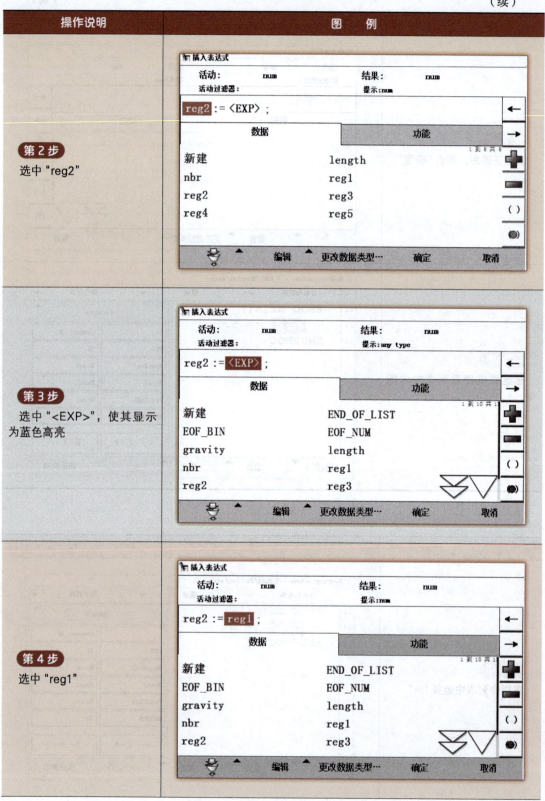
第3步 选中"<EXP>"，使其显示为蓝色高亮	
第4步 选中"reg1"	

（续）

操作说明	图　例
第5步 单击"+"按钮	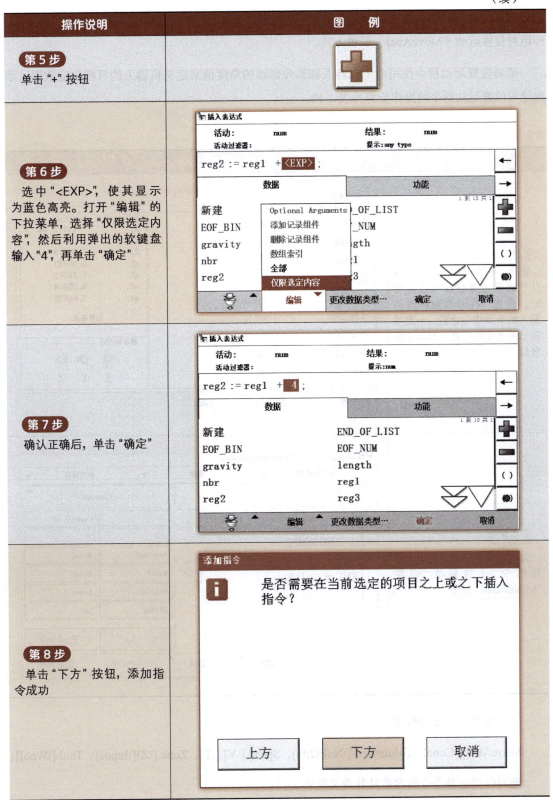
第6步 选中"<EXP>"，使其显示为蓝色高亮。打开"编辑"的下拉菜单，选择"仅限选定内容"，然后利用弹出的软键盘输入"4"，再单击"确定"	
第7步 确认正确后，单击"确定"	
第8步 单击"下方"按钮，添加指令成功	

3. 机器人运动指令

机器人在空间中运动主要有关节运动（MoveJ）、线性运动（MoveL）、圆弧运动（MoveC）和绝对位置运动（MoveAbsJ）四种方式。

绝对位置运动指令使用六个机器人轴和外部轴的角度值来定义机器人的目标位置数据。添加绝对位置运动指令的操作步骤见表 2-10。

表 2-10　添加绝对位置运动指令的操作步骤

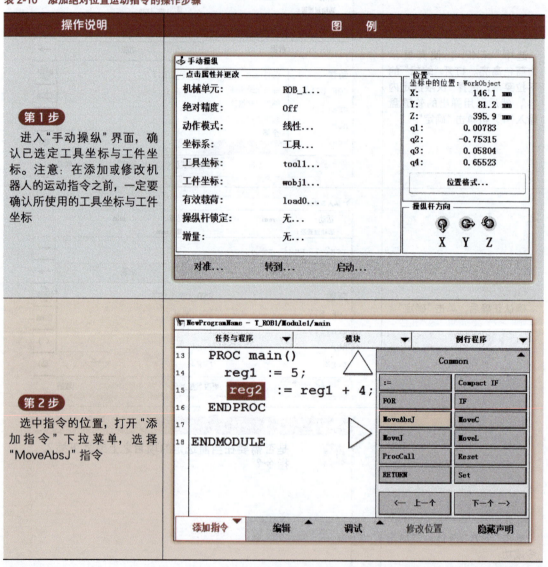

操作说明	图例
第1步　进入"手动操纵"界面，确认已选定工具坐标与工件坐标。注意：在添加或修改机器人的运动指令之前，一定要确认所使用的工具坐标与工件坐标	
第2步　选中指令的位置，打开"添加指令"下拉菜单，选择"MoveAbsJ"指令	

（1）绝对位置运动指令

MoveAbsJ [\Conc], ToJointPos [\NoEOffs], Speed [\V]|[\T], Zone [\Z]|[\Inpos], Tool [\Wobj];

绝对位置运动指令的参数及其含义见表 2-11。

表 2-11 绝对位置运动指令的参数及其含义

参数	含义	参数	含义
[\Conc]	协作运动开关	[\NoEOffs]	外部轴偏差开关
ToJointPos	目标点	Speed	运行速度数据
[\V]	特殊运行速度	[\T]	运行时间控制
fine\zone	转弯区数据	[\Z]	特殊运行转角
[\Inpos]	运行停止点数据	Tool	TCP
[\Wobj]	工件坐标系	MoveAbsJ	绝对位置运动

绝对位置运动指令使机器人以单轴运行的方式运动至目标点，运动过程中绝对不存在死点，运动状态完全不可控。因此，此指令常用于检查机器人的零点位置，且应避免在正常生产中使用。指令中的 TCP、Wobj 只与运行速度有关，与运动位置无关。

指令解析：

例 1　MoveAbsJ*\NoEOffs，v1000，z50，tool1\Wobj:=wobj1；

以上指令的参数及其含义见表 2-12。

表 2-12 参数及其含义

参数	含义
*	目标点位置数据
\NoEOffs	外部轴不带偏移数据
v1000	运动速度数据 1000mm/s
z50	转弯区数据
tool1	工具坐标数据
wobj1	工件坐标数据

MoveAbsJ 常用于使机器人的六个轴回到机械零点（0°）的位置。

（2）关节运动指令

MoveJ [\Conc], ToPoint，Speed [\V]| [\T]，Zone [\Z][\Inpos]，Tool [\Wobj]；

关节运动指令的参数及其含义见表 2-13。

表 2-13 关节运动指令的参数及其含义

参数	含义	参数	含义
[\Conc]	协作运动开关	MoveJ	关节运动
ToPoint	目标点	Speed	运行速度数据
[\V]	特殊运行速度	[\T]	运行时间控制
fine\zone	转弯区数据	[\Z]	特殊运行转角
[\Inpos]	运行停止点数据	Tool	TCP
[\Wobj]	工件坐标系		

关节运动指令是在对路径精度要求不高的情况下，使机器人的 TCP 从一个位置移动到另一个位置的指令，两个位置之间的路径不一定是直线，如图 2-3 所示。此指令使机器人以最快捷的方式运动至目标点，在运动过程中机器人运动状态不完全可控，但运动路径保持唯一，常用于机器人在空间大范围的移动。

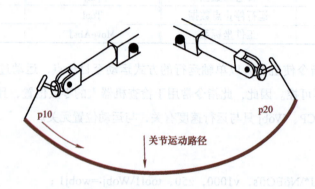

图2-3　关节运动路径

指令解析：

例 2　MoveJ p10，v1000，z50，tool1\Wobj:=wobj1；
　　　MoveJ p20，v1000，z50，tool1\Wobj:=wobj1；

以上指令中的部分参数及其含义见表 2-14。

表 2-14　参数及其含义

参数	含义
p10	目标点位置数据
v1000	运动速度数据

关节运动适合机器人大范围运动时使用，不容易在运动过程中出现关节轴进入机械死点的问题。目标点位置数据定义机器人 TCP 的运动目标，可以在示教器中单击"修改位置"对它进行修改。运动速度数据定义机器人的运动速度（mm/s）。转弯区数据定义转变区的大小（mm）。工具坐标数据定义当前指令使用的工具坐标。工件坐标数据定义当前指令使用的工件坐标。

（3）线性运动指令

MoveL [\Conc], ToPoint, Speed [\V]|[\T], Zone [\Z][\Inpos], Tool [\Wobj][\Corr]；

线性运动指令的参数及其含义见表 2-15。

表 2-15 线性运动指令的参数及其含义

参数	含义	参数	含义
MoveL	线性运动	[\Conc]	协作运动开关
ToPoint	目标点	Speed	运行速度数据
[\V]	特殊运行速度	[\T]	运行时间控制
fine\zone	转弯区数据	[\Z]	特殊运行转角
[\Inpos]	运行停止点数据	Tool	TCP
[\Wobj]	工件坐标系	[\Corr]	修正目标点开关

线性运动使机器人的 TCP 从起点到终点之间的路径始终保持为直线，如图 2-4 所示。一般在焊接、涂胶等对路径要求较高的场合使用此指令。

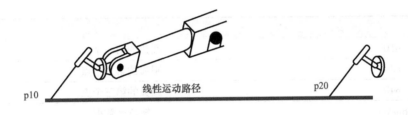

图2-4 线性运动路径

（4）圆弧运动指令

MoveC [\Conc], ToPoint, Speed [\V]|[\T], Zone [\Z][\Inpos], Tool [\Wobj][\Corr];

圆弧运动指令的参数及其含义见表 2-16。

表 2-16 圆弧运动指令的参数及其含义

参数	含义	参数	含义
MoveC	圆弧运动	[\Conc]	协作运动开关
ToPoint	目标点	Speed	运行速度数据
[\V]	特殊运行速度	[\T]	运行时间控制
fine\zone	转弯区数据	[\Z]	特殊运行转角
[\Inpos]	运行停止点数据	Tool	TCP
[\Wobj]	工件坐标系	[\Corr]	修正目标点开关

圆弧运动的路径由在机器人可到达的空间范围内定义的三个位置点所决定，其中，第一个点是圆弧的起点，第二个点用于确定圆弧的曲率，第三个点是圆弧的终点，如图 2-5 所示。

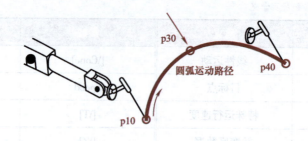

图2-5 圆弧运动路径

指令解析：

例3　MoveC p10, v1000, fine, tool1\Wobj:=wobj1；
　　　　MoveC p30, p40, v1000, z1, tool1\Wobj:=wobj1；

以上指令的部分参数及其含义见表2-17。

表2-17 参数及其含义

参数	含义
p10	圆弧的第一个点
p30	圆弧的第二个点
p40	圆弧的第三个点
fine\z1	转弯区数据

1）速度一般最高为50000mm/s，在手动限速状态下，所有的运动被限速在250mm/s。

2）fine 指机器人TCP达到目标点时，速度降为零。机器人动作有所停顿然后再继续运动，如果是一段路径的最后一个点，一定要为fine。转弯区数值越大，机器人的动作路径就越圆滑、流畅。

4. I/O 控制指令

I/O 控制指令用于控制 I/O 信号，以达到与机器人周边设备进行通信的目的。

（1）Set 数字信号置位指令　Set 数字信号置位指令用于将数字输出（Digital Output，DO）信号置位为1。

例4　Set do1；

以上指令的参数及其含义见表2-18。

表2-18 参数及其含义

参数	含义
do1	数字输出信号

（2）Reset 数字信号复位指令　Reset 数字信号复位指令用于将数字输出信号置位为 0。

例 5　Reset do1；

如果在 Set、Reset 指令前有运动指令 MoveJ、MoveL、MoveC、MoveAbsJ 的转弯区数据，必须使用 fine 才可以准确地输出 I/O 信号状态的变化。

（3）WaitDI 数字输入信号判断指令　WaitDI 数字输入信号判断指令用于判断数字输入（Digital Input，DI）信号的值是否与目标一致。

例 6　WaitDI di1，1；

以上指令的参数及其含义见表 2-19。

表 2-19　参数及其含义

参数	含义
di1	数字输入信号
1	判断的目标值

在例 6 中，程序执行此指令时，等待 di1 的值为 1。如果 di1 为 1，则程序继续往下执行；如果到达最大等待时间 300s（此时间可根据实际进行设定）以后，di1 的值还不为 1，则机器人报警或进入出错处理程序。

（4）WaitDO 数字输出信号判断指令　WaitDO 数字输出信号判断指令用于判断数字输出信号的值是否与目标一致。

例 7　WaitDOdo1，1；

参数以及含义可参考 WaitDI 指令。

（5）WaitUntil 信号判断指令　WaitUntil 信号判断指令可用于对布尔量、数字量和 I/O 信号值的判断，如果条件达到指令中的设定值，程序将继续往下执行，否则就一直等待，除非设定了最大等待时间。

例 8　WaitUntil di1=1；WaitUntil do1= 0；WaitUntil flag1= TRUE；WaitUntil num1= 4；

以上指令的参数及其含义见表 2-20。

表 2-20　参数及其含义

参数	含义
flag1	布尔量
num1	数字量

熟悉了各个指令的用法后，可以根据实际要求编写一个程序使机器人运动，具体动作可自行设计。可以参照下面的程序示例，创建一个完整的程序，完成机器人的简单移动；也可以自行设计，并对程序目标点进行示教及调试。

PROC YIDONG()
　　MoveJ Phome, v200, z5, too10 ;
　　MoveJ P1, v200, fine, too10 ;
　　MoveL P2, v200, fine, too10 ;
　　MoveL P3, v200, fine, too10 ;
　　MoveL P4, v200, fine, too10 ;
　　MoveL P1, v200, fine, too10 ;
　　MoveJ Phome, v200, z5, too10 ;
ENDPROC

5. 机器人RAPID程序的手动调试及自动运行

编写完程序后，就可以对程序进行手动调试，一般先对程序进行单步运行调试，然后连续运行调试。手动调试程序没有任何问题后，方可进行自动运行的设定，并且在保证安全的条件下可自动运行程序。手动调试及自动运行机器人 RAPID 程序的操作步骤见表 2-21。

表 2-21　手动调试及自动运行的操作步骤

操作说明	图　例
第1步　在示教器主菜单中单击"程序编辑器"	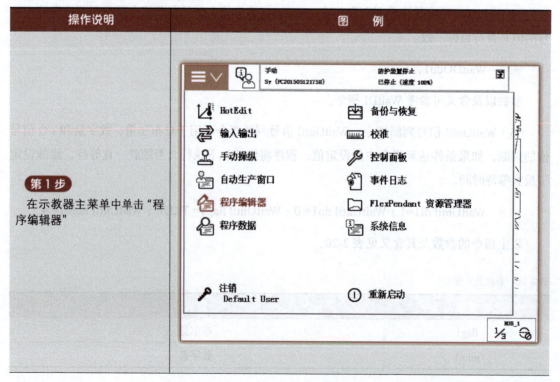

(续)

操作说明	图 例
第2步 单击"调试",弹出调试界面;在调试界面中单击"PP 移至例行程序"	
第3步 选择要调试的程序名称,单击"确定"	
第4步 选中程序中要开始运行的第一行,单击"PP 移至光标",将指针准备好	

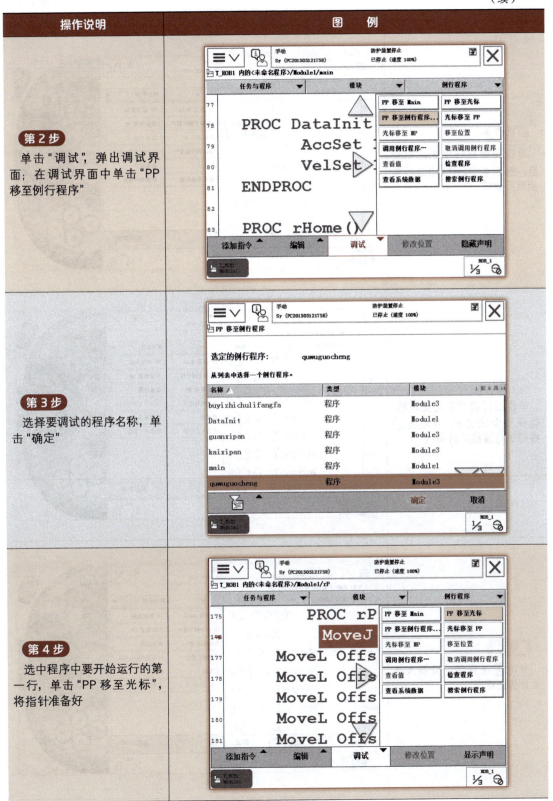

（续）

操作说明	图例
第5步 单击使能按钮使电动机开启，然后单击⊙按钮进行单步运行调试	
第6步 单步运行调试满足要求后，确保安全状况下，可单击⊙按钮进行连续运行调试	
第7步 单击⊙按钮后，机器人将立即停止运行	

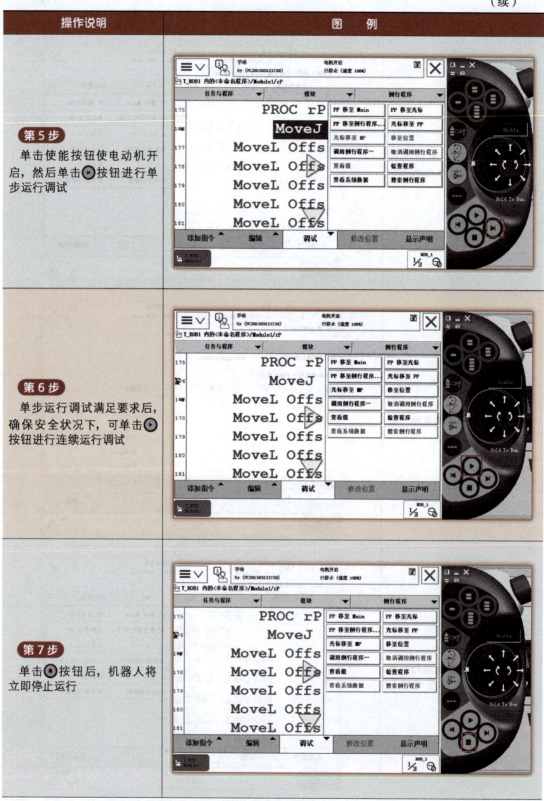

（续）

操作说明	图例
第8步 在手动连续运行调试没问题的情况下，可进行程序的自动运行操作。选择"调试"，然后选择"PP 移至 Main 函数"	
第9步 单击"添加指令"，选择"ProcCall"指令	
第10步 选中要运行的程序，单击"确定"。若要运行多个程序，则按运行顺序进行逐一添加，并单击"确定"	

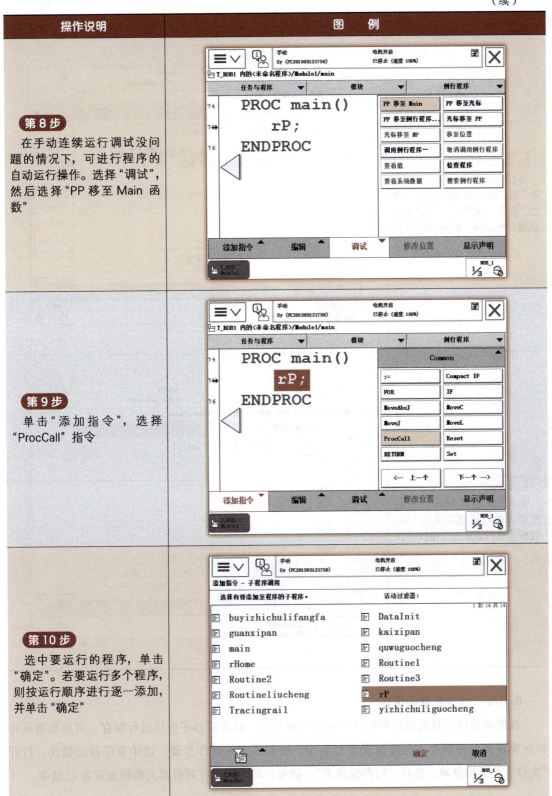

（续）

操作说明	图例
第11步 将控制器钥匙开关切到"自动"档，单击弹出的对话框中的"确定"按钮，然后按下控制器白色按钮，使电动机开启	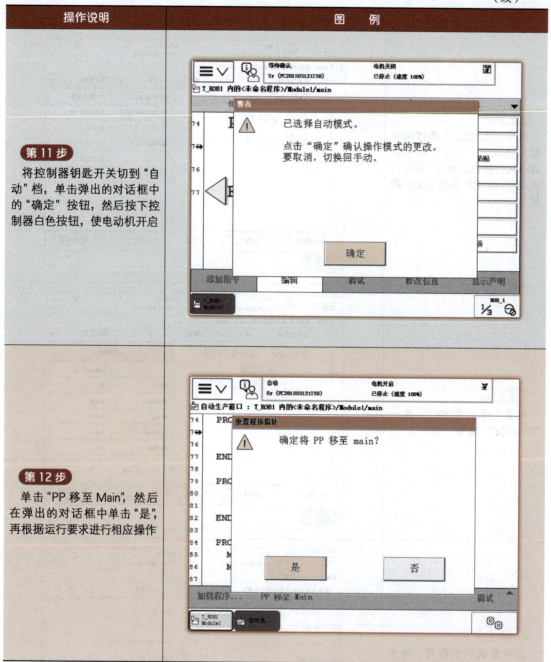
第12步 单击"PP 移至 Main"，然后在弹出的对话框中单击"是"，再根据运行要求进行相应操作	

6. RAPID程序模块的保存

在调试完成并且自动运行确认符合设计要求后，就要对程序模块进行保存。可根据需要将程序模块保存在机器人的硬盘或者U盘中。按照规范的操作步骤，选中要保存的模块，打开"文件"的下拉菜单，选择"另存模块为"，就可以将程序保存到机器人的硬盘或者U盘中。

构建基本仿真工业机器人工作站 项目2

任务5　建立工业机器人工件坐标系

【任务描述】

本任务主要介绍如何在软件中利用三点法创建虚拟的工件坐标系。

建立工业机器人
工件坐标系

【知识准备】

工件坐标系的设定一般采用三点法，即设定工件坐标系的原点、X 延展方向和 Y 延展方向，根据右手定则 Z 方向即可确定。所秉持的原则是：工件坐标系的 X 和 Y 的延展方向尽量和大地坐标的延展方向一致。

【任务实施】

建立工业机器人工件坐标系的操作步骤见表 2-22。

表 2-22　建立工业机器人工件坐标系的操作步骤

操作说明	图例
第 1 步 在"基本"功能选项卡中，单击"其它"按钮，在下拉菜单中选择"创建工件坐标"	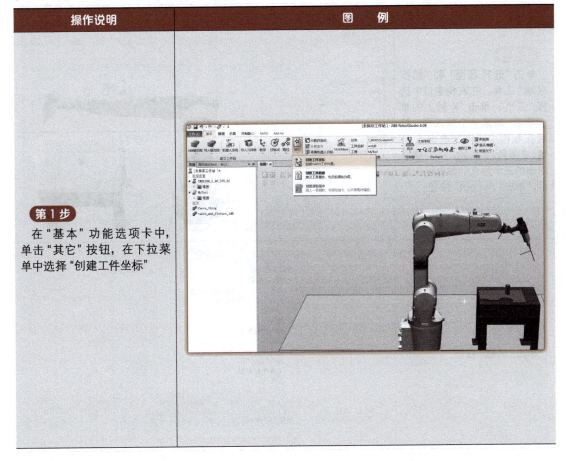

— 63 —

（续）

操作说明	图 例
第2步 设定工件坐标系的名称为"Workobject_1"，单击"用户坐标框架"的"取点创建框架"的下拉箭头，选择"三点"	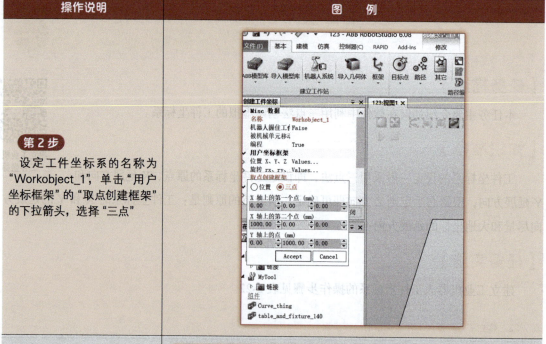
第3步 单击"选择表面"和"捕捉末端"工具。在左侧窗口中选择"三点"，单击"X 轴上的第一个点"的第一个输入框，然后在视图中，依次单击 1 号角、2 号角、3 号角，并在确认单击的三个角点的数据已生成后，单击"Accept"按钮	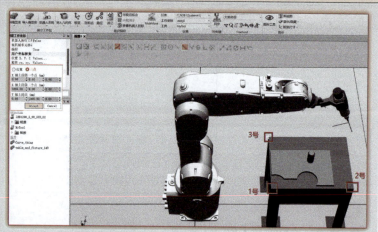
第4步 单击"创建"按钮	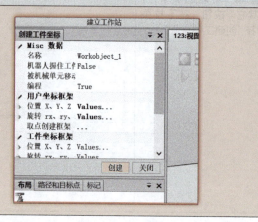

（续）

操作说明	图例
第5步 在第一个点的位置会出现一个坐标系的图标，而且在"设置"中的"工件坐标"处会出现"Workobject_1"的名称	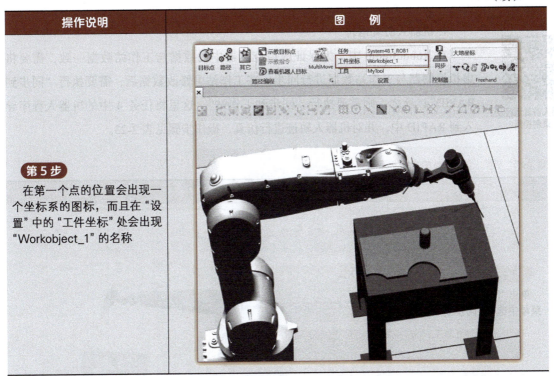

任务6　机器人仿真运行及录制视频

【任务描述】

本任务主要介绍如何仿真机器人运行轨迹，并将创建好的机器人仿真运行演示过程保存成视频文件或可独立播放的 EXE 文件，以保证能够在没有安装 RobotStudio 软件的计算机上可以查看运行结果。

【知识准备】

RobotStudio 软件内置了视频录制功能，使用该功能可以直接将机器人仿真运行动画录制成 MP4 格式的视频文件。用户可以在任意一台安装有 MP4 格式文件解码软件的计算机或者移动设备上查看机器人仿真运行效果。

软件内置的视频录制功能可细分为仿真录像、录制应用程序和录制图形三种模式，每种模式对应不同的视频录制效果。

【任务实施】

机器人仿真运行及录制视频

1. 机器人仿真运行

在 RobotStudio 中，为保证虚拟控制器中的数据与工作站数据一致，需要将虚拟控制器与工作站数据进行同步。在工作站中修改数据后，需要执行"同步到 RAPID"；反之，则需要执行"同步到工作站"。这里将任务 4 中的机器人程序导入到 RAPID 中，并对机器人轨迹进行仿真，操作步骤见表 2-23。

表 2-23　机器人仿真运行的操作步骤

操作说明	图　例
第 1 步 单击"同步"，按钮，在下拉菜单中选择"同步到 RAPID"	
第 2 步 执行"同步到 RAPID"后，在弹出的界面中，勾选同步的项目	
第 3 步 在"仿真"功能选项卡中，单击"仿真设定"，选择仿真对象，并将"进入点"设为"Path_10"	

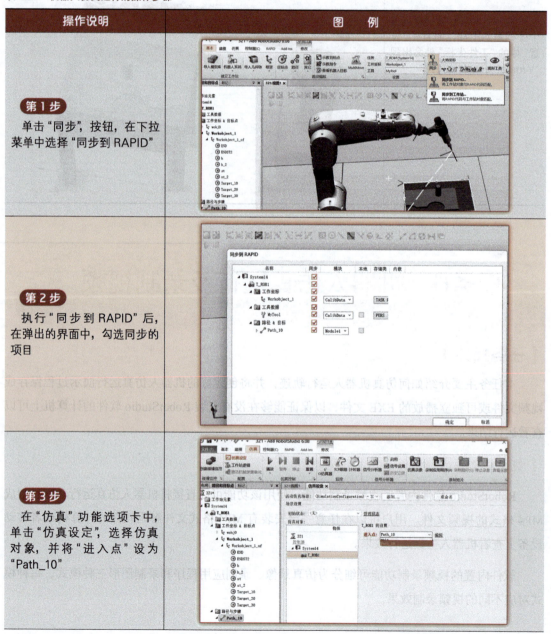

（续）

操作说明	图 例
第4步 设定完成后，单击"播放"按钮，这时机器人就按之前示教的轨迹进行运动，并进行保存	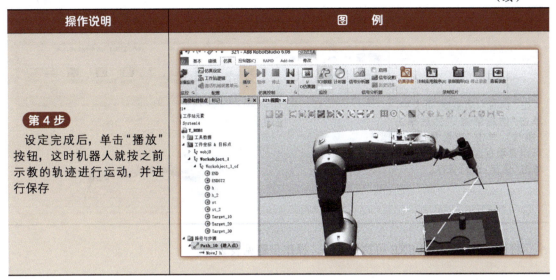

2. 将机器人的仿真运行录制成视频

可以将工作站中工业机器人的仿真运行录制成视频，以便在没有安装 RobotStudio 软件的计算机中查看工业机器人的运行情况。另外，还可以将仿真过程制作成 EXE 可执行文件，以便更灵活地查看仿真过程。

将工作站中工业机器人的仿真运行录制成视频的操作步骤见表 2-24。

表 2-24 将机器人的仿真运行录制成视频的操作步骤

操作说明	图 例
第1步 在"文件"功能选项卡中，单击"选项"，在弹出的对话框中单击"屏幕录像机"，对录像的参数进行设定，然后单击"确定"按钮	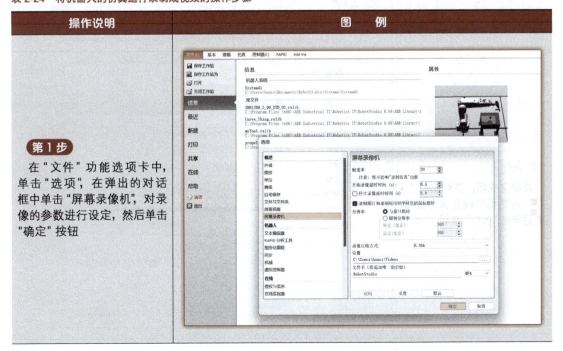

(续)

操作说明	图例
第2步 在"仿真"功能选项卡中,单击"仿真录像",然后单击"播放"。单击"查看录像"就可以查看视频。完成操作后,单击"保存"进行保存	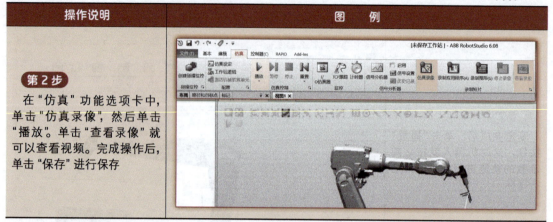

将仿真过程制作成 EXE 可执行文件,操作步骤见表 2-25。

表 2-25 将仿真过程制作成 EXE 可执行文件的操作步骤

操作说明	图例
第1步 在"仿真"功能选项卡中,单击"播放"按钮,在弹出的下拉菜单中选择"录制视图"	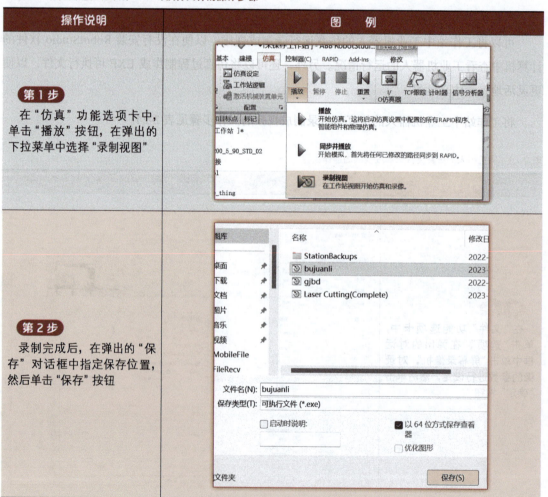
第2步 录制完成后,在弹出的"保存"对话框中指定保存位置,然后单击"保存"按钮	

— 68 —

（续）

操作说明	图例
第3步 双击打开生成的 EXE 文件，在此窗口中，缩放、平移和转换视角的操作与 RobotStudio 软件的一样。单击"Play"按钮，开始工业机器人的运行	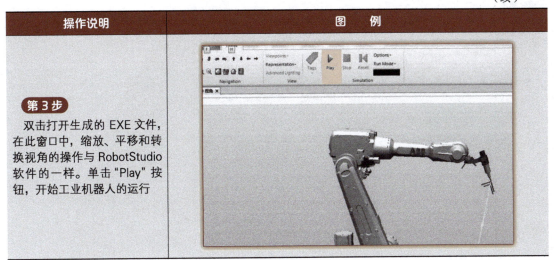

【项目评价】

项目评价见表2-26。

表2-26 评分表

评分表 学年		工作形式 □个人 □小组分工 □小组		实践工作时间	
训练项目	训练内容	训练要求		小组互评	教师评分
构建基本仿真工业机器人工作站	1.添加工业机器人（30分）	1）未找到指定机器人，扣10分 2）添加机器人不正确，扣10分 3）不能移动机器人，扣10分			
	2.添加工具（30分）	1）添加工具不正确，扣10分 2）未能正确安装工具至机器人法兰端，扣20分			
	3.添加工作台（30分）	1）添加工作台不正确，扣15分 2）工作台不在机器人工作范围内，扣15分			
	4.职业素养与安全意识（10分）	现场操作、安全保护符合安全操作规程；团队有分工、有合作，配合紧密；遵守纪律，尊重教师，爱惜设备和器材，保持工位的整洁			

【拓展训练】

创建如图2-6所示的机器人工作站，并进行工作站布局。

1）工作站设计：根据任务列出工作站所需的基本组成部件，并进行添加。

2）工作站布局：能正确选择机器人、工具和工作台，按照要求安装工具，并将工作台放置在机器人工作范围内。

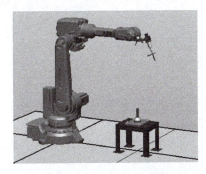

图2-6 机器人工作站布局

项目 3

工业机器人虚拟仿真 3D 建模

【项目背景描述】

RobotStudio 软件虽然自带了非常丰富的模型库,但是在实际应用中依旧无法满足千差万别的需求。这时就需要根据工作站的外部设备创建 3D 模型,或进一步将 3D 模型创建成为机械装置或工具。

本项目详细介绍了 RobotStudio 的建模功能。通过本项目的学习,学生应重点掌握简单 3D 模型的创建、测量工具的使用、机械装置以及工具的创建。

【学习目标】

知识目标	能力目标	素养目标
1. 掌握使用 RobotStudio 创建简单 3D 模型的方法 2. 掌握使用 RobotStudio 编辑模型外观及位置等特征的方法 3. 掌握 RobotStudio 中的测量工具的类型及使用方法 4. 掌握创建机械装置的方法 5. 掌握创建工业机器人工具的方法	1. 能够使用建模功能创建各种形状的固件 2. 能够对创建的 3D 模型进行颜色、位置、显示等参数设置 3. 能够使用合适的测量工具及捕捉工具进行对象测量 4. 能够创建简易导轨等机械装置,并保存为库文件 5. 能够导入外部几何模型 6. 能够创建工具,并保存为库文件	1. 通过创意模型搭建,培养不断创新探索的能力 2. 通过小组分工、小组互评模式,培养合作共赢的精神

对接工业机器人应用编程 1+X 证书模块
3.1.1 能够创建基础工作站
3.1.2 能够导入模块及工具模型
3.1.3 能够完成模块及工具指定位置的放置
3.2.1 能够正确配置工具参数
3.2.2 能够生成对应工具的库文件

工业机器人虚拟仿真技术及应用

【学习导图】

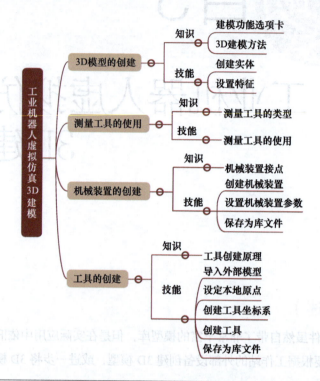

任务1　3D模型的创建

【任务描述】

本任务利用RobotStudio的建模功能创建简化的导轨模型。该导轨模型由简易的导轨基体与滑台两部分组成。本任务主要包括以下内容：

1）创建矩形实体和圆柱实体。
2）多特征结合。
3）创建组件组。
4）设置特征。

【知识准备】

1. "建模"功能选项卡

RobotStudio 6.08的"建模"功能选项卡如图3-1所示，分为"创建""CAD操作""测量""Freehand"和"机械"五部分，可以实现简单三维特征的创建，可对生成的特征进行交叉、结合等布尔特征运算，实现必要的位置尺寸测量，创建机械装置和工具以满足搭建

RobotStudio 工作站的需要。

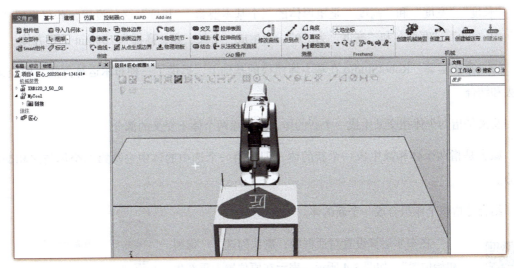

图3-1　RobotStudio 6.08的"建模"功能选项卡

2. 3D建模方法

（1）基本体类型　在RobotStudio中，可以利用"建模"功能选项卡中的"固体"包括"矩形体""3点法创建立方体""圆锥体""圆柱体""锥体"和"球体"功能，如图3-2所示。

（2）参数设置　单击对应基本体，系统弹出基本体的参数设置对话框。图3-3所示为矩形体的参数设置对话框。

图3-2　基本体类型

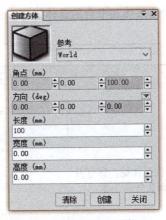

图3-3　参数设置对话框

"参考"是创建矩形体所参考的坐标系，"角点"和"方向"都是以该坐标系进行描述的，一般采用默认值即可。

"角点"表示所创建的矩形的一个角点（矩形坐标系原点）相对于"参考"坐标系原点的X、Y、Z偏移值，图中所设置的"角点"表示矩形原点相对世界坐标系原点在Z方向偏移100mm。

"方向"表示所创建的矩形体绕"参考"坐标系进行 X、Y、Z 轴旋转变换的值。

"长度""宽度"和"高度"是矩形体的三个基本要素。"长度"必须设置,若仅设置"长度"为"100","宽度"和"高度"为"0",则生成一个长、宽、高都为 100mm 的正方体。

(3)布尔运算　RobotStudio 在基本体建模的基础上,提供了三种布尔运算方法,即交叉、减去和结合。

交叉是指两个体相交叉生成一个新的体,即去除两个体不交叉的部分。

减去是指两个体相减生成一个新的体,即从第一个选中的体中去除第二个体与之相交的部分。

结合是指两个体组合成一个新的体。

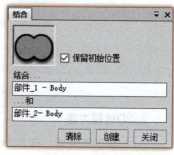

图3-4　"结合"对话框

在布尔运算设置对话框中,默认勾选了"保留初始位置",如图 3-4 所示,表示在原位置上重新生成新的体,也保留了部件_1 和部件_2;若不勾选该选项,则仅保留新生成的体,用于生成该体的部件_1 和部件_2 将被删除。

3D 建模

【任务实施】

1. 创建实体

创建导轨基体和滑台的具体操作步骤见表 3-1。

表 3-1　创建导轨基体和滑台的操作步骤

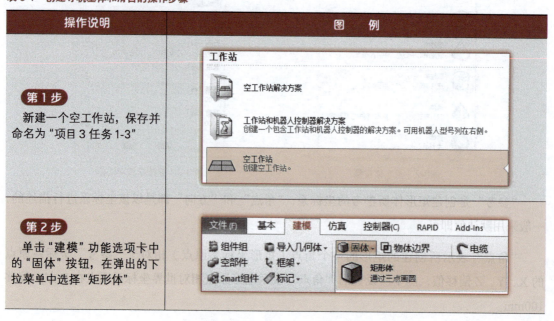

（续）

操作说明	图 例
第3步 在弹出的对话框中设置矩形体的参数，长、宽、高分别为1800mm、400mm、100mm，完成后单击"创建"按钮，生成部件_1	
第4步 设置第2个矩形体的参数，长、宽、高分别为20mm、400mm、10mm，"角点"的Z值设置为100mm，完成后单击"创建"按钮，然后单击"关闭"按钮，生成部件_2	
第5步 单击"CAD操作"中的"结合"	

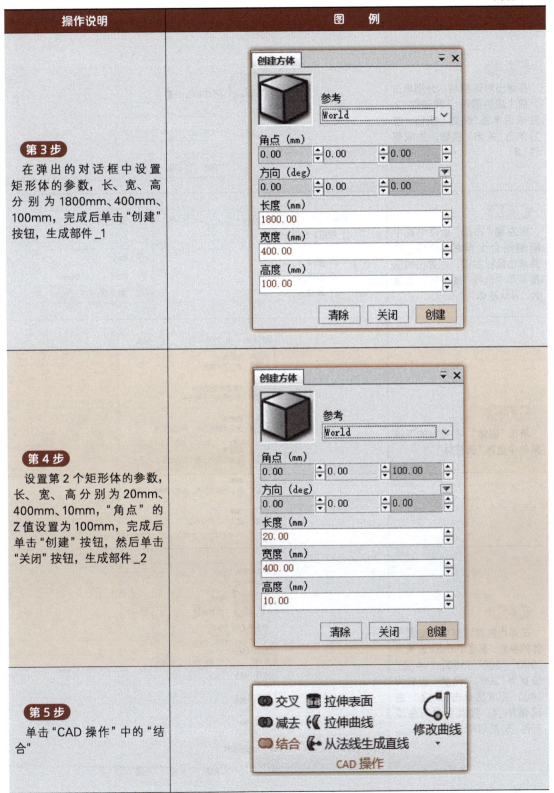

（续）

操作说明	图　例
第6步 在弹出对话框后，分别单击之前生成的部件_1和部件_2，完成后单击"创建"按钮，然后单击"关闭"按钮，生成部件_3	
第7步 在左侧"布局"窗口中选中刚刚结合生成的"部件_3"，并单击鼠标右键，在弹出的快捷菜单中选择"重命名"，设置为"导轨基体"	
第8步 单击"固体"，在弹出的下拉菜单中选择"圆柱体"	
第9步 在弹出的对话框中设置圆柱体的参数，"基座中心点"设置为"900" "200" "100"，"半径"设置为"200"，"高度"设置为"40"，完成后单击"创建"；生成部件_4。按此参数再生成部件_5，然后单击"关闭"	

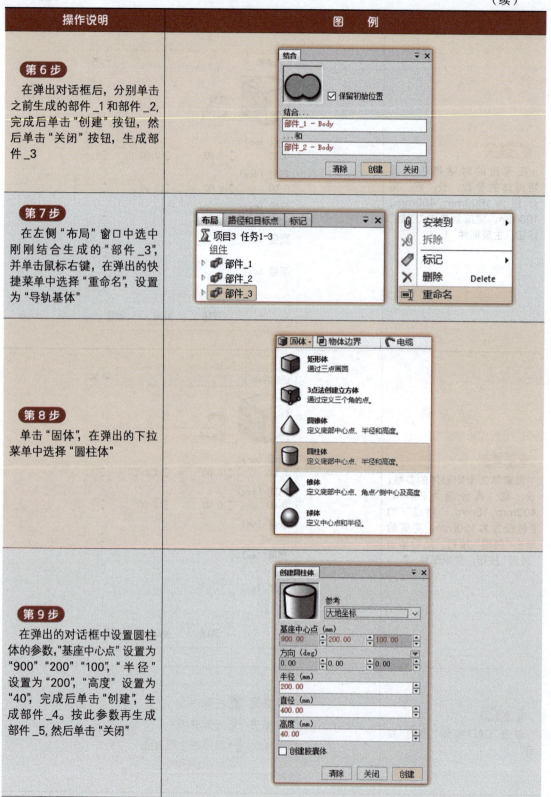

— 76 —

(续)

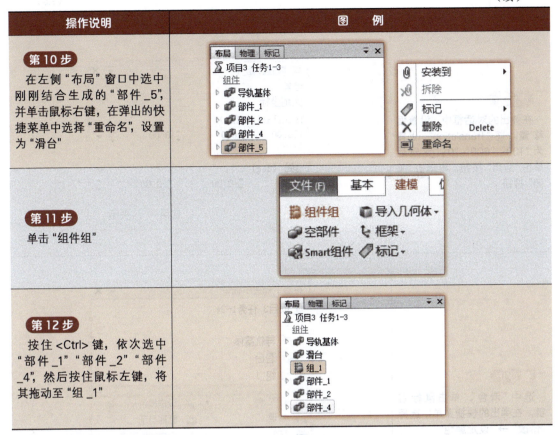

操作说明	图例
第10步 在左侧"布局"窗口中选中刚刚结合生成的"部件_5",并单击鼠标右键,在弹出的快捷菜单中选择"重命名",设置为"滑台"	
第11步 单击"组件组"	
第12步 按住<Ctrl>键,依次选中"部件_1""部件_2""部件_4",然后按住鼠标左键,将其拖动至"组_1"	

2. 设置特征

通过"偏移位置"功能偏置组件,并修改其颜色,具体步骤见表 3-2。

表 3-2 设置特征的操作步骤

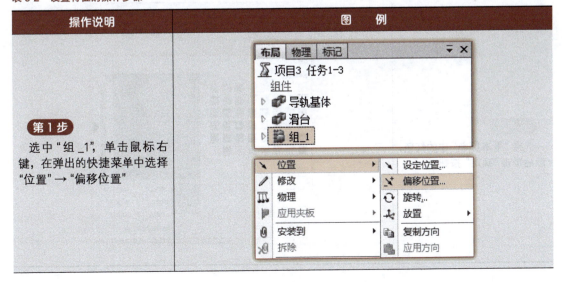

操作说明	图例
第1步 选中"组_1",单击鼠标右键,在弹出的快捷菜单中选择"位置"→"偏移位置"	

— 77 —

（续）

操作说明	图例
第2步 在弹出的对话框中，设置偏移量，将"Translation"设置为"100""600""0"，完成后单击"应用"按钮，再单击"关闭"按钮	
第3步 选中"滑台"，单击鼠标右键，在弹出的快捷菜单中选择"修改"→"设定颜色"	
第4步 选择"基本颜色"中的红色，然后单击"确定"按钮	

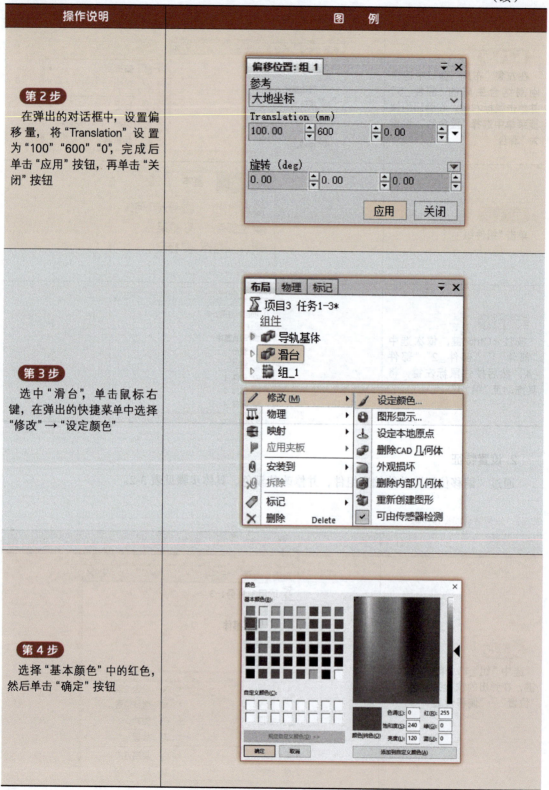

任务2 测量工具的使用

【任务描述】

在系统布局时，需要用到测量工具，以获取所需对象的空间尺寸信息。本任务在上一任务所创建的工作站"项目3任务1-3"的基础上，重点介绍测量功能及其使用方法，主要包括以下内容：

1）点到点的测量。
2）角度测量。
3）直径测量。
4）最短距离测量。

【知识准备】

RobotStudio 提供了以下四种测量工具：

1）点到点：实现任意两点之间的距离测量。
2）角度：实现两条直线相交角度的测量。选取的第一点为两条直线的交点，第二、三点分别为两条直线的两个端点，经测量得出的角度值即为这三点构成的两条直线间的夹角。
3）直径：实现圆的直径测量。软件通过捕捉圆弧上的任意三点来计算该圆弧的直径。
4）最短距离：实现两个对象的直线距离测量。

【任务实施】

1. 点到点测量

设置合适的捕捉方式，使用"点到点"测量功能来测量工作站"项目3任务1-3"中的部件_1的两角点之间的距离，具体操作步骤见表3-3。

表3-3 "点到点"测量的操作步骤

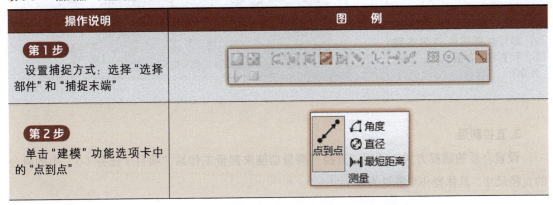

(续)

操作说明	图例
第3步 依次选中部件_1的左上角点1与右上角点2，即可测得部件_1的宽度值，显示为400mm	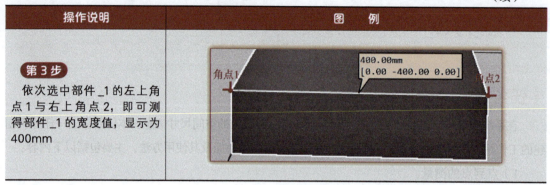

2. 角度测量

设置合适的捕捉方式，使用"角度"测量功能来测量工作站"项目3任务1-3"中的部件_1上两直线之间的角度尺寸，具体操作步骤见表3-4。

表3-4 "角度"测量的操作步骤

操作说明	图例
第1步 设置捕捉方式：选择"选择部件"和"捕捉末端"	
第2步 单击"建模"功能选项卡中的"角度"	
第3步 依次选中部件_1的右下角点1、右上角点2和左下角点3，即可测得部件_1的直线1-2和直线1-3的夹角，显示为90°	

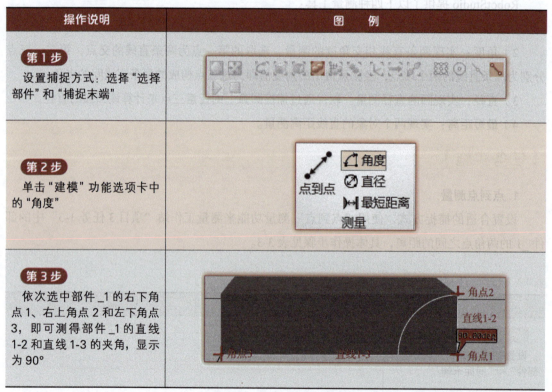

3. 直径测量

设置合适的捕捉方式，使用"直径"测量功能来测量工作站"项目3任务1-3"中的滑台的直径尺寸，具体操作步骤见表3-5。

表 3-5 "直径"测量的操作步骤

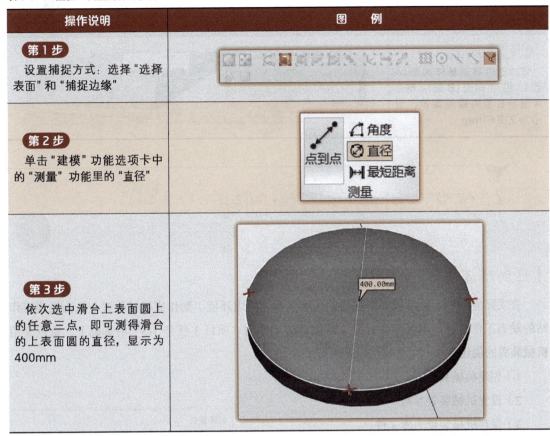

4. 最短距离测量

设置合适的捕捉方式,使用"最短距离"测量功能来测量工作站"项目 3 任务 1-3"中的两端面之间的最短距离,具体操作步骤见表 3-6。

表 3-6 "最短距离"测量的操作步骤

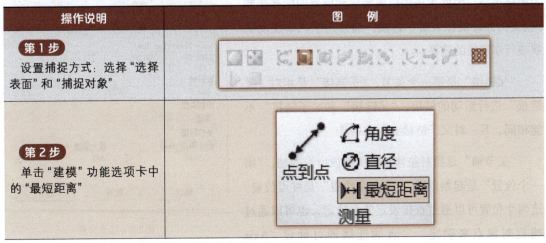

（续）

操作说明	图例
第3步 依次选中导轨基体端面（A面）、组_1端面（B面），得出A面与B面的最短距离，显示为223.61mm	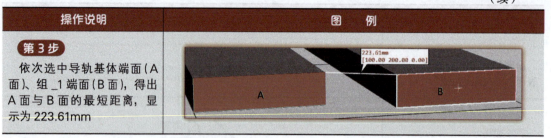

任务3　机械装置的创建

【任务描述】

在实际应用中，通常需要将创建的三维模型（周边环境）制作成机械装置，从而展现工作站的动态工作过程。本任务在任务2所创建的工作站"项目3 任务1-3"的基础上，重点介绍机械装置的创建方法，主要包括以下内容：

1）创建机械装置。

2）设置机械装置参数。

3）保存机械装置为库文件。

【知识准备】

机械装置是由若干个零件组成的、可添加关节运动副实现相对运动的装置。如图3-5所示，机械装置的关节类型包括：旋转的、往复的、四杆。其中四杆为闭环类型，因此无法用机械装置建模器的标准功能（仅支持开环机械装置）建模，通常用于汽车发动机罩或行李箱盖的建模。

"父链接"是第一个关节，"子链接"是相对"父链接"进行运动的链接，"父链接"和"子链接"不能相同，且一对父子链接必须唯一。

"关节轴"是指对象移动时所绕或所沿的轴，"第一个位置"是起始位置，"第二个位置"是终点位置。这两个位置可以通过直接设定值来确定，也可以通过捕捉对象点来确定。二者的连线即可确定"Axis

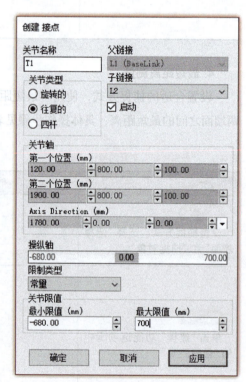

图3-5　接点设置

Direction"的值,也可直接设置"Axis Direction"的值来确定"关节轴"。

"关节限值"用来设定关节的限位。原点是创建机械装置时,子链接 L2 所在的位置。在图 3-5 中,"最小限值"设置为"-680",表示原点沿关节轴负方向最多移动 680mm;"最大限值"设置为"700",表示原点沿关节轴正方向最多移动 700mm。

【任务实施】

1. 创建机械装置及设置参数

(1)创建机械装置 通过"创建机械装置"功能,将此前创建的导轨基体与滑台设置为能够实现动画效果的机械设备,命名为"简易导轨",具体操作步骤见表 3-7。

机械装置的创建

表 3-7 创建机械装置的操作步骤

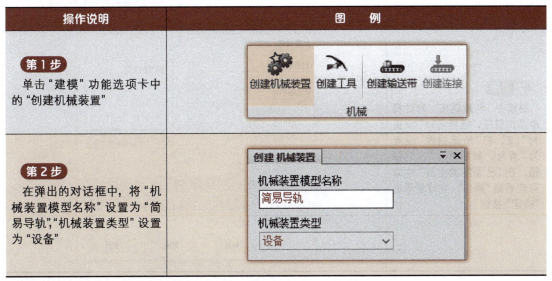

(2)设置链接 设置链接的具体操作步骤见表 3-8。

表 3-8 设置链接的操作步骤

操作说明	图 例
第1步 在"创建机械装置"对话框中,双击"简易导轨"中的"链接"选项	简易导轨 链接 接点 框架 校准 依赖性

（续）

操作说明	图例
第2步 在弹出的"创建链接"对话框中，"链接名称"默认为"L1"，将"所选组件"设置为"导轨基体"，勾选"设置为BaseLink"，然后单击"▶"按钮，在"已添加的主页"中即可查看到"导轨基体"，完成后单击"应用"按钮	
第3步 继续在"创建链接"对话框中添加链接，"链接名称"设置为"L2"，将"所选组件"设置为"滑台"，然后单击"▶"按钮，在"已添加的主页"中即可查看到"滑台"，完成后单击"确定"按钮	

（3）设置接点　将关节接点设置为"往复的"关节类型，并设置其关节参数，具体操作步骤见表3-9。

表3-9　设置接点的操作步骤

操作说明	图例
第1步 在"创建机械装置"对话框中，双击"简易导轨"中的"接点"选项	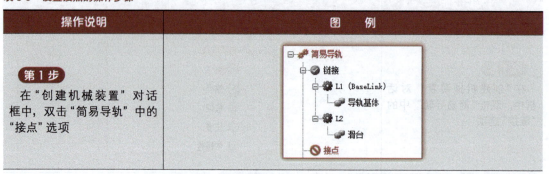

（续）

操作说明	图例
第2步 在弹出的"创建接点"对话框中，将"关节名称"设置为"T1","关节类型"设置为"往复的","子链接"设置为"L2","关节轴"的"第一个位置"设置为"120""800""100","第二个位置"设置为"1900""800""100","关节限值"中的"最小限值"设置为"-680","最大限值"设置为"700",完成后单击"确定"按钮	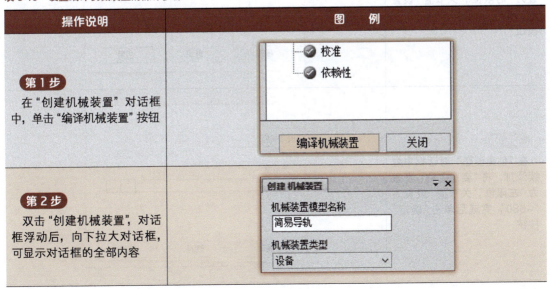

（4）设置编译机械装置 通过"编译机械装置"添加"原点""左限位"和"右限位"姿态，具体操作步骤见表3-10。

表3-10 设置编译机械装置的操作步骤

操作说明	图例
第1步 在"创建机械装置"对话框中，单击"编译机械装置"按钮	
第2步 双击"创建机械装置",对话框浮动后，向下拉大对话框，可显示对话框的全部内容	

（续）

操作说明	图　例
第3步 单击"姿态"中的"添加"按钮	姿态 姿态名称　姿态值 同步位置　[0.00] 添加　编辑　删除
第4步 在弹出的"创建姿态"对话框中，勾选"原点姿态"，完成后单击"应用"按钮	创建 姿态 姿态名称： 原点位置　　☑原点姿态 关节值 -680.00　0.00　700.00 < > 确定　取消　应用
第5步 在"创建姿态"对话框中继续添加，将"姿态名称"设置为"右限位"，"关节值"设置为"700"，完成后单击"应用"按钮	创建 姿态 姿态名称： 右限位　　　☐原点姿态 关节值 -680.00　　　　700 < > 确定　取消　应用
第6步 在"创建姿态"对话框中继续添加，将"姿态名称"设置为"左限位"，"关节值"设置为"-680"，完成后单击"确定"按钮	创建 姿态 姿态名称： 左限位　　　☐原点姿态 关节值 -680.00　　　　700.00 < > 确定　取消　应用

（续）

操作说明	图例
第7步 单击"姿态"中的"设置转换时间"	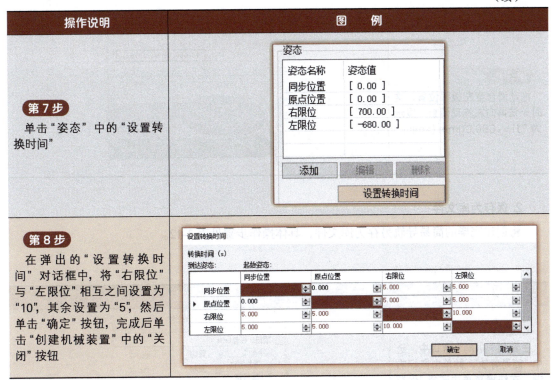
第8步 在弹出的"设置转换时间"对话框中，将"右限位"与"左限位"相互之间设置为"10"；其余设置为"5"，然后单击"确定"按钮，完成后单击"创建机械装置"中的"关闭"按钮	

（5）设置手动运行机械装置 通过"Freehand"中的"手动关节"来验证机械装置的动作效果，具体操作步骤见表3-11。

表3-11 设置手动运行机械装置的操作步骤

操作说明	图例
第1步 在"基本"功能选项卡中，单击"Freehand"中的"手动关节"按钮	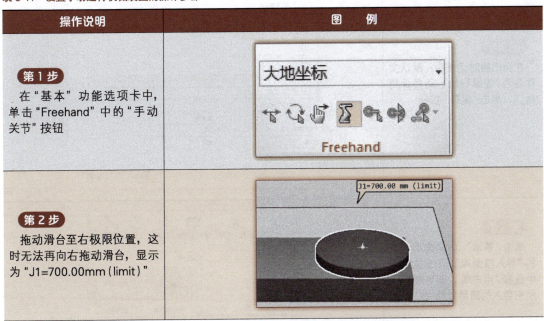
第2步 拖动滑台至右极限位置，这时无法再向右拖动滑台，显示为"J1=700.00mm（limit）"	

（续）

操作说明	图例
第3步 拖动滑台至左极限位置，这时无法再向左拖动滑台，显示为"J1=-680.00mm（limit）"	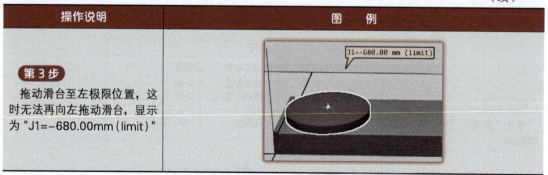

2. 保存为库文件

将创建完毕的简易导轨另存为库文件，具体操作步骤见表3-12。

表3-12 保存为库文件的操作步骤

操作说明	图例
第1步 在左侧"布局"窗口中，选中"简易导轨"，并单击鼠标右键，在快捷菜单中选择"保存为库文件"	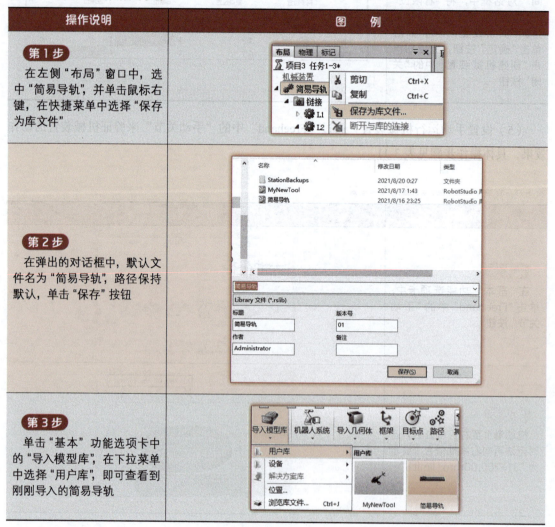
第2步 在弹出的对话框中，默认文件名为"简易导轨"，路径保持默认，单击"保存"按钮	
第3步 单击"基本"功能选项卡中的"导入模型库"，在下拉菜单中选择"用户库"，即可查看到刚刚导入的简易导轨	

任务4　工具的创建

【任务描述】

工作站在执行不同的任务时，一般都需要配置专用工具（末端执行器）。进行虚拟仿真时，为了确保仿真结果可靠，并可用于实际生产，必须创建在实际任务中所配置的工具。本任务重点介绍工具的创建方法，主要包括以下内容：

1）导入外部模型。

2）设定工具本地原点。

3）创建工具坐标系。

4）创建工具。

5）保存工具为库文件。

【知识准备】

工具也称为末端执行器，是执行作业任务时必不可少的装置，安装在腕部（工业机器人第6轴）。工业机器人的TCP一般定义在工业机器人第6轴的末端法兰盘中心点处。

用户专用的TCP及工具坐标系显然与默认值是不一致的，所以在实际应用中，需要通过多个点来标定工具参数。

1）设置用户工具的本地坐标系。通过安装功能将本地坐标系与默认工具坐标系重合。

2）在工具末端创建坐标系。用户工具坐标系相对其本地坐标系的位姿变换矩阵可以直接转换到机器人本体上，实现对TCP的控制。

【任务实施】

1. 导入外部模型

创建空工作站，并通过"导入几何体"功能，导入任务所需模型，具体操作步骤见表3-13。

2. 设置坐标系

（1）放置模型　通过三点法将工具模型法兰的中心点与原点设置为重合效果，具体操作步骤见表3-14。

表3-13 导入外部模型的操作步骤

操作说明	图 例
第1步 新建空工作站,将其保存并命名为"项目3任务4工具创建"	
第2步 在"基本"或"建模"功能选项卡中,单击"导入几何体"按钮,在弹出的下拉菜单中选择"浏览几何体"	
第3步 在弹出的对话框中,选择"项目3任务4用户工具"模型文件,然后单击"打开"按钮,完成模型的导入	

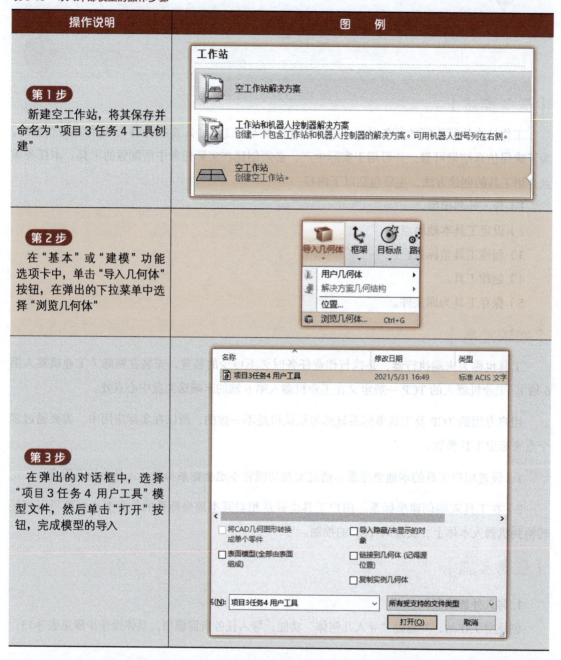

表3-14 放置模型的操作步骤

操作说明	图 例
第1步 捕捉状态设置为"选择部件"和"捕捉中心"	

（续）

操作说明	图例
第2步 选中"布局"窗口中的"项目3任务4 用户工具"模型，并单击鼠标右键，在弹出的快捷菜单中选择"位置"→"放置"→"三点法"	
第3步 捕捉法兰安装面中心点1，"主点-到"保持默认值；单击"X轴上的点-从"第一个坐标框，然后捕捉法兰安装面孔中心点2，"X轴上的点-到"设置为"20""0""0"；单击"Y轴上的点-从"第一个坐标框，然后捕捉法兰安装面孔中心点3，"Y轴上的点-到"设置为"0""20""0"；单击"应用"按钮，然后单击"关闭"按钮	
第4步 选中"布局"窗口中的"项目3任务4 用户工具"模型，并单击鼠标右键，在弹出的快捷菜单中选择"位置"→"旋转"	
第5步 在弹出的对话中，设置绕Z轴旋转-45°，单击"应用"按钮，并关闭对话框	

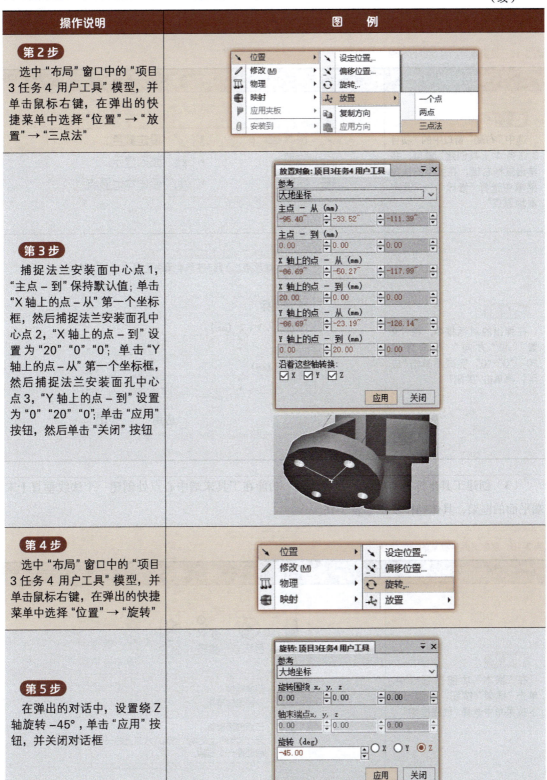

（2）设定本地原点　通过"设置本地原点"将工具模型法兰的中心点设置为本地原点，具体操作步骤见表 3-15。

表 3-15　设定本地原点的操作步骤

操作说明	图例
第1步 选中"布局"窗口中的"项目3 任务4 工具创建"模型，并单击鼠标右键，在弹出的快捷菜单中选择"修改"→"设定本地原点"	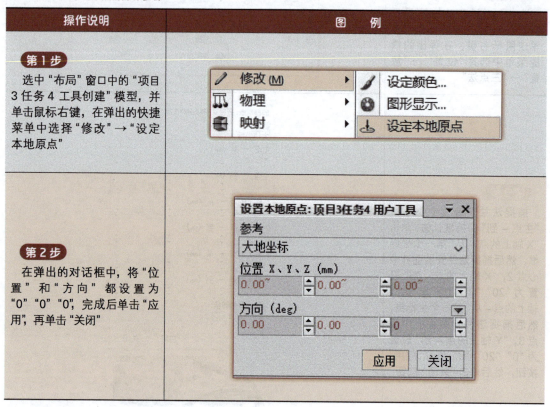
第2步 在弹出的对话框中，将"位置"和"方向"都设置为"0""0""0"，完成后单击"应用"；再单击"关闭"	

（3）创建工具坐标系　通过"创建框架"功能在工具末端中心点处创建一个法线垂直于末端平面的框架，具体操作步骤见表 3-16。

表 3-16　创建工具坐标系的操作步骤

操作说明	图例
第1步 在"基本"功能选项卡中，单击"框架"按钮，在弹出的下拉菜单中选择"创建框架"	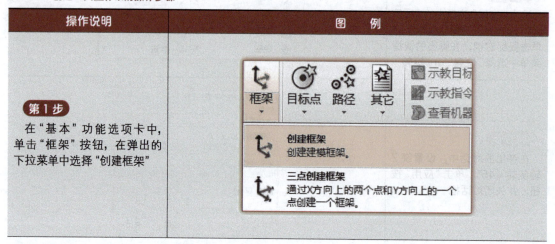

（续）

操作说明	图　例
第2步 在模型中捕捉工具末端的中心点，方向设置为默认值"0""0""0"即可 完成后单击"创建"按钮，再单击"关闭"按钮	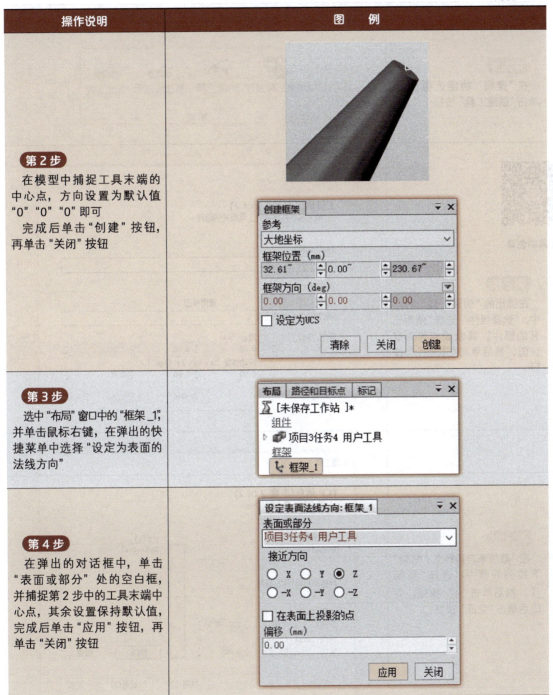
第3步 选中"布局"窗口中的"框架_1"，并单击鼠标右键，在弹出的快捷菜单中选择"设定为表面的法线方向"	
第4步 在弹出的对话框中，单击"表面或部分"处的空白框，并捕捉第2步中的工具末端中心点，其余设置保持默认值，完成后单击"应用"按钮，再单击"关闭"按钮	

3.创建工具

通过"创建工具"功能，利用此前导入的工具模型及创建的框架，创建机器人末端工具，具体操作步骤见表3-17。

表3-17 创建工具的操作步骤

操作说明	图 例
第1步 在"建模"功能选项卡中,单击"创建工具"按钮	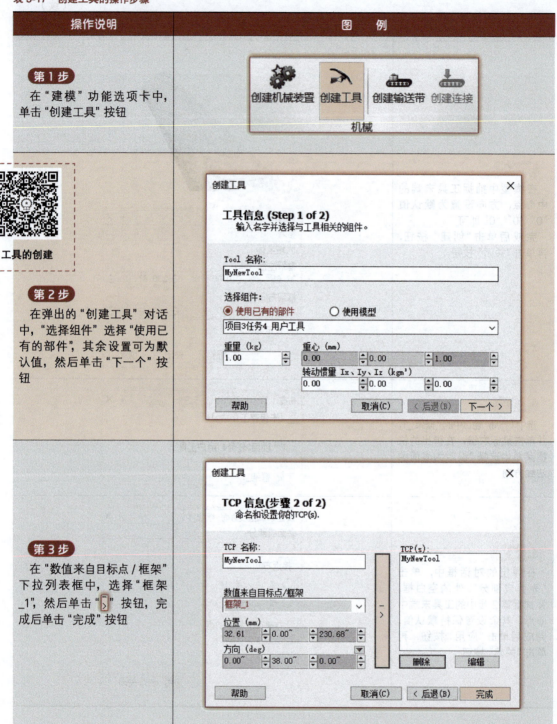
第2步 在弹出的"创建工具"对话中,"选择组件"选择"使用已有的部件",其余设置可为默认值,然后单击"下一个"按钮	
第3步 在"数值来自目标点/框架"下拉列表框中,选择"框架_1",然后单击">"按钮,完成后单击"完成"按钮	

工具的创建

4.保存为库文件

将创建的机器人末端工具保存为库文件,具体操作步骤见表3-18。

表 3-18 保存为库文件的操作步骤

操作说明	图 例
第1步 在左侧"布局"窗口中选中"MyNewTool",单击鼠标右键,在弹出的快捷菜单中选择"保存为库文件"	
第2步 在弹出的对话框中设置文件名,完成后单击"保存"按钮	
第3步 在"基本"功能选项卡中,单击"导入模型库"按钮,在下拉菜单中选择"用户库";可查看保存的工具文件"My-NewTool"	

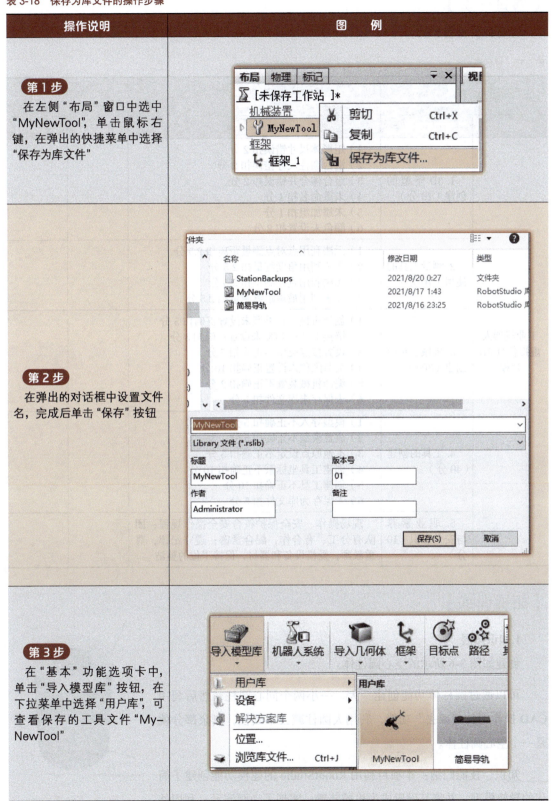

【项目评价】

项目评价见表 3-19。

表 3-19 评分表

评分表 学年		工作形式 □个人 □小组分工 □小组	实践工作时间	
训练项目	训练内容	训练要求	小组互评	教师评分
工业机器人虚拟仿真3D建模	1. 3D模型的创建（10分）	1）矩形体尺寸错误扣2分 2）滑台圆柱尺寸错误扣2分 3）组合体合并错误扣2分 4）未重命名扣1分 5）未添加组扣1分 6）颜色未设置扣2分		
	2. 测量工具的使用（10分）	1）无法利用点对点测量距离扣2.5分 2）无法利用角度测量扣2.5分 3）无法利用直径测量扣2.5分 4）无法利用最短距离测量扣2.5分		
	3. 机械装置的创建（30分）	1）创建机械装置类型未设置正确扣5分 2）链接BASELINK未设置正确扣3分 3）设置接点类型不正确扣5分 4）关节限位未设置正确扣10分 5）编译机械装置不正确扣2分 6）未保存未库文件扣5分		
	4. 工具的创建（40分）	1）模型导入不正确扣5分 2）放置模型不正确扣5分 3）本地原点设定不正确扣5分 4）创建工具坐标系不正确扣10分 5）创建工具不正确扣10分 6）未保存为库文件扣5分		
	5. 职业素养与安全意识（10分）	现场操作、安全保护符合安全操作规程；团队有分工、有合作，配合紧密；遵守纪律，尊重教师，爱惜设备和器材，保持工位的整洁		

【拓展训练】

1.知识拓展

创建如图 3-6 所示的空心圆柱体。

可以通过圆柱体功能创建一大、一小两个同心圆柱，然后利用CAD操作中的"减去"功能，利用大圆柱减去小圆柱，剩余部分就是一个空心圆柱体。

知识、技能归纳：本项目利用RobotStudio的建模功能创建了简化的导轨模型，并将其设置成为机械装置，实现了动画演示；利用外

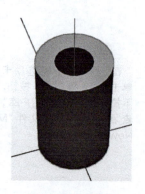

图3-6 空心圆柱体

部模型,通过导入模型、设置本地原点、创建工具坐标系等方法创建了工具;最后将机械装置和工具保存成为库文件,方便后续调用。

2.能力拓展

创建两个圆柱体:一个直径为 200mm、高为 400mm,另一个为外径 300mm、内径 202mm、高 200mm 的空心圆柱体。两圆柱体的中心点与方向都采用默认值。设置大圆柱体为红色,空心圆柱体为绿色,利用所创建的圆柱体创建旋转机械装置。其中,空心圆柱体为旋转部件,旋转范围为 $-180° \sim +240°$。最后,将创建的旋转机械装置保存为库文件,文件名为"项目 4 拓展"。

项目4 "匠"字离线轨迹编程

【项目背景描述】

项目2介绍了手动创建机器人运动轨迹的方法。此方法费时又费力,也不易保证精度。在实际工程应用中,特别是大型项目,仅靠手动方式来创建运动轨迹的方法是完全不现实的,通常需要借助虚拟仿真软件的离线编程系统,利用规划算法,通过对图形的控制和操作,从而在离线情况下进行轨迹规划;然后对编程结果进行三维图形动画仿真,以检验编程的正确性;最后将生成的代码传到机器人系统,以控制机器人运动,完成给定任务。这样可以增强安全性,减少机器人不工作的时间,降低成本,缩短工期。

本项目详细介绍了使用RobotStudio软件自动创建机器人绘制"匠"字运动轨迹的方法,并对结果进行仿真运行。

【学习目标】

知识目标	能力目标	素养目标
1. 掌握自动生成机器人运动轨迹的方法 2. 掌握调整目标点及轴配置的方法 3. 掌握路径优化的方法 4. 掌握TCP跟踪的方法	1. 能创建"匠"字工作站 2. 能创建工件坐标系,并设置合适的指令格式 3. 能自动生成合适的轨迹曲线 4. 能查看工具姿态并修改姿态 5. 能批量处理目标点 6. 能优化轨迹 7. 能使用TCP跟踪功能	1. 培养不断创新、探索的能力 2. 培养专注坚守的精神 3. 培养合作共赢的精神

对接工业机器人应用编程1+X证书模块
3.1.1 能够创建基础工作站
3.1.2 能够导入模块及工具模型
3.1.3 能够完成模块及工具指定位置的放置
3.2.1 能够正确配置工具参数
3.3.1 能够搭建典型工作站系统
3.3.2 能够对典型工作站系统离线编程

【学习导图】

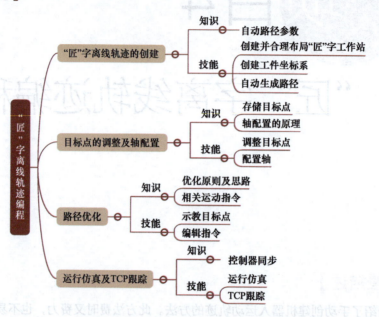

任务1 "匠"字离线轨迹的创建

【任务描述】

本任务通过导入外部模型创建"匠"字工作站,并自动生成"匠"字离线轨迹,主要包括以下内容:

1)创建工作站。
2)创建工件坐标系。
3)设置指令格式。
4)自动生成路径。

【知识准备】

"自动路径"功能可以根据曲线或者沿着某个表面的边缘创建路径。

如果曲线没有任何分支,在按住<Shift>键的状态下,单击曲线上的任意一点,就能够选中整条曲线,也可以选择单个边线进行删除。图4-1所示为"自动路径"对话框,具体参数说明见表4-1。

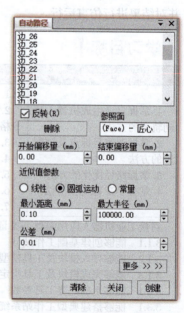

图4-1 "自动路径"参数

表4-1 "自动路径"的参数说明

参数		说明
反转		运行轨迹默认为顺时针，勾选"反转"后，轨迹方向改为逆时针
参照面		与工具坐标Z轴相垂直的表面，用于约束工具Z向的姿态
开始偏移量		在起始点Z轴方向偏移一定距离，生成新的目标点
结束偏移量		在结束点Z轴方向偏移一定距离，生成新的目标点
近似值参数	线性运动	为每个目标生成线性移动指令
	圆弧运动	在圆弧特征处生成圆弧指令，在线性特征处生成线性指令 通常勾选此选项可减少路径目标点，提高精度
	常量	生成常量距离的点
最小距离		设置两生成点之间的最小距离，小于该最小距离的点将被过滤掉。它最小可设置为0.10mm
最大半径		在将圆弧视为直线前确定圆的半径大小，直线视为半径无限大的圆
公差		生成点所允许的最大偏差，最小可以设置为0.01mm

【任务实施】

1. 创建"匠"字工作站

创建空工作站，添加ABB机机器人IRB120，导入并正确放置工作站模型。创建"匠"字工作站的具体操作步骤见表4-2。

"匠"字离线轨迹创建

表4-2 创建"匠"字工作站的操作步骤

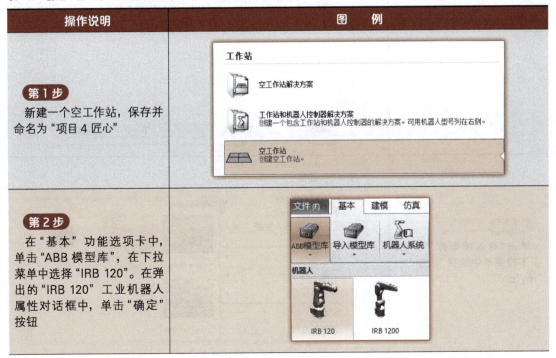

(续)

操作说明	图　例
第3步 单击"机器人系统"按钮，在下拉菜单中选择"从布局"	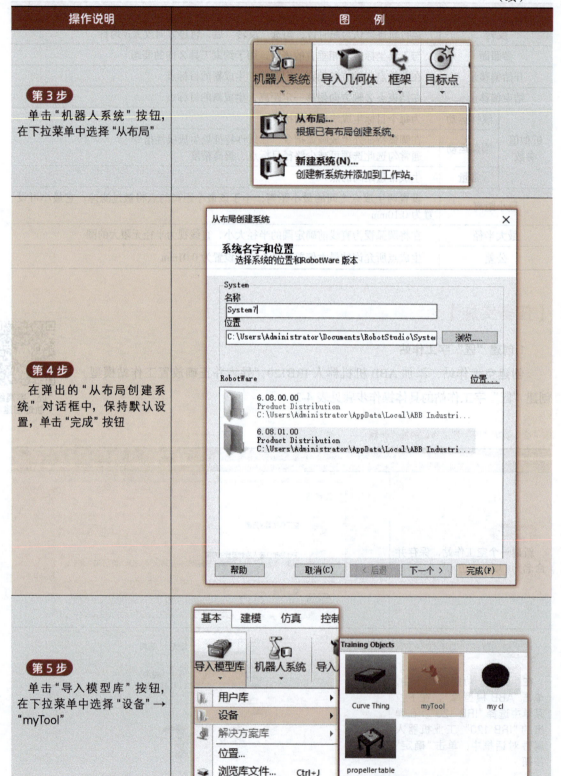
第4步 在弹出的"从布局创建系统"对话框中，保持默认设置，单击"完成"按钮	
第5步 单击"导入模型库"按钮，在下拉菜单中选择"设备"→"myTool"	

（续）

操作说明	图 例
第6步 在左侧"布局"窗口中选中"MyTool"，并按住鼠标左键，将其拖拽至"IRB120_3_58_01"，在弹出的"更新位置"对话框中，单击"是"按钮	
第7步 单击"导入几何体"按钮，选择"浏览几何体"。在弹出的对话框中，选择"匠心"，单击"打开"	
第8步 选中左侧"布局"窗口中的几何体"匠心"，并单击鼠标右键，在弹出的快捷菜单中选择"位置"→"偏移位置"	

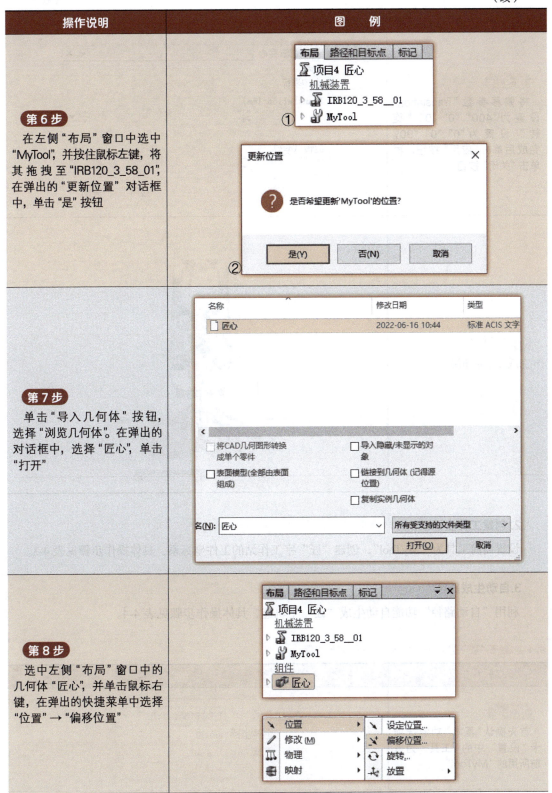

(续)

操作说明	图例
第9步 将偏移参数"Translation"设置为"400""0""0","旋转"设置为"0""0""90"。完成后单击"应用"按钮,再单击"关闭"按钮	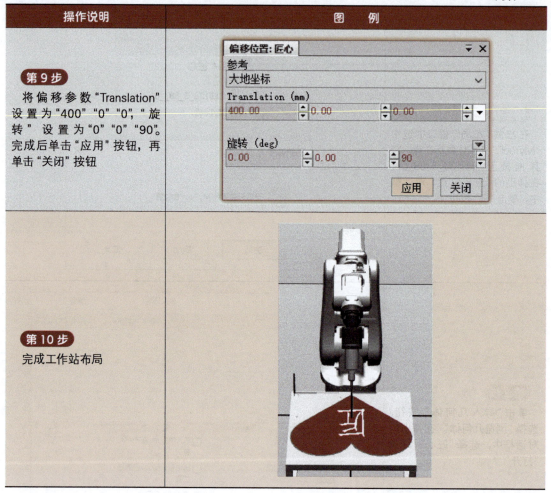
第10步 完成工作站布局	

2. 创建工件坐标系

设置当前工具为"MyTool",创建"匠"字工作站的工件坐标系,具体操作步骤见表4-3。

3. 自动生成路径

利用"自动路径"功能自动生成"匠"字轨迹,具体操作步骤见表4-4。

表4-3 创建"匠"字工作战的工件坐标系的操作步骤

操作说明	图例
第1步 首先确认"基本"功能选项卡"设置"中的"工具"为当前所用的"MyTool"	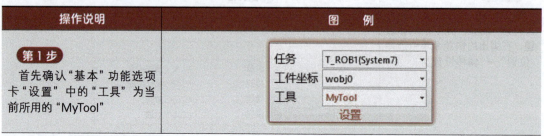

（续）

操作说明	图例
第2步 单击"其它"按钮，在下拉菜单中选择"创建工件坐标"	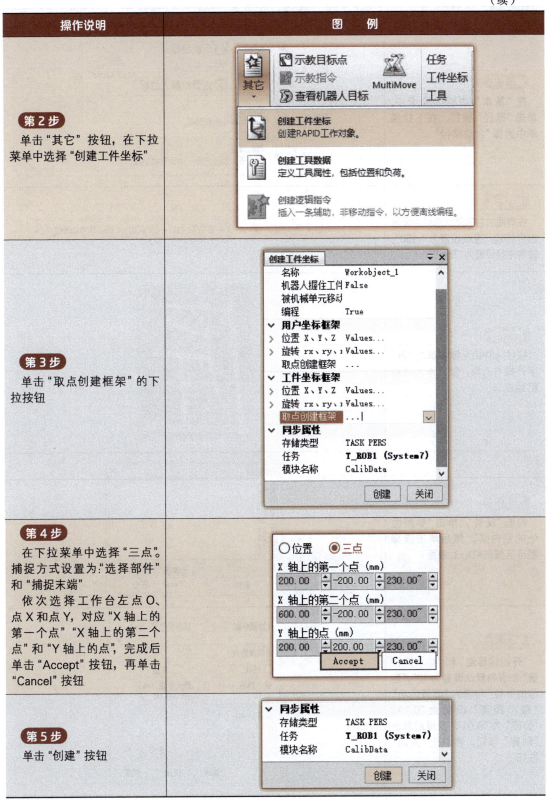
第3步 单击"取点创建框架"的下拉按钮	
第4步 在下拉菜单中选择"三点"。捕捉方式设置为："选择部件"和"捕捉末端" 依次选择工作台左点O、点X和点Y，对应"X轴上的第一个点""X轴上的第二个点"和"Y轴上的点"；完成后单击"Accept"按钮，再单击"Cancel"按钮	
第5步 单击"创建"按钮	

表 4-4 自动生成路径的操作步骤

操作说明	图例
第 1 步 在"基本"功能选项卡中,单击"路径"按钮,在下拉菜单中选择"自动路径"	
第 2 步 在界面的右下角状态栏中设置指令格式,速度设置为"v150",转弯半径设置为"fine"	MoveL ▼ * v150 ▼ fine ▼ MyTool ▼ \WObj:=Workobject_1 ▼
第 3 步 按住 <Shift> 键,单击"匠"字外框右上角,使其作为路径起始点	
第 4 步 勾选"反转",单击"参照面处的空白框",然后单击选择图示区域的红心上表面	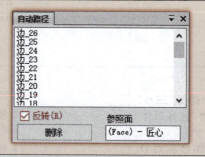
第 5 步 "开始偏移量"和"结束偏移量"都保持默认设置为"0","近似值参数"勾选为"圆弧运动","最小距离"设置为"0.10","公差"为"0.01",完成后单击"创建"按钮,再单击"关闭"按钮	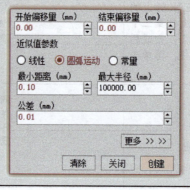

任务2　目标点的调整及轴配置

【任务描述】

当机器人沿着上一个任务创建的自动路径运行时，指令前方出现报警和错误提示。本任务通过目标点调整和轴配置来消除这些报警和错误，使机器人能够沿自动路径顺利运行。本任务主要包括以下内容：

1）调整目标点。

2）配置轴。

【知识准备】

1.存储目标点

机器人的目标点是基于工件坐标系进行描述的，存放在对应的工件坐标系下。比如上一个任务创建的自动路径 Path_10，设置的工件坐标系是新建的用户坐标系 Workobject_1，Path_10 路径上所有的目标点都是以工件坐标系 Workobject_1 进行坐标位置描述的，可以在左侧"路径和目标"项目树的"Workobject_1"中查看路径上的目标点，如图 4-2 所示。若在默认工件坐标系下创建目标点，则目标点存放在默认工件坐标系中。在程序调用时，如果坐标系设置错误，可能会导致最终路径与示教或规划不符。

2.轴配置的原理

已知固定目标点，可以通过运动学逆运算求得多个解，从而确定多组各关节值。而轴配置就是确定选择哪一组逆解、应用什么样的关节值组来实现目标点的定位。

如图 4-3 和图 4-4 所示，"J1"~"J6"代表 6 个关节的关节转动值。从图中可以看出，"Cfg1"和"Cfg3"对应的"J4"和"J6"的值不一样，但这两种配置都能达到目标点 Target_40。

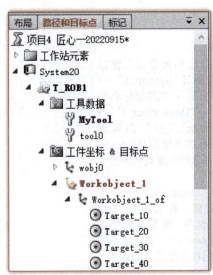

图4-2　目标点存储位置

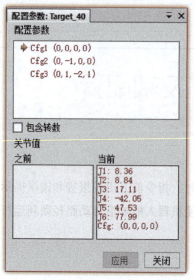
图4-3 Cfg1配置

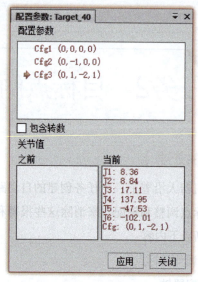
图4-4 Cfg3配置

【任务实施】

目标点调整及其轴配置

1. 目标点的调整

找到自动生成的目标点，查看此处工具的姿态，并批量调整目标点处工具的姿态，具体操作步骤见表4-5。

表4-5 目标点调整的操作步骤

操作说明	图 例
第1步 在"路径和目标点"窗口中依次展开"System20"→"T_ROB1"→"工件坐标 & 目标点"→"Workobject_1"→"Workobject_1_of"，即可查看此前在工件坐标Workobject_1下自动生成路径的各个目标点 选中"Target_10"并单击鼠标右键，在弹出的快捷菜单中选择"查看目标处工具"→"MyTool"，在轨迹上即可显示目标点处工具的姿态	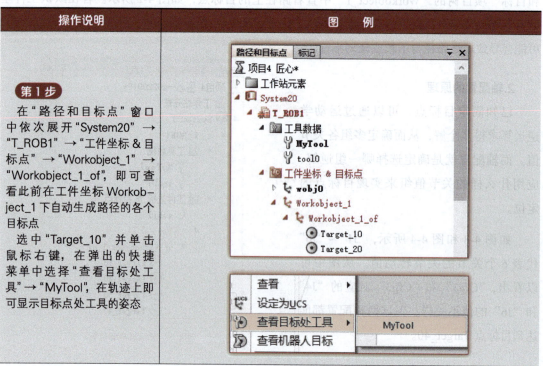

（续）

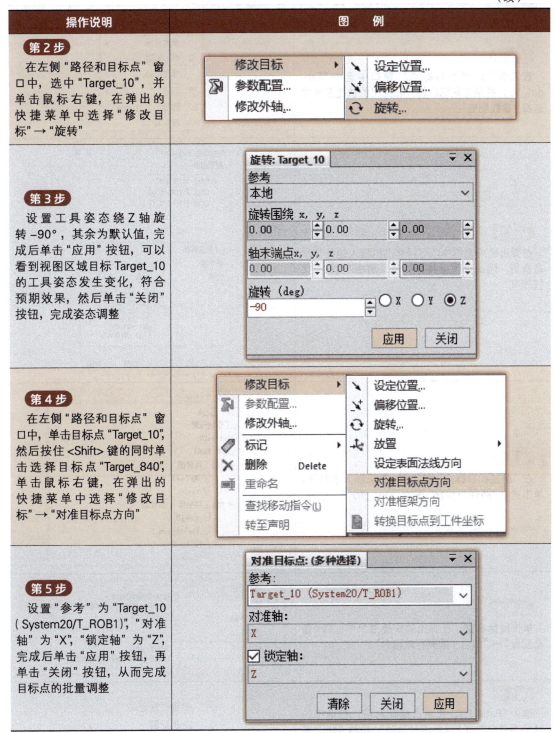

2. 轴配置

查看单个目标点的轴配置参数，并进行批量轴配置处理，具体操作步骤见表 4-6。

表 4-6　轴配置的操作步骤

操作说明	图　例
第 1 步 在左侧"路径和目标点"窗口中选中"Target_10",并单击鼠标右键,在弹出的快捷菜单中选择"参数配置"	
第 2 步 在弹出的对话框中,可以看出机器人轴关节状态良好,因此只需保持默认值,单击"关闭"按钮即可	
第 3 步 在"路径和目标点"窗口中,在机器人系统下,单击选中"路径与步骤"下的"Path_10"	
第 4 步 单击鼠标右键,在弹出的快捷菜单中选择"自动配置"→"线性/圆周移动指令"	
第 5 步 选中"Path_10",并单击鼠标右键,在弹出的快捷菜单中选择"沿着路径运动"。机器人将沿着自动生成的"匠"字路径自动运行,以验证路径是否可行。若有问题,可查看输出栏的事件日志并进行针对性解决	

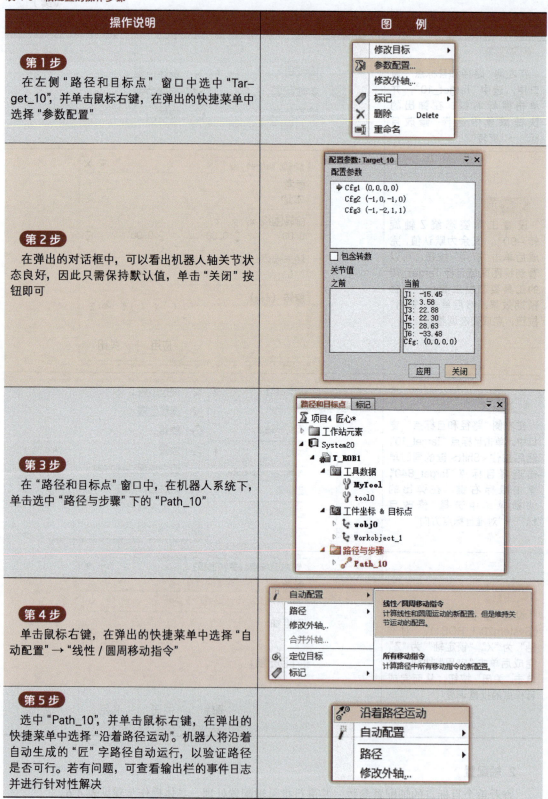

任务3 路径优化

【任务描述】

在任务2中完成了目标点调整和轴配置，以确保机器人能够沿路径顺利运行。但是在实际运行中，机器人是从"匠"字的起始点开始作业的吗？怎样的作业路径才是更好的呢？本任务将通过添加目标点和编辑运动指令完成路径优化，主要包括以下内容：

1）增加起始上方点。
2）增加结束上方点。
3）增加安全位置点。

【知识准备】

1. 优化原则及思路

路径优化的基本原则是确保整个机器人作业过程的安全。

基本的优化思路：机器人从安全点出发（可以是机器人设定的原点状态），然后到过渡点，如果中间无障碍，可以直接运动到作业起始点上方，然后执行作业轨迹，作业轨迹执行完毕后，运行到结束上方点，若结束上方点与安全点之间有障碍，则需要再添加一个过渡点，最后回到安全点。

2. 相关运动指令

路径优化过程会涉及一些运动指令，其中包括关节运动指令和线性运动指令。

关节运动指令是在对路径精度要求不高的情况下，使机器人的TCP从一个位置移动到另一个位置的指令，两个位置之间的路径不一定是直线。关节运动指令适合机器人大范围运动时使用，在运动过程中不容易出现关节轴进入机械死点的问题。

线性运动指令使机器人的TCP在坐标系内以线性方式运动至目标点。在线性运动过程中，机器人运动状态可控，运动路径唯一，线性运动指令不适用于机器人的大范围移动，否则可能在运动过程中出现死点。一般如在焊接、涂胶等对路径要求较高的场合会使用此指令。

因此，起始上方点到作业路径以及作业路径到结束上方点用线性运动指令，安全点到起始上方点以及结束上方点回安全点用关节运动指令。

路径优化

【任务实施】

1. 添加起始上方点

复制并粘贴作业起始目标点 Target_10，将新生成的目标点重命名为 "pQishiShang"，并进行偏移处理，具体操作步骤见表 4-7。

表 4-7 添加起始上方点的操作步骤

操作说明	图例
第 1 步 找到"路径和目标点"窗口中的"工件坐标&目标点"，选中起始目标点"Target_10"，并单击鼠标右键，在弹出的快捷菜单中选择"复制"	
第 2 步 选中"Workobject_1_of"，并单击鼠标右键，在弹出的快捷菜单中选择"粘贴"，生成目标点"Target_10_2"	
第 3 步 选中目标点"Target_10_2"，并单击鼠标右键，在弹出的快捷菜单中选择"重命名"，重命名为"pQishiShang"	
第 4 步 选中目标点"pQishiShang"，并单击鼠标右键，在弹出的快捷菜单中选择"修改目标"→"偏移位置"	

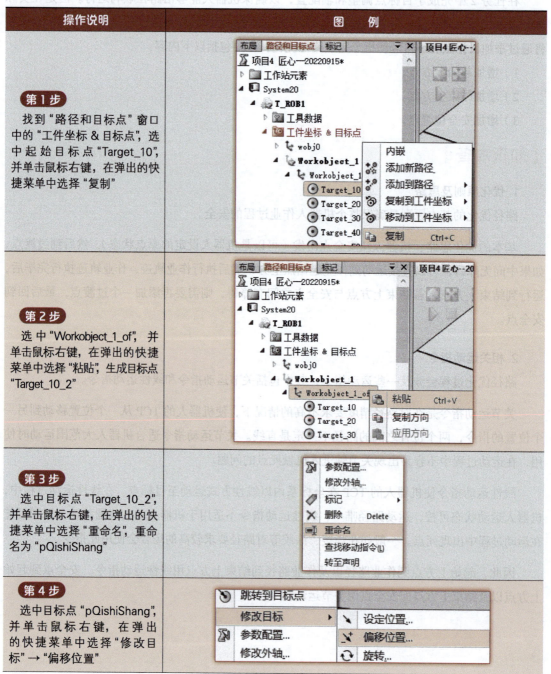

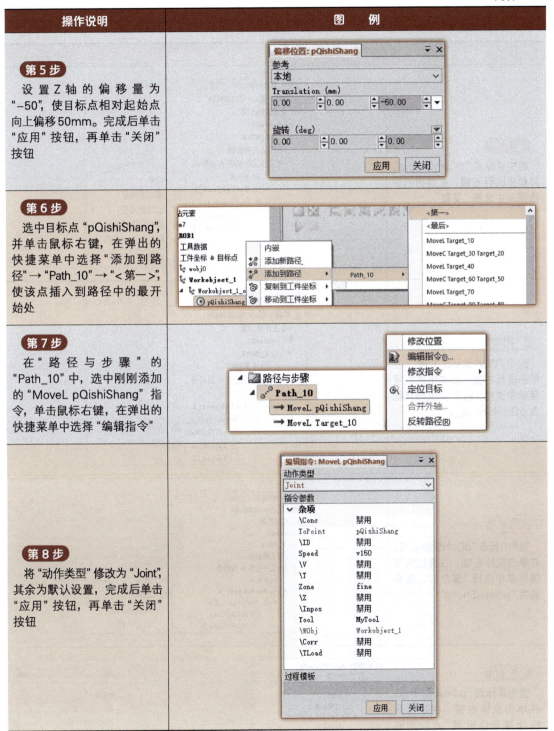

2. 添加结束上方点

复制并粘贴作业起始目标点 pQishiShang，将新生成的目标点重命名为"pJiesuShang"，并添加到路径中，具体操作步骤见表 4-8。

表 4-8 添加结束上方点的操作步骤

操作说明	图例
第1步 选中目标点"pQishiShang"，并单击鼠标右键，在弹出的快捷菜单中选择"复制"	
第2步 选中"Workobject_1_of"，并单击鼠标右键，在弹出的快捷菜单中选择"粘贴"，生成目标点 pQishiShang_2	
第3步 选中目标点"pQishiShang_2"，并单击鼠标右键，在弹出的快捷菜单中选择"重命名"，重命名为"pJiesuShang"	
第4步 选中目标点"pJiesuShang"，并单击鼠标右键，在弹出的快捷菜单中选择"添加到路径"→"Path_10"→"<最后>"。此处不需修改运动指令类型	

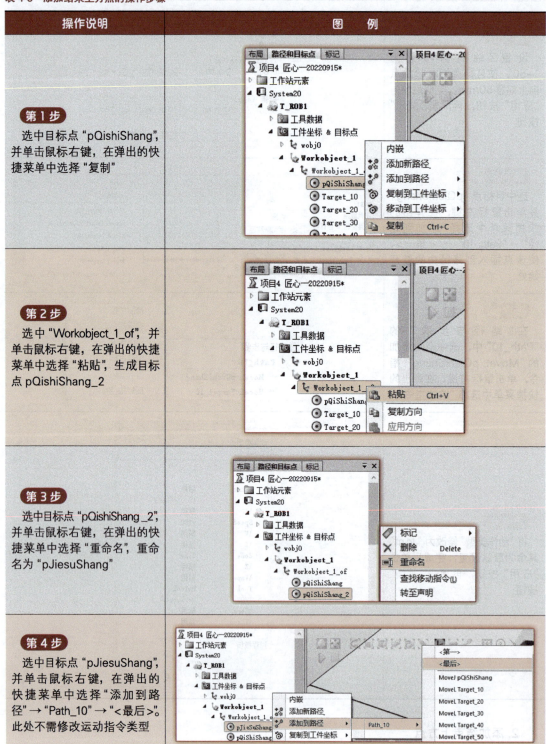

3. 添加安全点

将机器人返回到机械原点后，示教目标点，将其重命名为"Home"并添加到路径，然后优化路径运动指令，具体操作步骤见表4-9。

表4-9 添加安全点的操作步骤

操作说明	图例
第1步 选中"布局"窗口中的机器人"IRB120_3_58_01"，单击鼠标右键，在弹出的快捷菜单中选择"回到机械原点"	
第2步 在"基本"功能选项卡中，将"设置"中的"工件坐标"设置为默认工件坐标"wobj0"，工具设置为默认工具"tool0"	
第3步 在"基本"功能选项卡中，单击"路径编程"中的"示教目标点"	
第4步 在弹出的对话框中，单击"是"，完成安全位置示教，生成目标点 Target_850	
第5步 在"路径和目标点"窗口中，选择保存在"工件坐标系 & 目标点"中的"wobj0"里的目标点"Target_850"，并单击鼠标右键，在弹出的快捷菜单中选择"重命名"，重命名为"Home"	

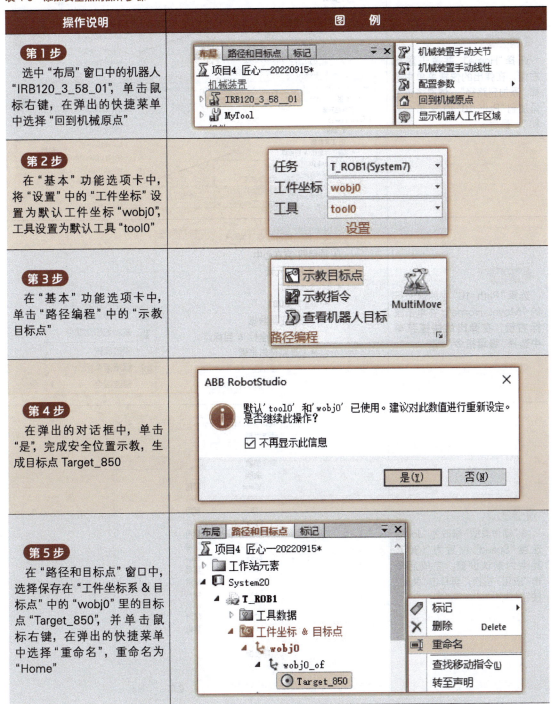

（续）

操作说明	图例
第6步 选择"Home"，并单击鼠标右键，在弹出的快捷菜单中选择"添加到路径"，依次将该点添加到"Path_10"的"＜第一＞"和"＜最后＞"	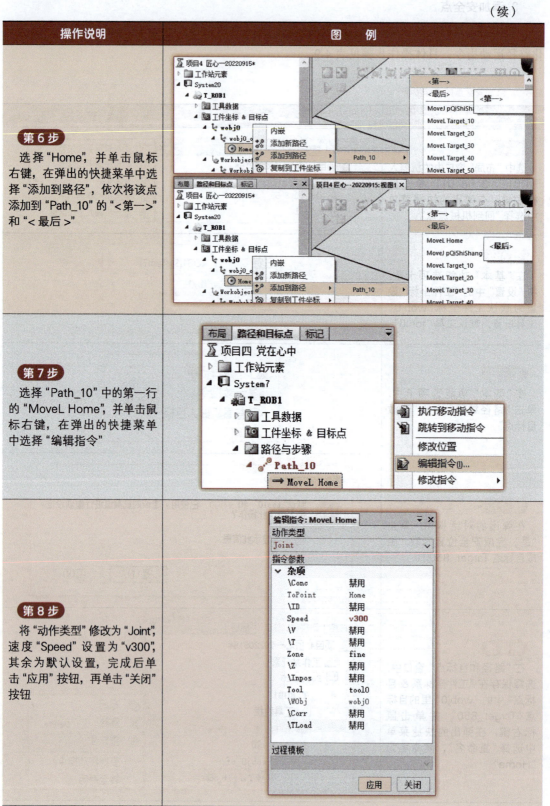
第7步 选择"Path_10"中的第一行的"MoveL Home"，并单击鼠标右键，在弹出的快捷菜单中选择"编辑指令"	
第8步 将"动作类型"修改为"Joint"，速度"Speed"设置为"v300"，其余为默认设置，完成后单击"应用"按钮，再单击"关闭"按钮	

"匠"字离线轨迹编程 项目4

(续)

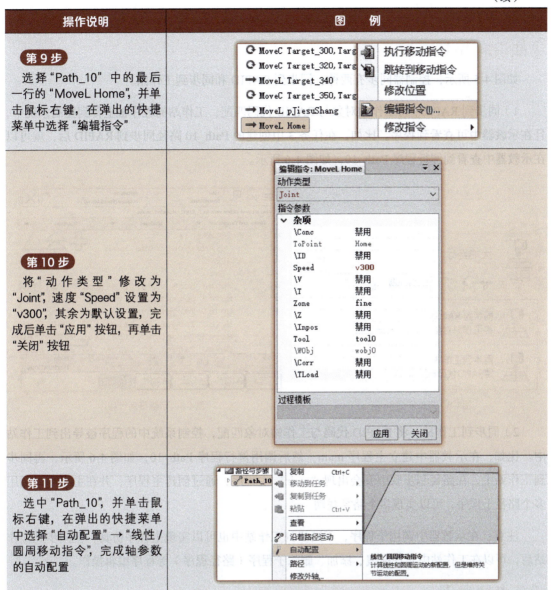

任务4　运行仿真及TCP跟踪

【任务描述】

任务3介绍了"匠"字轨迹优化,本任务将通过仿真以及TCP跟踪方法来观察并监控运行轨迹,主要包括以下内容:

1）运行仿真。

2）TCP 跟踪。

【知识准备】

如图 4-5 所示，控制器同步有两种：同步到 RAPID 和同步到工作站。

1）同步到 RAPID：将工作站对象与 RAPID 代码匹配，工作站的程序被上传到控制系统中，且在示教器中可查看到程序。比如，在任务 3 中创建的 Path_10 路径同步到 RAPID 后，就可以在示教器中查看到例行程序 Path_10，如图 4-6 所示。

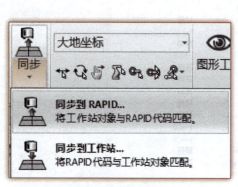

图4-5 控制器同步

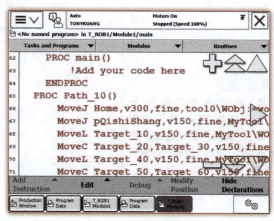

图4-6 示教器例行程序

2）同步到工作站：将 RAPID 代码与工作站对象匹配，控制系统中的程序被导出到工作站中。比如，在示教器中建立主程序 main，然后调用例行程序 Path_10，如图 4-6 所示，再同步到工作站中，在路径和步骤中就会出现"main"主程序，通过创建主程序，并在主程序中调用多个路径子程序，可以实现多个路径联动。

注意：在示教器中调用子程序，不同步到工作站中也可以实现主程序仿真；但同步到工作站后，可以在工作站中实现拖拽、添加、删除子程序（路径程序）等程序编辑操作。

【任务实施】

1. 运行仿真

利用"同步到 RAPID"功能将工作站对象与 RAPID 同步，并进行仿真设定，继而完成机器人的仿真运行，具体操作步骤见表 4-10。

2. TCP跟踪

开启"TCP 跟踪"功能，将基础颜色设置为红色，然后查看仿真效果，具体操作步骤见表 4-11。

表 4-10 仿真运行的操作步骤

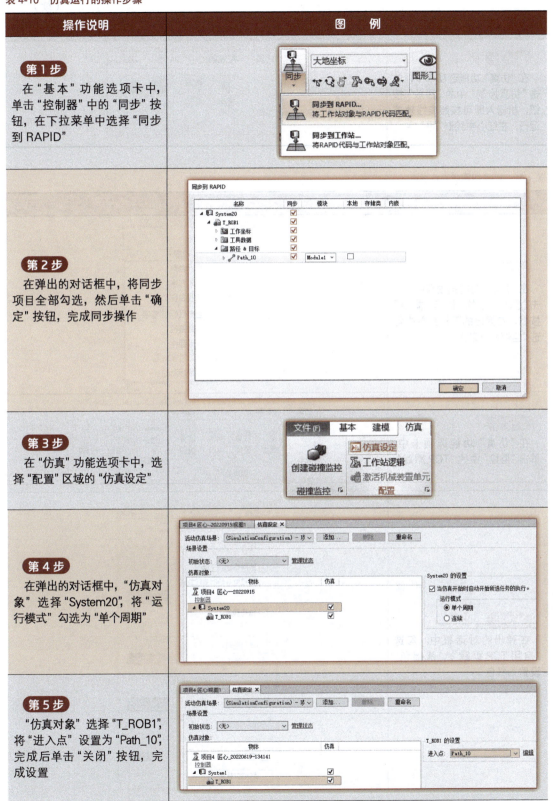

操作说明	图 例
第1步 在"基本"功能选项卡中，单击"控制器"中的"同步"按钮，在下拉菜单中选择"同步到RAPID"	
第2步 在弹出的对话框中，将同步项目全部勾选，然后单击"确定"按钮，完成同步操作	
第3步 在"仿真"功能选项卡中，选择"配置"区域的"仿真设定"	
第4步 在弹出的对话框中，"仿真对象"选择"System20"，将"运行模式"勾选为"单个周期"	
第5步 "仿真对象"选择"T_ROB1"，将"进入点"设置为"Path_10"，完成后单击"关闭"按钮，完成设置	

（续）

操作说明	图例
第6步 在"仿真"功能选项卡中，单击"仿真控制"中的"播放"按钮，机器人即可按照离线轨迹运行，在红心中绘制"匠"字	

表4-11 TCP跟踪的操作步骤

操作说明	图例
第1步 在"基本"功能选项卡中，单击"图形"中的"显示/隐藏"按钮，在弹出的下拉菜单中勾选"全部机械装置"	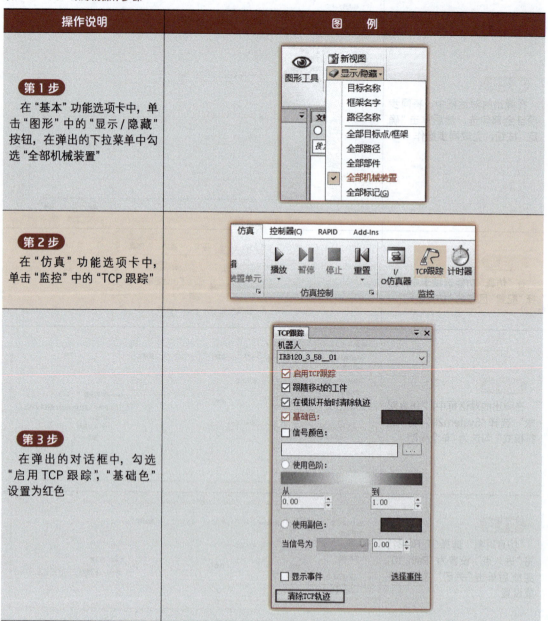
第2步 在"仿真"功能选项卡中，单击"监控"中的"TCP跟踪"	
第3步 在弹出的对话框中，勾选"启用TCP跟踪"，"基础色"设置为红色	

(续)

操作说明	图例
第 4 步 在"仿真"功能选项卡中，单击"仿真控制"中的"播放"，即可观察"匠"字的绘制过程	

【项目评价】

项目评价见表 4-12。

表 4-12 评分表

训练项目	评分表 学年	工作形式 □个人　□小组分工　□小组		实践工作时间	
	训练内容	训练要求		小组互评	教师评分
"匠"字离线轨迹编程	1. 创建"匠"字离线轨迹（30分）	1)"匠"字工作站模型导入不正确扣3分 2)位置设置不正确扣2分 3)工件坐标系设置不正确扣5分 4)路径选择不正确扣10分 5)自动生成路径设置不正确扣10分			
	2. 目标点调整及轴配置（20分）	1)目标点无法显示工具扣3分 2)工具姿态未调整正确扣5分 3)不能批量调整工具扣5分 4)无法进行单轴配置扣2分 5)无法进行批量轴配置扣5分			
	3. 路径优化（30分）	1)未添加起始上方点扣4分 2)起始上方点指令不正确扣6分 3)未添加结束上方点扣4分 4)结束上方点指令不正确扣6分 5)未添加安全点扣4分 6)安全点指令不正确扣6分			
	4. 运行仿真及TCP跟踪（10分）	1)仿真运行参数设置不正确扣5分 2)TCP无法跟踪显示的轨迹扣5分			
	5. 职业素养与安全意识（10分）	现场操作、安全保护符合安全操作规程；团队有分工、有合作，配合紧密；遵守纪律，尊重教师，爱惜设备和器材，保持工位的整洁			

【拓展训练】

1. 知识拓展

自动生成路径通过"同步到RAPID"功能将路径数据传输到控制系统中，在示教器中可以查看到该路径命名的例行程序，那么如何实现多路径依次运行呢？

这时，可以在示教器中的主程序 main 中利用 ProcCall 指令依次调用不同的路径例行程序，以实现多路径的例行程序的依次运行。

知识、技能归纳：本项目通过自动生成路径功能生成了"匠"字的路径，通过目标点调整及轴配置处理了路径的报警和错误，然后通过增加安全点和上方点优化了运行路径，最后通过仿真运行和 TCP 跟踪查看监控整个运行轨迹。

2. 能力拓展

在本项目基础上，自动生成模型中"红心"的路径，并实现"匠"字绘制（"红心"路径与"匠"字路径结合）的运行仿真及 TCP 跟踪，如图 4-7 所示。

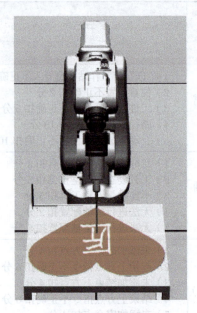

图4-7　TCP跟踪效果图

项目5

创建双机器人拆垛与码垛工作站

【项目背景描述】

生产企业每天都会有大量的货物需要搬运、拆垛、码垛,但单靠人力的效率很低。随着工厂自动化、智能化的发展,很多生产企业在包装的后期会用机器人来代替人工及自动化程度较低的设备,如图5-1所示。使用机器人不仅可以节省人力成本,还可以更快速地将产品按照预定的形式进行高效的操作。

图5-1 拆垛、码垛机器人的应用

【学习目标】

知识目标	能力目标	素养目标
1. 了解工业机器人的作业范围、最大工作速度等相关参数以及工具数据的定义 2. 了解工具模型与几何模型的区别 3. 了解 Attacher、Detacher、LineSensor、LogicGate、Queue 组件的功能和参数 4. 掌握用 Smart 组件创建动态输送链 SC_InFeeder 的方法 5. 掌握制作抓手工具的方法 6. 掌握动态夹具组件 SC_Gripper 的功能及组成 7. 掌握制作动态夹具组件 SC_Gripper 的方法	1. 能够导入模型、创建几何体，并合理布局拆垛、码垛工业机器人工作站 2. 能够从已有的几何体布局中创建拆垛、码垛工业机器人系统 3. 能够修正抓手模型的本地原点 4. 能够将抓手模型制作成 RobotStudio 专用的 tool 工具 5. 能够创建 Attacher、Detacher、LineSensor 组件并正确设置参数 6. 能够构建 Attacher、Detacher、LineSensor 组件之间的逻辑联系 7. 能够正确放置输送链传感器并设置参数 8. 能够创建输送链 LineSensor 组件、移动产品 LinearMover 组件、队列 Queue 组件并正确设置参数 9. 能够构建 LineSensor 组件、Queue 组件之间的逻辑联系	1. 形成良好的逻辑思维习惯 2. 养成严谨细致、一丝不苟的工作习惯

对接工业机器人应用编程 1+X 证书模块（中级）
3.1.1　能够创建基础工作站
3.1.2　能够导入模块及工具模型
3.1.3　能够完成模块及工具指定位置的放置
3.3.1　能够搭建典型工作站系统
对接工业机器人应用编程 1+X 证书模块（高级）
3.3.1　能够配置开发环境
3.3.2　能够根据工艺需求对工业机器人系统进行二次开发

【学习导图】

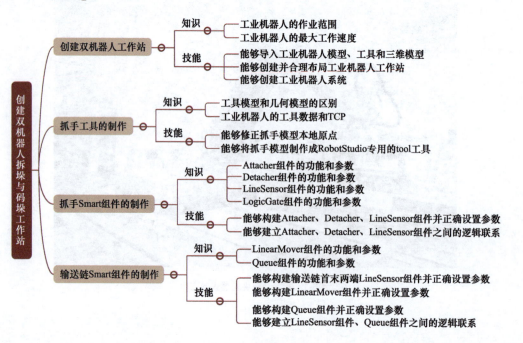

任务1　创建双机器人工作站

【任务描述】

本任务主要介绍在 RobotStudio 软件中创建拆垛与码垛双机器人控制系统,仿真纸箱全自动拆垛、码垛的工作过程。如图 5-2 所示,IRB 6700 作为拆垛机器人,将栈板上的 8 个纸箱逐个抓取并放置到输送链放料位,输送链将纸箱运输到取料位,然后由 IRB 460 机器人将纸箱逐个抓取并整齐摆放在码垛栈板上。

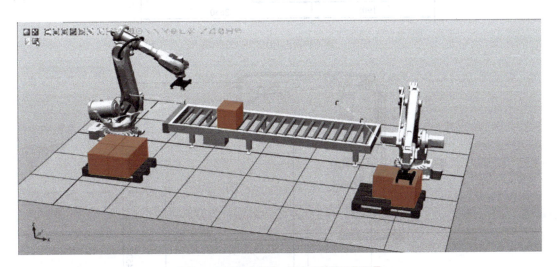

图5-2　双机器人拆垛、码垛系统的工作场景

【知识准备】

工业机器人的相关技术参数

(1) 作业范围　作业范围,也称为工作区域,是机器人运动时手臂末端或手腕中心所能到达的所有点的集合。本项目中机器人的工作范围如图 5-3、图 5-4 所示。由于末端执行器的形状和尺寸是多种多样的,因此,为了真实地反映机器人的特征参数,作业范围通常是指机器人不安装末端执行器时的工作区域。作业范围的大小不仅与机器人各连杆的尺寸有关,而且与机器人的总体结构形式有关。

作业范围的形状和大小十分重要,如果作业范围不合适,很可能会使机器人在执行作业时因存在手部不能到达的盲区而不能完成任务。本项目中机器人各轴的工作范围见表 5-1 和表 5-2。

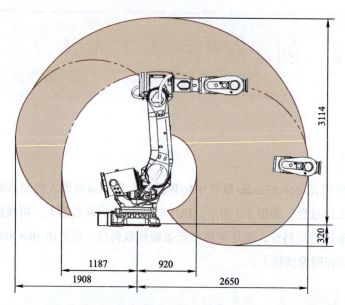

图5-3 拆垛机器人IRB 6700的工作范围

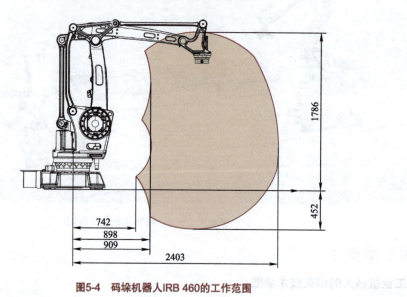

图5-4 码垛机器人IRB 460的工作范围

表5-1 IRB 6700 各轴的工作范围

轴名称	工作范围
轴1	−170° ~ +170°
轴2	−65° ~ +85°
轴3	−180° ~ +70°
轴4	−300° ~ +300°
轴5	−130° ~ +130°
轴6	−360° ~ +360°

表 5-2　IRB 460 各轴的工作范围

轴名称	工作范围
轴 1	−165° ~ +165°
轴 2	−40° ~ +85°
轴 3	−20° ~ +120°
轴 4	−300° ~ +300°

（2）最大工作速度　有的最大工作速度指工业机器人主要自由度上最大的稳定速度，有的则指手臂末端最大的合成速度。最大工作速度越高，机器人的工作效率就越高。但是，工作速度越高，就要花费越多的时间加速或减速，或者对工业机器人的最大加速率或最大减速率的要求就越高。本项目中机器人各轴的最大工作速度见表 5-3 和表 5-4。

表 5-3　IRB 6700 各轴的最大工作速度

轴名称	轴最大速度
轴 1	110(°)/s
轴 2	110(°)/s
轴 3	110(°)/s
轴 4	190(°)/s
轴 5	150(°)/s
轴 6	210(°)/s

表 5-4　IRB 460 各轴的最大工作速度

轴名称	轴最大速度
轴 1	145(°)/s
轴 2	110(°)/s
轴 3	120(°)/s
轴 4	400(°)/s

【任务实施】

双机器人拆垛、码垛工作站的创建流程图展示，如图 5-5 所示。

图5-5　双机器人拆垛、码垛工作站的创建流程图

创建双机器人工作站

1. 创建拆垛机器人控制系统

导入拆垛机器人、输送链;然后调整机器人位置,使输送链放料位处于机器人工作范围之内;创建拆垛机器人控制系统,操作步骤见表5-5。

表5-5 创建拆垛机器人控制系统的操作步骤

操作说明	图 例
第1步 新建一个空工作站;单击"ABB模型库"按钮,在下拉菜单中选择机器人"IRB 6700",将其导入至工作场景中;导入输送带,单击"导入模型库"(在线资源模型库提供)按钮,在下拉菜单中选择"设备"→"输送链"	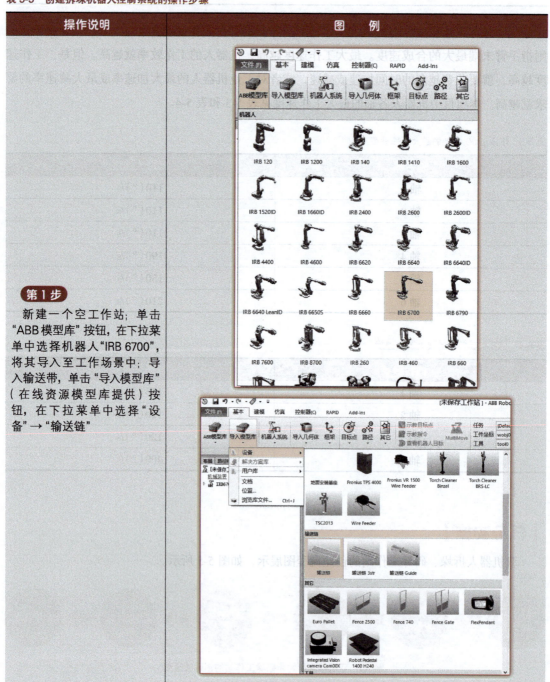

（续）

操作说明	图例
第2步 使用"移动"命令把输送链调整到合适的位置，使输送链放料位处于机器人的工作范围内	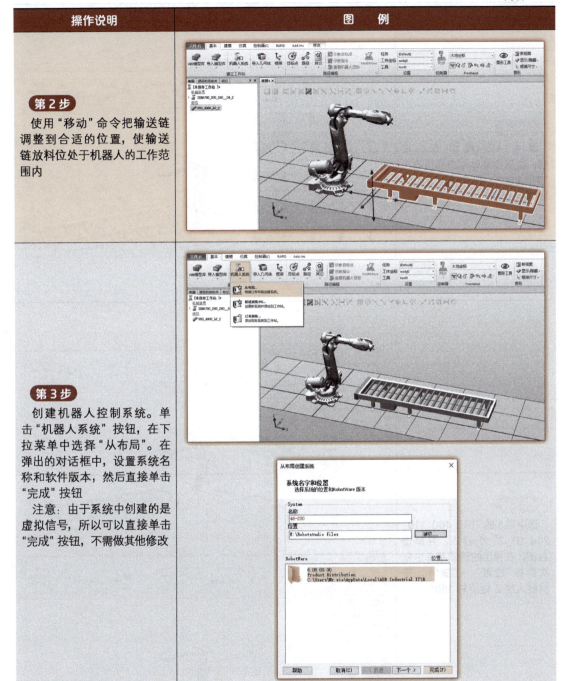
第3步 创建机器人控制系统。单击"机器人系统"按钮，在下拉菜单中选择"从布局"。在弹出的对话框中，设置系统名称和软件版本，然后直接单击"完成"按钮 注意：由于系统中创建的是虚拟信号，所以可以直接单击"完成"按钮，不需做其他修改	

2. 创建码垛机器人控制系统

导入码垛机器人；然后调整机器人位置，使输送链取料位处于机器人工作范围之内；创建码垛机器人控制系统，操作步骤见表5-6。

表5-6 创建码垛机器人控制系统的操作步骤

操作说明	图例
第1步 单击"ABB模型库"按钮，在下拉菜单中选择机器人"IRB 460"，将其导入至工作场景中	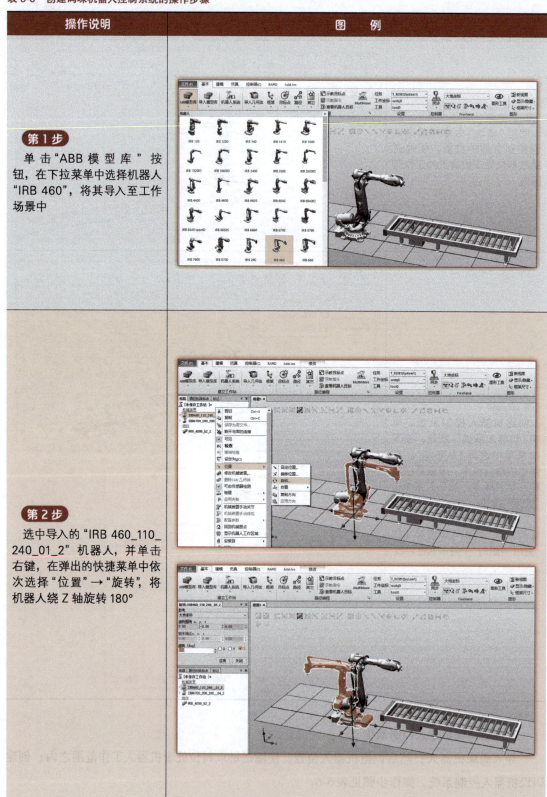
第2步 选中导入的"IRB 460_110_240_01_2"机器人，并单击右键，在弹出的快捷菜单中依次选择"位置"→"旋转"，将机器人绕Z轴旋转180°	

(续)

操作说明	图例
第3步 使用"移动"命令把 IRB 460 机器人调整到合适的位置	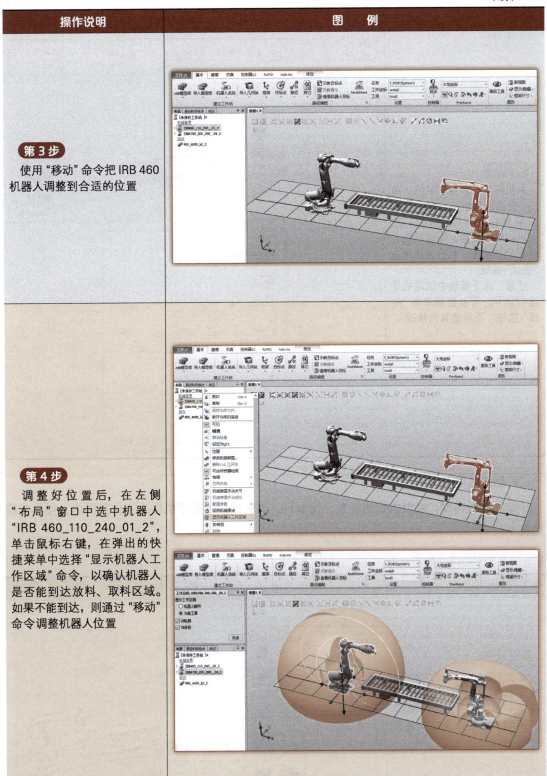
第4步 调整好位置后,在左侧"布局"窗口中选中机器人"IRB 460_110_240_01_2",单击鼠标右键,在弹出的快捷菜单中选择"显示机器人工作区域"命令,以确认机器人是否能到达放料、取料区域。如果不能到达,则通过"移动"命令调整机器人位置	

(续)

操作说明	图例
第 5 步 为机器人安装控制系统。单击"机器人系统"按钮,在下拉菜单中选择"从布局"。在弹出的对话框中,设置系统名称和软件版本,然后直接单击"完成"按钮 注意:由于系统中创建的是虚拟信号,可以直接单击"完成"按钮,不用做其他修改	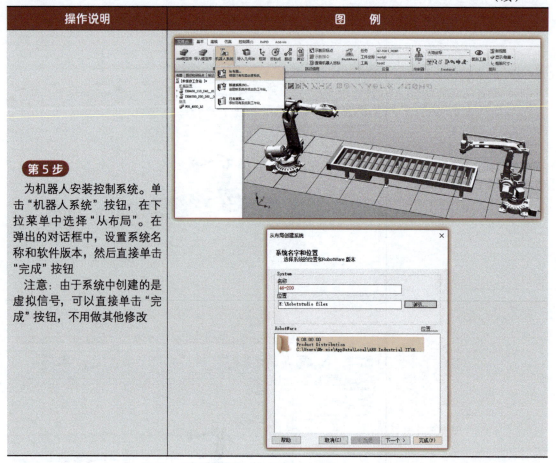

3. 创建栈板

导入栈板模型,调整栈板的位置,使取料、放料栈板均处于机器人工作范围内,操作步骤见表 5-7。

表 5-7 创建栈板的操作步骤

操作说明	图例
第 1 步 单击"导入模型库"按钮,在下拉菜单中依次选择"设备"→"其它"→"Euro pallet",将拆垛栈板导入至工作场景中	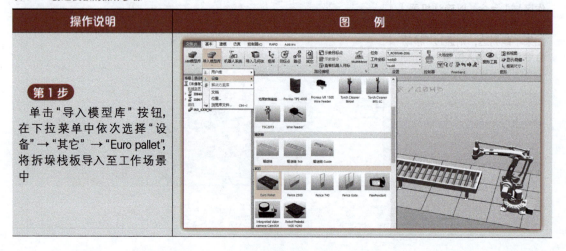

创建双机器人拆垛与码垛工作站 项目5

（续）

操作说明	图例
第2步 使用"移动"命令把拆垛栈板调整到合适的位置。显示拆垛机器人的工作区域，确保栈板处于拆垛机器人可以到达的区域	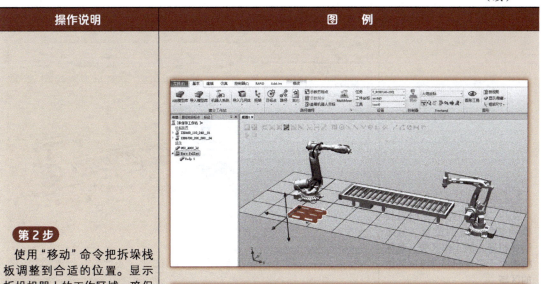 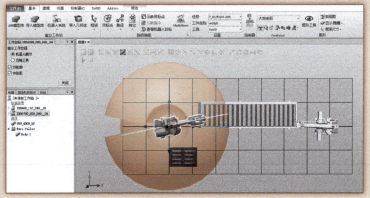
第3步 单击"导入模型库"按钮，在下拉菜单中依次选择"设备"→"其它"→"Euro pallet"，将码垛栈板导入至工作场景中	

（续）

操作说明	图　例
第4步 使用"移动"命令把码垛栈板调整到合适的位置。显示码垛机器人的工作区域，确保栈板处于码垛机器人可以到达的区域	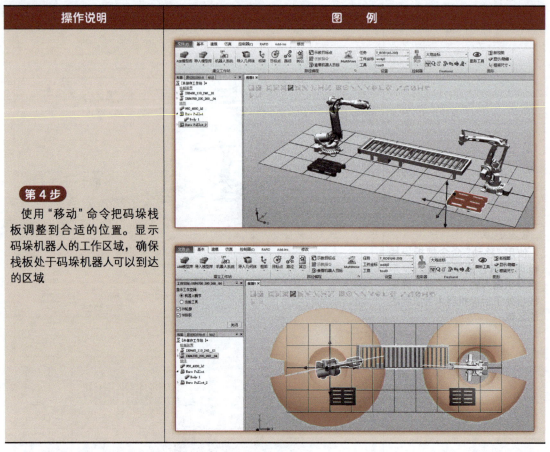

任务2　抓手工具的制作

【任务描述】

在创建工业机器人工作站时，需要在工业机器人法兰盘末端安装用户自定义的工具。在安装时，一般希望用户工具像 RobotStudio 模型库中的工具一样，能够自动安装到工业机器人法兰盘末端并保证坐标方向一致，并且能够在工具的末端自动生成工具坐标系，从而避免工具方面的仿真误差。

本任务主要介绍如何将导入的 3D 抓手数模创建成具有工业机器人工作站特性的工具，如图 5-6 所示。

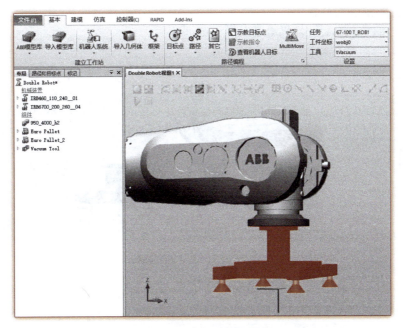

图5-6 带TCP的抓手工具

【知识准备】

1. 工具模型和几何体模型的区别

1）两者显示的图标不同，如图 5-7 所示。

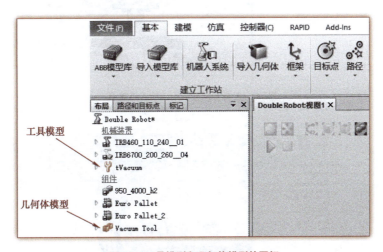

图5-7 工具模型和几何体模型的图标

2）几何体模型下只包含几何体数模；工具模型下不仅包含几何体数模，还包含工具数据，如图 5-8 所示。

3）在机器人系统创建完成后，系统会为工具模型加载相应的工具数据，如图 5-9 所示；但系统为几何体模型显示的是默认工具数据，因此几何体模型需要创建工具，如图 5-10 所示。

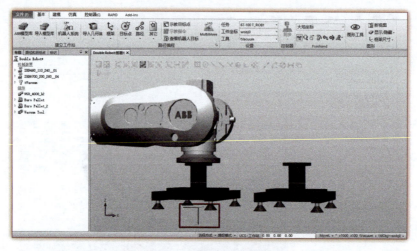

图5-8 工具模型带工具数据

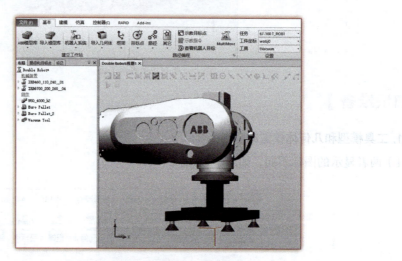

图5-9 工具模型加载相应的工具数据

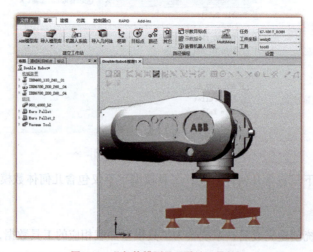

图5-10 几何体模型显示默认工具数据

2. 工业机器人的工具数据和TCP

工具数据是用于描述安装在机器人第六轴上的工具的工具中心点、重量和重心等参数的数据。

不同应用的机器人可能会配置不同的工具，比如弧焊工业机器人会使用弧焊枪作为工具，搬运工业机器人会使用吸盘式的夹具作为工具。

机器人初始状态的 TCP 是工具坐标系（Tool Coordinate System，TCS）的原点。当用手动或者编程的方式让机器人的第六轴去接近坐标系的某一点时，其实就是让 TCP 去靠近该点。因此，机器人工装的运动就是 TCP 的运动。

【任务实施】

抓手工具的制作流程图如图 5-11 所示。

图5-11 抓手工具的制作流程图

1.导入抓手几何体数模

导入抓手几何体数模的操作步骤见表 5-8。

表 5-8 导入抓手几何体数模的操作步骤

操作说明	图 例
打开"导入几何体"的下拉菜单，通过"浏览几何体"选项选择已经创建好的 STP 格式的抓手几何体	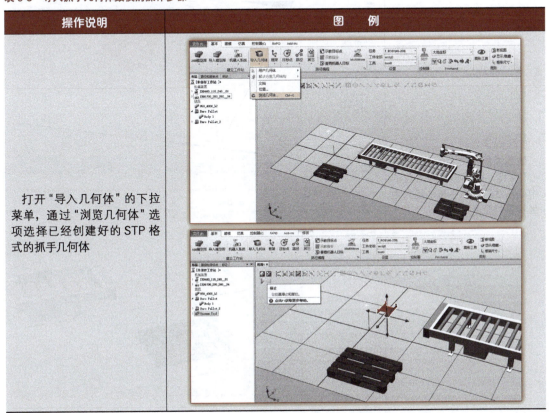

2. 设定抓手工具的本地原点

借助大地坐标系的原点位置，将抓手工具的本地原点设置在抓手法兰的中心处，操作步骤见表 5-9。

表 5-9 设定抓手工具的本地原点的操作步骤

操作说明	图例
第 1 步 选中导入的抓手几何体，并单击鼠标右键，在弹出的快捷菜单中依次选择"位置"→"放置"→"一个点"	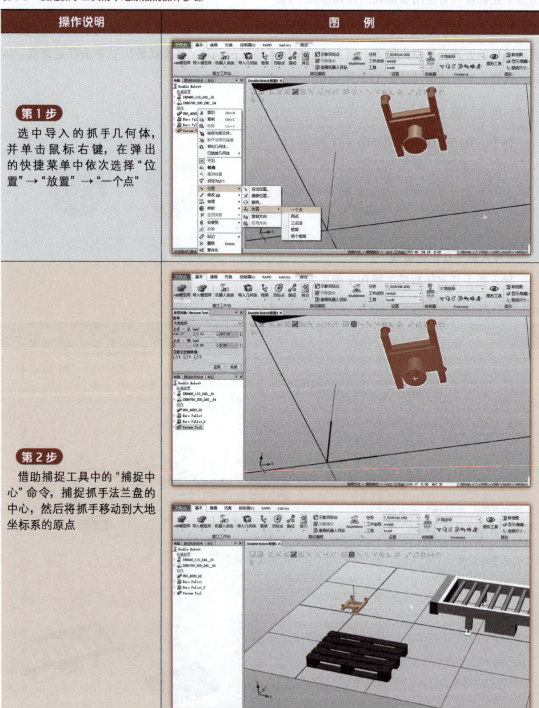
第 2 步 借助捕捉工具中的"捕捉中心"命令，捕捉抓手法兰盘的中心，然后将抓手移动到大地坐标系的原点	

创建双机器人拆垛与码垛工作站 项目5

(续)

操作说明	图 例
第3步 选中导入的抓手几何体,并单击鼠标右键,在弹出的快捷菜单中依次选择"修改"→"设定本地原点"	
第4步 将本地原点的位置也设置在大地坐标系的原点(0,0,0)处	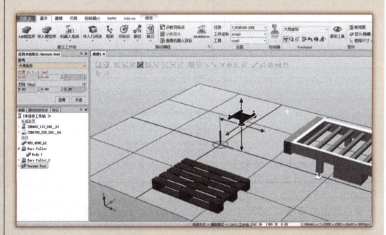
第5步 在左边"布局"窗口中,将抓手模型拖到"IRB6700_200_260_04"机器人上,抓手模型就能正确地安装到机器人六轴法兰上	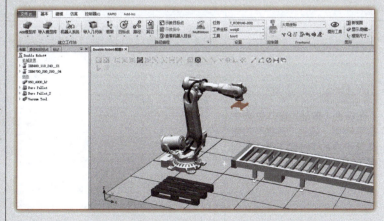

抓手工具的制作

3. 将抓手模型制作成专用工具

给抓手模型增加 TCP，设定工具坐标系，做成专用工具，操作步骤见表 5-10。

表 5-10 将抓手模型制作成专用工具的操作步骤

操作说明	图例
第1步 将 TCP 设置在抓手法兰的延长线上，高度与吸盘底面平齐。将抓手模型放置在大地坐标系原点处	
第2步 借助捕捉工具中的"捕捉中心"命令捕捉吸盘底面，在 RobotStudio 下方状态栏里显示吸盘底面的高度为 200mm	
第3步 在左侧"布局"窗口中选中抓手模型，通过"建模"功能选项卡中的"创建工具"来创建 TCP 和工具坐标	

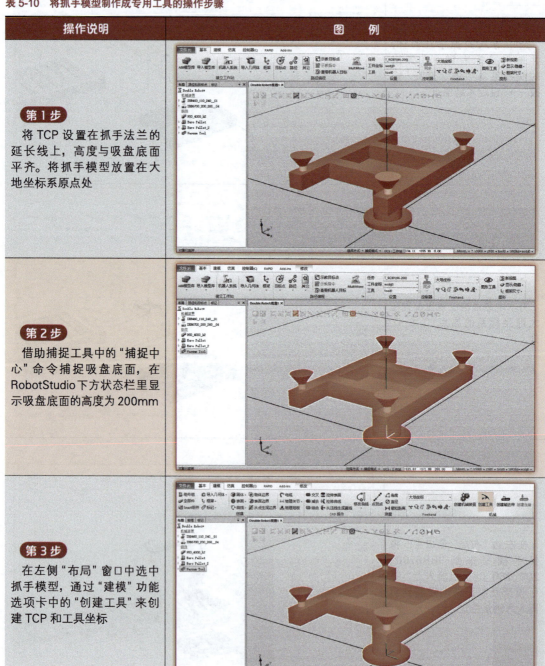

（续）

操作说明	图例
第4步 在弹出的"创建工具"对话框中,"Tool 名称"设置为"tVacuum";"选择组件"设置为"使用已有的部件";工具"重量"设置为"1";选中捕捉工具中的"捕捉重心",然后单击模型,将会自动捕捉到该模型的重心。完成后单击"下一个"按钮	
第5步 将 TCP 的 Z 坐标值改成第 2 步测量得到的数值"200",单击"》"按钮,将 TCP 添加到右侧的列表框中。完成后单击"完成"按钮	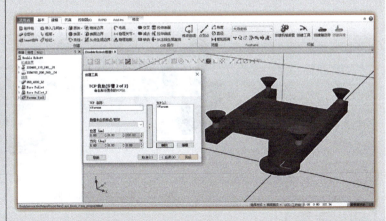
第6步 这时,在抓手工具的 TCP 处将会出现新建的工具坐标系	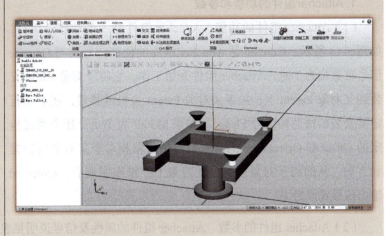

任务3　抓手Smart组件的制作

【任务描述】

在虚拟环境下，抓手不能给物体施加夹持力。这时，需要借助Smart组件来实现纸箱的抓取。Smart组件是一种使工装模型实现动画效果的高效工具，它能够完成某种功能并且能够向外提供若干个使用这种功能接口的可重用代码集。

运用Smart组件创建动态Smart输送链和抓手，可实现对拆垛、码垛以及搬运生产线的仿真，展现真实工作站的动态功能与效果。输送链Smart组件可使工作站中的物料在传送带上运动、传感器检测等功能，抓手Smart组件可实现物料拾取、物料释放等功能，如图5-12所示。

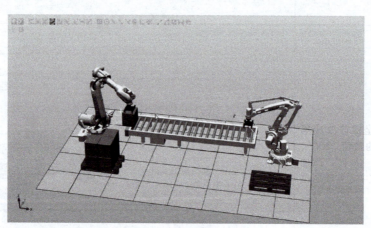

图5-12　动态夹具夹取物体

【知识准备】

1. Attacher组件的功能和参数

（1）Attacher组件的功能　Attacher组件是一个动作子组件，如图5-13所示。Execute是Attacher组件的使能信号。当Execute信号被置位为1时，Attacher组件开始工作，它将子对象Child安装到父对象Parent上。如果父对象Parent为机械装置，还必须指定要安装的法兰的编号Flange。如果Mount为True，还会通过指定的Offset和Orientation的值来确定子对象相对于父对象的位置和方向，从而将子对象装配到父对象上。操作完成后，Executed输出信号置位为1。

图5-13　Attacher组件

（2）Attacher组件的参数　Attacher组件的属性及信号说明见表5-11。

表 5-11 Attacher 组件的属性及信号说明

属性	说 明
Parent	指定子对象要安装在哪个对象上
Flange	指定要安装在机械装置的哪个法兰上（编号）
Child	指定要安装的对象
Mount	如果为 True，子对象将装配在父对象上
Offset	当使用 Mount 时，指定相对于父对象的位置
Orientation	当使用 Mount 时，指定相对于父对象的方向
信号	说 明
Execute	输入信号，当被设定为 1 时，开始安装
Executed	输出信号，安装完成时，发出脉冲

2. Detacher组件的功能和参数

（1）Detacher 组件的功能

Detacher 组件是一个动作子组件，如图 5-14 所示。Execute 是 Detacher 组件的使能信号。当 Execute 信号被置位为 1 时，Detacher 组件开始工作，它将子对象 Child 从其所安装的父对象上移除。如果 KeepPosition 为 True，子对象 Child 的位置将保持不变，否则将返回至该父对象放置子对象的位置。动作完成后，Executed 输出信号置位为 1。

图5-14 Detacher组件

（2）Detacher 组件的参数　Detacher 组件的属性及信号说明见表 5-12。

表 5-12 Detacher 组件的属性及信号说明

属性	说 明
Child	指定要移除的对象
KeepPosition	如果为 False，被安装的对象将返回至其原始的位置
信号	说 明
Execute	输入信号，被设定为 1 时，移除安装的物体
Executed	输出信号，移除完成时，发出脉冲

3. LineSensor组件的功能和参数

（1）LineSensor 组件的功能　LineSensor 组件是一个传感器子组件，如图 5-15 所示。根据起始点 Start、结束点 End 和线段半径 Radius 三个值可以定义一条线段。当 Active 信号为 1 时，LineSensor 组件将检测与该线段相交的对象。其中，相交的对象显示在 SensedPart 属性中，距起始点 Start 最近的相交点显示在 SensedPoint 属性中。出现相交时，SensedPart 输出信号

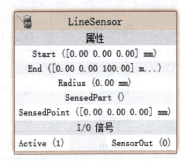

图5-15 LineSensor组件

置位为 1。

（2）LineSensor 组件的参数 LineSensor 组件的属性及信号说明见表 5-13。

表 5-13 LineSensor 组件的属性及信号说明

属性	说　　明
Start	指定起始点
End	指定结束点
Radius	指定半径
SensedPart	显示与 LineSensor 组件相交的对象。如果有多个对象与之相交，则列出距起始点最近的对象
SensedPoint	显示相交对象上距离起始点最近的点
信号	说　　明
Active	输入信号，被设定为 1 时，激活 LineSensor 组件
SensedOut	输出信号，当传感器与某一对象相交时，被设定为 1

4. LogicGate 组件的功能和参数

（1）LogicGate 组件的功能 LogicGate 组件是一个信号与属性子组件，如图 5-16 所示。信号 InputA 和 InputB 按照 Operator 中所指定的逻辑运算方式进行运算，并在 Delay 中所指定的延迟时间后得到输出结果 Output。

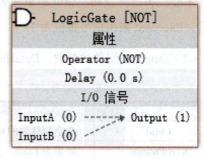

图5-16 LogicGate组件

（2）LogicGate 组件的参数 LogicGate 组件的属性及信号说明见表 5-14。

表 5-14 LogicGate 组件的属性及信号说明

属性	说　　明
Operator	使用的逻辑运算的运算符，包括 AND、OR、XOR、NOT 和 NOP Delay 用于设定输出信号的延迟时间
信号	说　　明
InputA	第一个输入信号
InputB	第二个输入信号
Output	输出信号，逻辑运算的结果

【任务实施】

抓手 Smart 组件的创建流程图如图 5-17 所示。

图5-17 抓手Smart组件的创建流程图

1. 创建Smart组件

创建抓手工具需要 LineSensor、Attacher、Detacher 和 LogicGate 组件，操作步骤见表 5-15。

抓手 Smart 组件的制作

表 5-15 创建 Smart 组件的操作步骤

操作说明	图 例
第1步 在"建模"功能选项卡中选择"Smart 组件"，新建一个智能组件，并命名为"sc_gripper1"	
第2步 将创建的抓手工具"tVacuum"拖到"sc_gripper1"中	

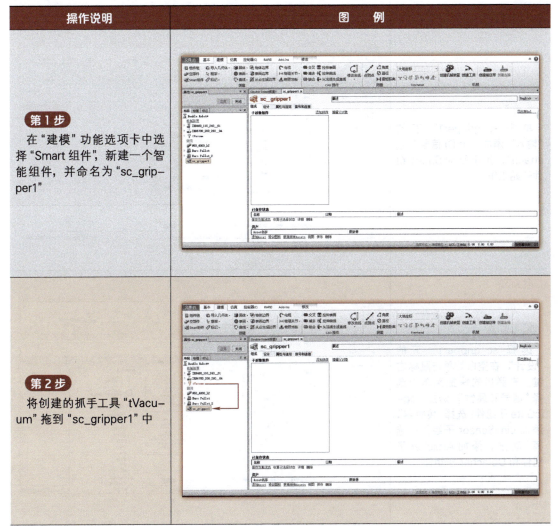

(续)

操作说明	图 例
第3步 在左侧"布局"窗口中,选中 Smart 组件下的"tVacuum",单击鼠标右键,在弹出的快捷菜单中选中"设定为 Role",智能组件即可使用 tVacuum 的工具数据	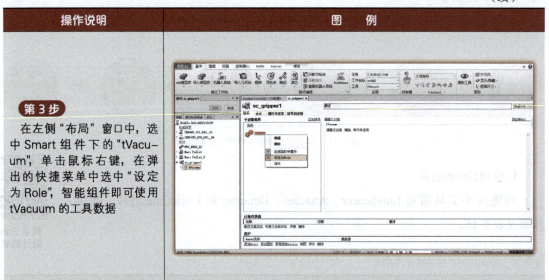
第4步 单击"sc_gripper1"下的"输入",添加一个 DI 信号"di_attach",用于驱动 Smart 组件开始工作	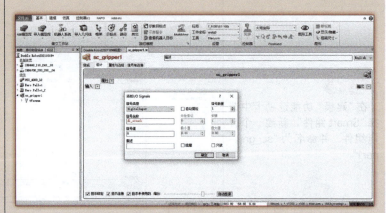
第5步 选择"sc_gripper1"下的"设计",在空白处单击鼠标右键。在弹出的快捷菜单中选择"信号和属性",添加 LogicGate 子组件;选择"传感器",添加 LineSensor 子组件;选择"动作",添加 Attacher 子组件和 Detacher 子组件	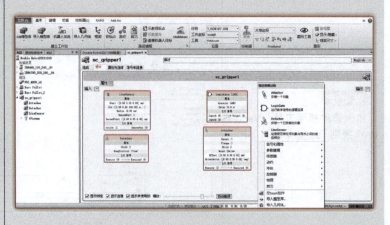

2. 设置LineSensor组件的参数

将 LineSensor 组件放置在抓手 TCP 处,设置它的高度和半径,操作步骤见表 5-16。

表 5-16 设置 LineSensor 组件的操作步骤

操作说明	图 例
第1步 选中 LineSensor 组件,单击鼠标右键,在弹出的快捷菜单中选择"属性"	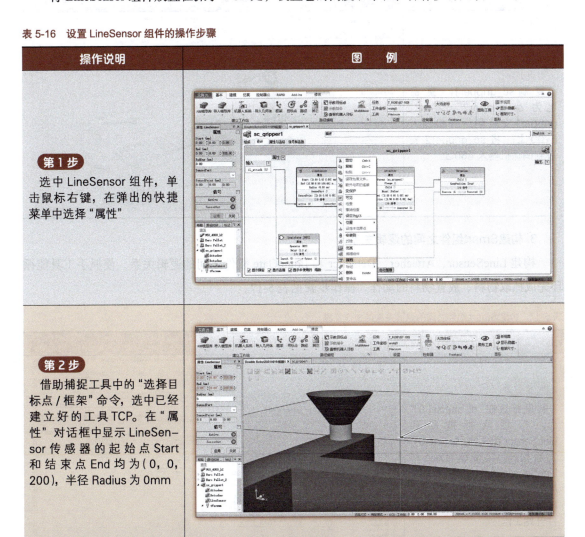
第2步 借助捕捉工具中的"选择目标点/框架"命令,选中已经建立好的工具TCP。在"属性"对话框中显示 LineSensor 传感器的起始点 Start 和结束点 End 均为(0,0,200),半径 Radius 为 0mm	
第3步 将 LineSensor 的起始点设置为(0,0,199),结束点设置为(0,0,201),半径设置为 1mm。设置完成后,单击"应用"按钮。这时,在 TCP 出现 LineSensor 传感器	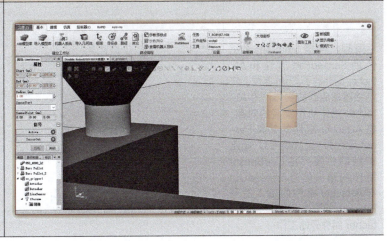

（续）

操作说明	图例
第4步 复制 sc_gripper1，重命名为"sc_gripper2"，将 sc_gripper1 安装到拆垛机器人 6700 上，将 sc_gripper2 安装到码垛机器人 460 上	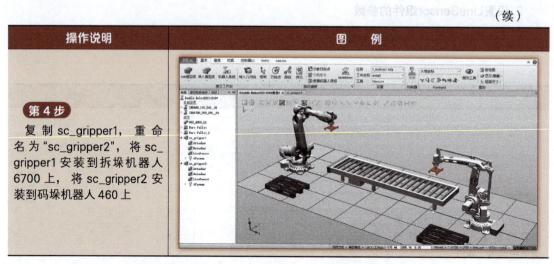

3. 构建 Smart 组件之间的逻辑关系

构建 LineSensor、Attacher、Detacher 和 LogicGate 组件之间的逻辑关系，使抓手工具能循环完成抓取物料、放置物料的动作，操作步骤见表 5-17。

表 5-17　构建 Smart 组件之间的逻辑关系的操作步骤

操作说明	图例
第1步 将鼠标放在"di_attach(0)"上，按住鼠标拖动到 LineSensor 组件的"Active(0)"上后松开，实现 di_attach 和 LineSensor 组件的输入信号 Active 的连接，利用 di_attach 信号驱动 LineSensor 组件开始工作	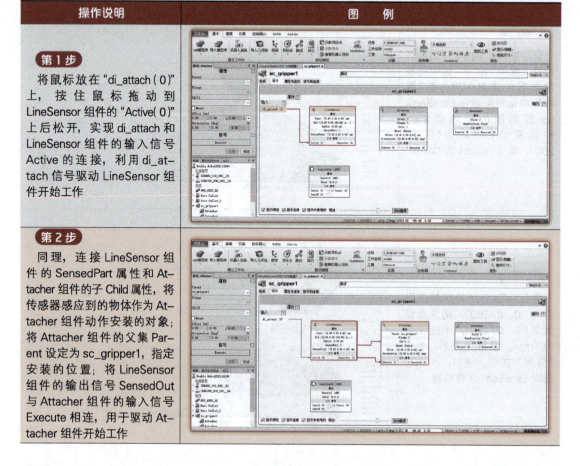
第2步 同理，连接 LineSensor 组件的 SensedPart 属性和 Attacher 组件的子 Child 属性，将传感器感应到的物体作为 Attacher 组件动作安装的对象；将 Attacher 组件的父集 Parent 设定为 sc_gripper1，指定安装的位置；将 LineSensor 组件的输出信号 SensedOut 与 Attacher 组件的输入信号 Execute 相连，用于驱动 Attacher 组件开始工作	

（续）

操作说明	图例
第3步 同理，连接 Attacher 组件的属性 Child 和 Detacher 组件的属性 Child，安装和移除的是同一个的对象；将 LogicGate 组件信号类型设置为"NOT"（取反），连接 di_attach 信号和 LogicGate 组件的输入信号 InputA；连接 LogicGate 组件的输出信号 Output 和 Detacher 组件的输入信号 Execute，用于驱动 Detacher 组件开始工作	

任务4　输送链Smart组件的制作

【任务描述】

在 RobotStudio 中，输送链的动态效果对整个工作站起关键作用。如图 5-18 所示，在工业机器人自动化生产线中，拆垛机器人抓取产品，并将其放到输送链前端；产品随着输送链向前运动，并在到达输送链末端后停止前进；产品被码垛机器人移走后，拆垛机器人再次抓取产品，周而复始，循环运行。

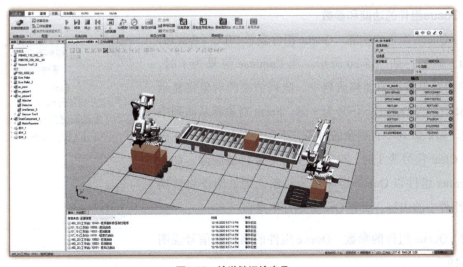

图5-18　输送链运输产品

【知识准备】

1. LinearMover组件的功能和参数

（1）LinearMover 组件的功能　LinearMover 组件是一个本体子组件，如图 5-19 所示。LinearMover 组件按 Speed 属性指定的速度，沿 Direction 属性中指定的方向移动 Object 属性中参考的对象。Execute 信号为 1 时，开始移动对象；Execute 信号为 0 时，停止移动对象。

（2）LinearMover 组件的参数　LinearMover 组件的属性及信号说明见表 5-18。

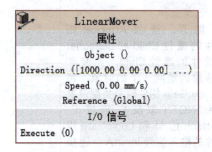

图5-19　LinearMover组件

表 5-18　LinearMover 组件的属性及信号说明

属性	说明
Object	指定要移动的对象
Direction	指定要移动对象的方向
Speed	指定移动速度
Reference	指定参考坐标系，可以是 Global、Local 或 Object
ReferenceObject	当 Reference 设置为 Object 时，该属性用于指定参考对象
信号	说明
Execute	输入信号，将该信号设为1时开始移动对象，设为0时停止

2. Queue组件的功能和参数

（1）Queue 组件的功能　Queue 组件表示 FIFO（first in, first out）队列，如图 5-20 所示。当 Enqueue 信号为 1 时，Back 中的对象将被添加到队列中。队列前端的对象将显示在 Front 中。当 Dequeue 信号为 1 时，Front 对象将从队列中被移除。如果队列中有剩余的对象，下一个对象将显示在前端。当 Clear 信号为 1 时，队列中所有对象将被删除。如果 Transformer 组件以 Queue 组件作为对象，则该组件将转换 Queue 组件中的内容，而非 Queue 组件本身。

（2）Queue 组件的参数　Queue 组件的属性及信号说明见表 5-19。

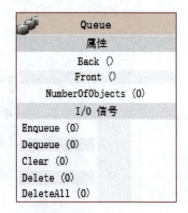

图5-20　Queue组件

表 5-19　Queue 组件的属性及信号说明

属性	说　　明
Back	指定加入队列的对象
Front	指定队列的第一个对象
Queue	包含队列元素的唯一 ID 编号
NumberOfObjects	指定队列中的对象数目
信号	说　　明
Enqueue	将在 Back 中的对象添加至队列末尾
Dequeue	将队列前端的对象移除
Clear	将队列中所有对象移除
Delete	将在队列前端的对象移除，并将该对象从工作站中移除
DeleteAll	清空队列，并将所有对象从工作站中移除

【任务实施】

使用 Smart 组件创建输送链的流程图如图 5-21 所示。

输送链 Smart 组件的制作

1. 创建Smart组件

创建输送链工具所需的 LineSensor、LinearMover 和 Queue 组件，操作步骤见表 5-20。

图5-21　使用Smart组件创建输送链的流程图

表 5-20　创建 Smart 组件的操作步骤

操作说明	图　例
第1步　在"建模"功能选项卡中选择"Smart 组件"，新建一个智能组件，命名为"sc_conveyer"	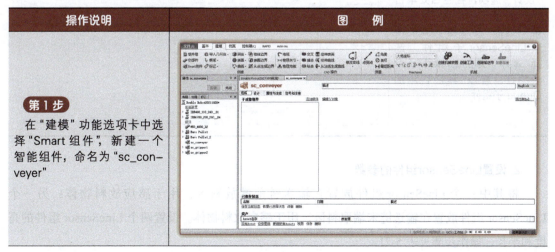

（续）

操作说明	图 例
第2步 将创建的输送链"950_4000_h2"拖到Smart组件"sc_conveyer"中	
第3步 选中输送链"950_4000_h2"，选择"修改"功能选项卡，将"可由传感器检测"取消勾选，以保证输送链不被lineSensor传感器检测到	
第4步 选择"sc_conveyer"下的"设计"选项，在空白处单击鼠标右键，在弹出的快捷菜单中选择"传感器"，添加两个LineSensor子组件；选择"本体"，添加LinearMover子组件；选择"其它"，添加Queue子组件	

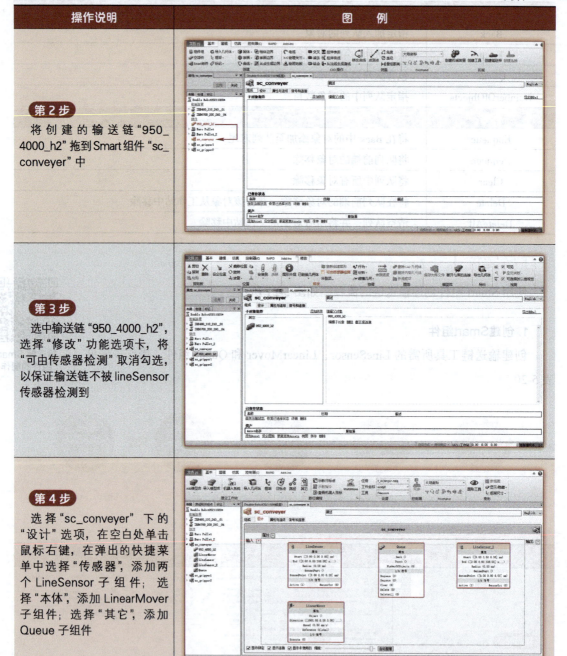

2. 设置LineSensor组件的参数

将其中一个LineSensor组件放置在输送链前端放料区，用于感应放料物体；另一个LineSensor组件放置在输送链末端取料区，用于感应取料物体。设置两个LineSensor组件的高度和半径，操作步骤见表5-21。

表 5-21 设置 LineSensor 组件的参数的操作步骤

操作说明	图 例
第1步 在左侧"布局"窗口中双击"LineSensor"组件，弹出 LineSensor 的"属性"对话框	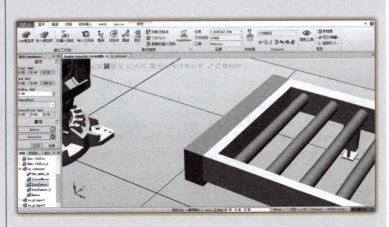
第2步 选中捕捉工具中的"捕捉末端"命令。单击"属性"中的"Start"的第一个坐标框，然后单击输送链前端放料区；单击"属性"中的"End"的第一个坐标框，然后单击输送链前端放料区	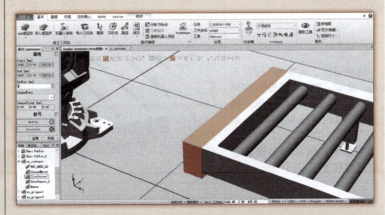
第3步 将"Start"中的 Z 值修改为"434"，"End"中的 Z 值修改为"436"，半径设置为 1mm。设置完成后，单击"应用"按钮。这时，在放料区显示出 LineSensor 组件	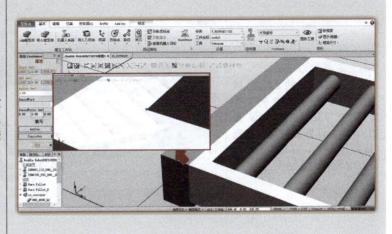

（续）

操作说明	图 例
第4步 在左侧"布局"窗口中双击"LineSensor2"组件，弹出LineSensor2的"属性"对话框	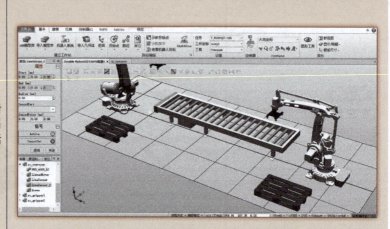
第5步 选中捕捉工具中的"捕捉末端"命令。单击"属性"中的"Start"的第一个坐标框，然后单击输送链前端放料区；单击"属性"中的"End"的第一个坐标框，然后单击输送链前端放料区	
第6步 将"Start"中的Z值修改为"434"，"End"中的Z值修改为"436"，半径设置为1mm。设置完成后，单击"应用"。这时，在放料区显示出 LineSensor2 组件	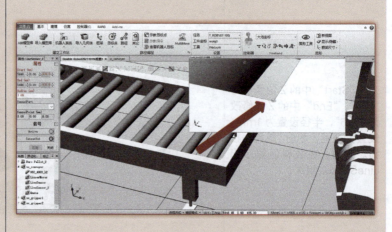

3. 构建Smart组件的逻辑关系

构建 LineSensor、LinearMover 和 Queue 组件之间的逻辑关系，使输送链能循环运输物料，操作步骤见表 5-22。

表 5-22 构建 Smart 组件的逻辑关系的操作步骤

操作说明	图例
第1步 将鼠标放在 LineSensor 组件的 SensedPart 属性上，按住鼠标拖动到 Queue 组件的 Back 属性上后松开，实现 LineSensor 组件的 SensedPart 属性和 Queue 组件的 Back 属性的连接，将传感器检测到的物体压入队列最后。同理，连接 LineSensor 组件的输出信号 SensorOut 和 Queue 组件的输入信号 Enqueue，将 Back 中的对象添加至队列末尾	
第2步 同理，连接 LineSensor2 组件的输出信号 SensorOut 和 Queue 组件的输入信号 Dequeue，将队列前端的对象移除	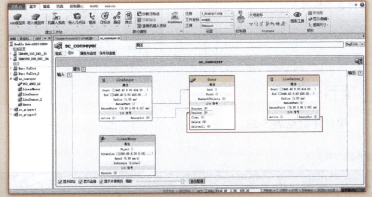
第3步 双击 LinearMover 组件，将移动对象设置为队列 Queue，移动方向"X"填 1000mm，"Y"和"Z"都填 0mm（这里的数值只代表方向，由于移动方向沿 X 轴正向，只需在"X"中填一个正数即可）	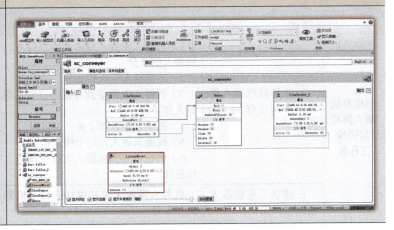

(续)

操作说明	图例
第4步 新建一个数字输出信号:do_inpostion	
第5步 连接 LineSensor2 的输出信号 SensorOut 和数字输出信号 do_inpostion。当 LineSensor2 感应到物体时,将物料到位信号传递给机器人	

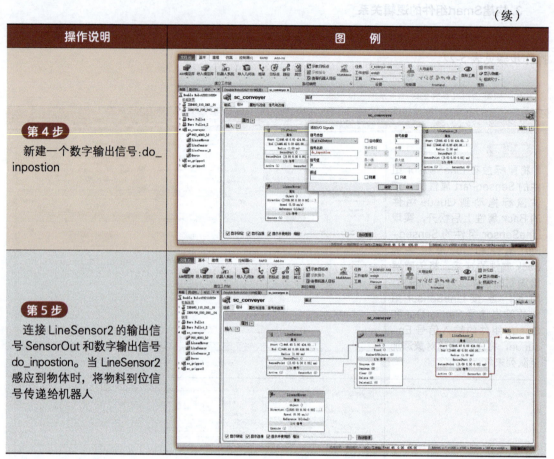

【项目评价】

项目评价见表5-23。

表5-23 评分表

评分表 学年		工作形式 □个人 □小组分工 □小组	实践工作时间	
训练项目	训练内容	训练要求	小组互评	教师评分
创建双机器人拆垛与码垛工作站	1.布局双机器人拆垛与码垛工作站(20分)	1)机器人未导入或未按要求导入,每个机器人扣2分 2)输送链未导入扣2分 3)机器人未调整到合适的位置,每个机器人扣2分 4)抓手未导入扣2分 5)栈板未导入,每个栈板扣2分 6)栈板未放到机器人工作范围内,每个栈板扣2分		
	2.建立工业机器人系统(10分)	机器人系统未安装成功,每个机器人系统扣5分		

（续）

评分表 学年		工作形式 □个人　□小组分工　□小组		实践工作时间	
训练项目	训练内容	训练要求		小组互评	教师评分
创建双机器人拆垛与码垛工作站	3. 创建抓手工具（10分）	1）抓手未安装到机器人上扣2分 2）抓手工具未定义成功扣8分			
	4. 创建抓手Smart组件（20分）	1）LineSensor组件未定义成功扣5分 2）Attacher组件未定义成功扣5分 3）Detacher组件未定义成功扣5分 4）LogicGate组件未定义成功扣5分			
	5. 创建输送链Smart组件（15分）	1）LineSensor组件未定义成功扣5分 2）LinearMover组件未定义成功扣5分 3）Queue组件未定义成功扣5分			
	6. 设定工作站逻辑（5分）	未建输出信号扣5分			
	7. 职业素养与安全意识（20分）	现场操作、安全保护符合安全操作规程；团队有分工、有合作，配合紧密；遵守纪律，尊重教师，爱惜设备和器材，保持工位的整洁			

【拓展训练】

1. 知识拓展

1）简述创建动态输送链的具体步骤以及创建时有哪些注意事项。

2）简述模型本地原点的作用及创建步骤。

知识、技能归纳：本项目介绍了双机器人拆垛与码垛工作站的创建方法，LineSensor、LogicGate、Attacher、Detacher和Queue子组件的用法，利用仿真软件构建了双机器人拆垛与码垛工作站，并在一个软件中把传感器技术、PLC（Programmable Logic Controller）技术的应用融合在一起，学生可从实际案例中体验机电一体化控制虚拟仿真技术的具体应用。

2. 能力拓展

创建双机器人拆垛与码垛工作站并进行合理布局；创建拆垛工件，拆垛工件总共三层，每层在X、Y方向分别有两个工件；创建拆垛机器人的抓手动态夹具，确保其能实现拆垛产品的功能；创建码垛机器人的抓手动态夹具，确保其能实现码垛产品的功能；创建输送链，确保其能将产品从放料位运输到取料位。

项目6

仿真调试双机器人拆垛与码垛工作站

【项目背景描述】

随着现代工业化设备的不断进步与发展,许多企业选择工业机器人来代替人工,尤其在快递物流、运输等行业中,一些机器人更是早已得到应用,例如拆垛码垛机器人、分拣机器人和AGV小车等。

拆垛、码垛机器人,如图6-1所示,是机械与计算机程序有机结合的产物,它运作灵活精准、快速高效、稳定性高,能够在较小的占地范围内实现全自动砌块成型。

图6-1 拆垛、码垛机器人应用

工业机器人虚拟仿真技术及应用

【学习目标】

知识目标	能力目标	素养目标
1. 掌握 MatrixRepeater 组件的功能、参数及使用方法 2. 掌握通过"手动线性"进行点位示教的方法 3. 掌握 ABB 工业机器人 I/O 通信种类和创建 I/O 信号的方法 4. 掌握工业机器人常用指令和编写虚拟仿真程序的方法 5. 掌握创建工作站逻辑的方法 6. 掌握工作站联调与测试的方法	1. 能够运用 MatrixRepeater 组件创建 2×2×2 的拆垛、码垛产品 2. 能够在图形化界面准确记录机器人 Home 点、拆垛点位、放垛点位、码垛点位和取料点位 3. 能够创建拆垛机器人 I/O 信号，包括吸盘控制信号、物料抓取信号 4. 能够创建码垛机器人 I/O 信号：吸盘控制信号、物料到位信号和抓取完成信号 5. 能够编写机器人初始化子程序、抓取物料子程序、放置物料子程序、抓取点位置子程序和主程序 6. 能够建立工作站与机器人系统的信号关联 7. 能够完成工作站联调与测试，观察工作站运行情况	1. 形成良好的逻辑思维习惯 2. 养成严谨细致、一丝不苟的工作习惯

对接工业机器人应用编程 1+X 证书模块（中级）
3.3.2 能够对典型工作站系统离线编程
对接工业机器人应用编程 1+X 证书模块（高级）
2.1.1 能够根据工艺要求调试工业机器人程序及参数
2.1.2 能够根据工艺需求优化工业机器人程序
3.1.1 能够使用虚拟示教器编程
3.1.2 能够使用常用语言编程

【学习导图】

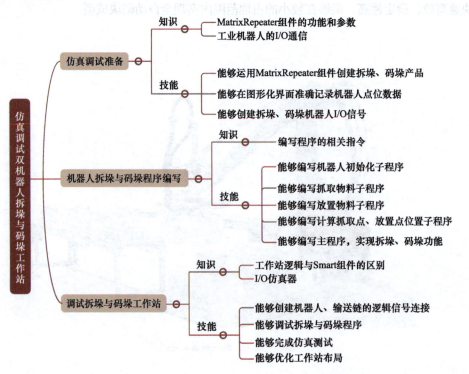

任务1　仿真调试准备

【任务描述】

本任务要完成仿真调试的准备工作。如图 6-2 所示，首先创建拆垛、码垛产品，然后在已经创建好的双机器人拆垛与码垛系统中创建如下点位数据：拆垛机器人 Home 点、拆垛第一个点、放料点、码垛机器人 Home 点、码垛第一个点、取料点；最后创建如下 I/O 信号：拆垛机器人吸盘控制信号、取料完成信号、码垛机器人吸盘控制信号、物料到位信号。

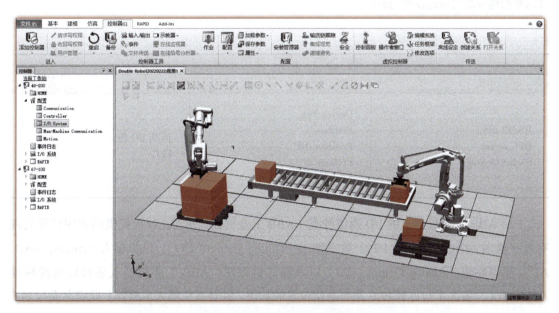

图6-2　双机器人拆垛与码垛系统

【知识准备】

1. MatrixRepeater组件的功能和参数

（1）MatrixRepeater 组件的功能　MatrixRepeater 组件在三维环境中用于以指定的间隔复制指定数量的 Source 对象，如图 6-3 所示。

（2）MatrixRepeater 组件的参数　MatrixRepeater 组件的属性及信号说明见表 6-1。

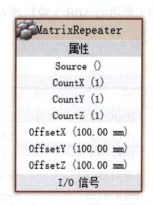

图6-3　MatrixRepeater组件

表 6-1 MatrixRepeater 组件的属性及信号说明

属性	信号说明
Source	指定要复制的对象
CountX	指定在 X 轴方向上复制的数量
CountY	指定在 Y 轴方向上复制的数量
CountZ	指定在 Z 轴方向上复制的数量
OffsetX	指定在 X 轴方向上两个复制间的偏移
OffsetY	指定在 Y 轴方向上两个复制间的偏移
OffsetZ	指定在 Z 轴方向上两个复制间的偏移

2.工业机器人的I/O通信

(1) ABB 工业机器人的通信种类　ABB 工业机器人提供了丰富的 I/O 通信接口,见表 6-2,可以轻松地实现与周边设备的通信。

表 6-2 ABB 工业机器人通信种类

ABB 工业机器人		
PC	现场总线	ABB 标准
RS232 通信 OPC server Socket Message	Device Net Profibus Profibus-DP Profinet EtherNet IP	标准 I/O 板 PLC

(2) ABB 工业机器人的 I/O 通信种类　ABB 工业机器人标准 I/O 板提供的常用信号处理有数字输入 (Digital Input, DI)、数字输出 (Digital Output, DO)、模拟输入 (Analog Input, AI)、模拟输出 (Analog Output, AO) 以及输送链跟踪。ABB 工业机器人还可以选配标准 ABB PLC,省去了与外部 PLC 进行通信设置的麻烦,并且在机器人示教器上就能完成与 PLC 相关的操作。

(3) 常用的 ABB 工业机器人标准 I/O 板　常用的 ABB 工业机器人标准 I/O 板型号及说明见表 6-3。

表 6-3 常用的 ABB 工业机器人标准 I/O 板型号及说明

型号	说　明
DSQC651	分布式 I/O 模块 DI8\DO8 AO2
DSQC652	分布式 I/O 模块 DI16\DO16
DSQC653	分布式 I/O 模块 DI8\DO8 带继电器
DSQC 355A	分布式 I/O 模块 AI4\AO4
DSQC 377A	输送链跟踪单元

【任务实施】

仿真调试准备工作流程图如图6-4所示。

图6-4 仿真调试准备工作流程图

1.创建拆垛、码垛产品

在拆垛栈板上创建2×2×2的拆垛产品，然后在输送链的放料位、取料位创建产品，最后在码垛栈板第一个产品的放料位创建码垛产品，操作步骤见表6-4。

工作站仿真调试准备

表6-4 创建拆垛、码垛产品的操作步骤

操作说明	图 例
第1步 在"建模"功能选项卡中依次选择"固体"→"矩形体"。在弹出的对话框中，将矩形体的"长度"设置为400mm，"宽度"设置为450mm，"高度"设置为400mm	
第2步 选中新建的矩形体，在"建模"功能选项卡中选择"Smart 组件"。单击组件中的"设计"选项，然后在空白处单击鼠标右键，在弹出的快捷菜单中选择"参数建模"→"MatrixRepeater"组件	

(续)

操作说明	图 例
第3步 MatrixRepeater 组件的属性参数进行如右图所示的设置。X、Y、Z 方向均复制两个产品,每两个产品之间留10mm 的间隙,则 X、Y、Z 方向的间隙分别设置为 410mm、460mm、410mm	
第4步 使用"移动"命令将新建的拆垛产品摆放在拆垛栈板的合适位置	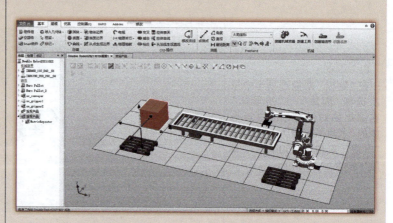
第5步 选中新建的单个拆垛产品,并单击右键,在弹出的快捷菜单中选择"位置"→"放置"→"一个点"	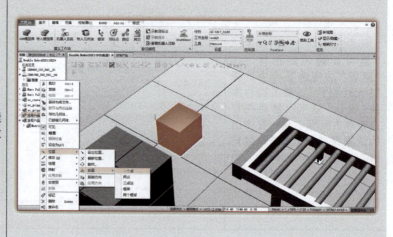

（续）

操作说明	图 例
第6步 借助捕捉工具中的"捕捉末端"命令，在弹出的对话框中，"主点－从"选择产品的左下角，"主点－到"选择输送链的左下角。通过上述操作，拆垛产品将被放置到输送链左下角，即输送链的放料位	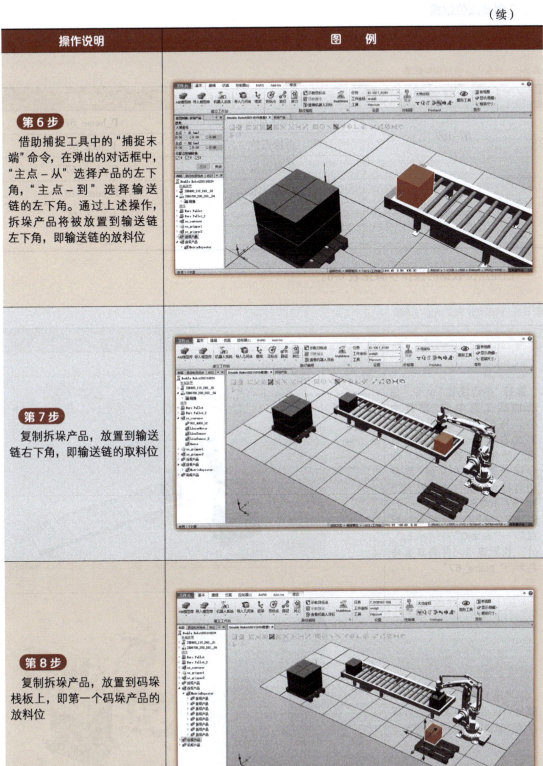
第7步 复制拆垛产品，放置到输送链右下角，即输送链的取料位	
第8步 复制拆垛产品，放置到码垛栈板上，即第一个码垛产品的放料位	

2.创建点位数据

为拆垛、码垛机器人创建点位数据,具体点位数据见表 6-5。

表 6-5 机器人点位数据对照表

机器人	点位含义	点位数据
67-100	Home 点位	P_home_67
	拆垛点位	P_pick_67
	放料点位	P_place_67
46-200	Home 点位	P_home_46
	取料点位	P_pick_46
	码垛点位	P_place_46

创建点位数据的操作步骤见表 6-6。

表 6-6 创建点位数据的操作步骤

操作说明	图例
第1步 选择"手动线性"命令,借助捕捉工具中的"捕捉中心",将 67-100 机器人移动到如右图所示的物料放置点。使用"示教目标点"命令记录该点。在左侧"路径和目标点"窗口中,依次选择"67-100 机器人"→"T_ROB1"→"工件坐标 & 目标点"→"wobj0"→"wobj0_of",找到该点,并将其重命名为"P_place_67"	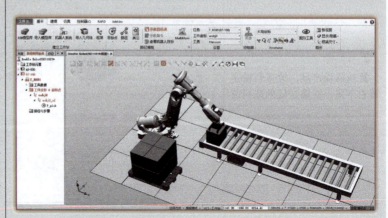
第2步 用与第 1 步相同的方法,示教 Home 点位和第一个拆垛点位,点位位置如右图所示	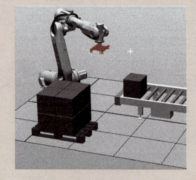  Home 点位　　　　第一个拆垛点位

（续）

操作说明	图例
第3步 用与第1步相同的方法，示教46-200机器人的三个点位，点位位置如右图所示	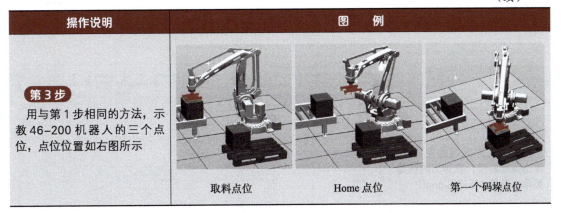 取料点位　　　　Home点位　　　　第一个码垛点位

3. 创建I/O信号

为拆垛、码垛机器人创建 I/O 信号，具体 I/O 信号见表6-7。

表6-7　机器人 I/O 信号

机器人	信号类型	信号含义	信号名称
67-100	DO 信号	控制吸盘吸气、吹气	do_attach
	DI 信号	取料完成	di_finish
46-200	DO 信号	控制吸盘吸气、吹气	do_attach
		取料完成	do_finish
	DI 信号	产品到位	di_inposition

创建 I/O 信号的操作步骤见表6-8。

表6-8　创建 I/O 信号的操作步骤

操作说明	图例
第1步 打开"控制器"功能选项卡，在左侧"控制器"窗口中依次选择"67-100"机器人→"配置"→"I/O System"→"Signal"	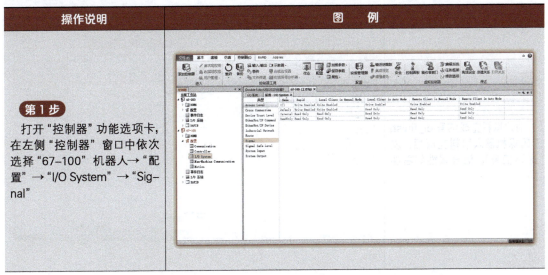

（续）

操作说明	图例
第2步 在右侧工作区域的空白处，单击鼠标右键，在弹出的快捷菜单中选择"新建 Signal"	
第3步 在弹出的对话框中，创建吸盘控制信号 do_attach，信号属性如右图所示	
第4步 创建取料完成信号 di_finish（码垛机器人取料完成后，发送该信号），信号属性如右图所示	

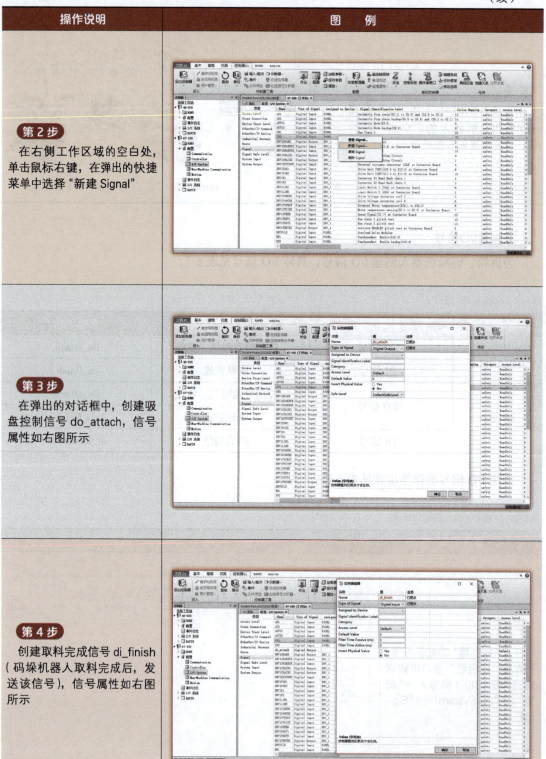

（续）

操作说明	图 例
第5步 拆垛机器人的 I/O 信号创建完成后，在左侧"控制器"窗口中选中 67-100 机器人，单击"重启"按钮，在下拉菜单中选择"重启动（热启动）"命令，重启机器人，使创建的信号生效	
第6步 打开"控制器"功能选项卡，在左侧"控制器"窗口中依次选择"46-200"机器人→"配置"→"I/O System"→"Signal"	
第7步 在右侧工作区域的空白处，单击鼠标右键，在弹出的快捷菜单中选择"新建 Signal"	

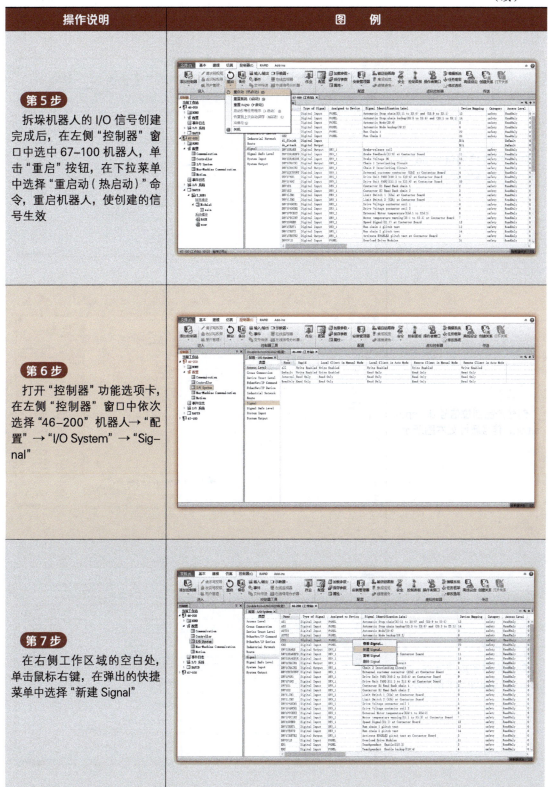

(续)

操作说明	图 例
第 8 步 创建吸盘控制信号 do_attach，信号属性如右图所示	
第 9 步 创建产品到位信号 di_inposition，信号属性如右图所示	
第 10 步 创建取料完成信号 do_finish，信号属性如右图所示	

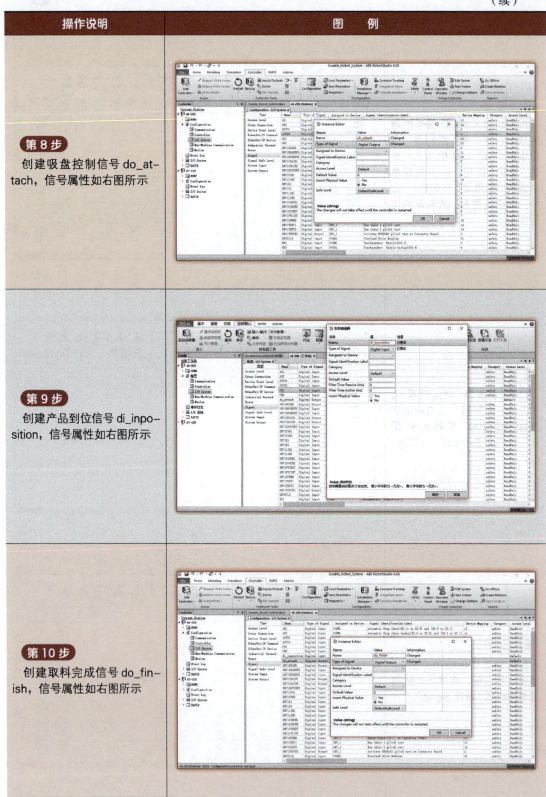

（续）

操作说明	图例
第11步 码垛机器人的 I/O 信号创建完成后，在左侧"控制器"窗口中选中 46-200 机器人，单击"重启"按钮，在下拉菜单中选择"重启动（热启动）"命令，重启机器人，使创建的信号生效	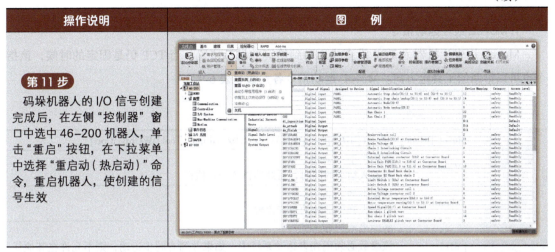

任务2　机器人拆垛与码垛程序编写

【任务描述】

本任务完成程序的编写，使机器人完成拆垛与码垛任务，如图 6-5 所示。首先，编写拆垛程序，新建程序所需的变量，编写拆垛任务的以下子程序：初始化子程序、物料抓取子程序、物料放置子程序、抓取点位置计算子程序，并编写主程序，实现完整的拆垛功能；然后，编写码垛程序，新建程序所需的变量，编写码垛任务的以下子程序：初始化子程序、物料抓取子程序、物料放置子程序、放置点位置计算子程序，并编写主程序，实现完整的码垛功能。

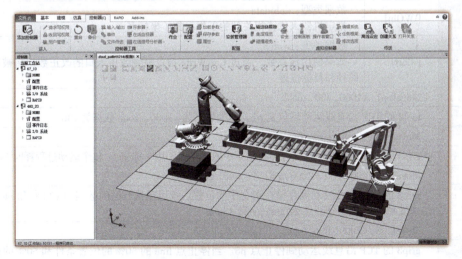

图6-5　机器人完成拆垛与码垛任务

【知识准备】

1. MoveL 线性运动指令

MoveL 用来让机器人 TCP 沿直线运动到给定的目标位置。当 TCP 仍是固定的时候，该指令也可以重新给工具定方向。MoveL 运动指令各参数见表 6-9。

表 6-9 MoveL 运动指令各参数

格式		MoveL [\Conc] ToPoint [\ID] Speed [\V] [\T] Zone [\Z] [\Inpos] Tool [\WObj] [\Corr]
参数	[\Conc]	数据类型：switch 机器人运动的同时，后续的指令开始执行
	ToPoint	数据类型：robtarget 机器人和外部轴的目标位置
	[\ID]	数据类型：identno 该参数必须用在多运动系统中，如果并列有同步运动，则不允许在其他任何情况下使用
	Speed	数据类型：speeddata 应用到运动中的速度数据
	[\V]	数据类型：num 指定 TCP 的速度，单位为 mm/s
	[\T]	数据类型：num 指定外部轴运动的总时间，单位为 s
	Zone	数据类型：zonedata 描述产生的转角路径的大小
	[\Z]	数据类型：num 指定机器人 TCP 的位置精度
	[\Inpos]	数据类型：stoppointdata（停止点数据） 指定机器人 TCP 在停止点位置的收敛性判别标准
	Tool	数据类型：tooldata 机器人运动时使用的工具
	[\WObj]	数据类型：wobjdata 指定机器人位置相关到的工作对象（坐标系）
	[\Corr]	数据类型：switch 如果使用该参数，通过 CorrWrite 指令写到改正入口的改正数据将被添加到路径和目标位置
示例 1		MoveL p1, v1000, z30, tool2;
说明		tool2 的 TCP 沿直线运动到位置 p1，速度数据为 v1000, zone 数据为 z30
示例 2		MoveL *, v1000\T : =5, fine, grip3;
说明		grip3 的 TCP 沿直线运动到存储在指令中的停止点（用 * 标记）。整个运动过程耗时 5s
示例 3		MoveL *, v2000 \V : =2200, z40 \Z : =45, grip3;
说明		grip3 的 TCP 线性移动到存储在指令中的位置。该运动执行时的数据为 v2000 和 z40。TCP 的速度和 zone 大小分别是 2200mm/s 和 45mm
示例 4		MoveL p5, v2000, fine \Inpos : = inpos50, grip3;
说明		grip3 的 TCP 沿直线运动到停止点 p5。当停止点 fine 的 50% 的位置条件和 50% 的速度条件满足的时候，机器人认为它到达了目标点

2. WHILE 判断指令

首先，评估条件表达式，如果表达式评估结果为 TRUE，则执行 WHILE 块中的指令。随后，再次评估条件表达式，如果该评估结果为 TRUE，则再次执行 WHILE 块中的指令。该过程循环继续，直至表达式评估结果成为 FALSE。WHILE 判断指令的格式见表 6-10。

表 6-10　WHILE 判断指令的格式

格式	WHILE< 条件表达式 >DO < 执行动作 > ENDWHILE

示例	WHILE reg1 < reg2 DO
	...
	reg1 : = reg1 + 1;
	ENDWHILE

说明	只要 reg1 < reg2，则重复 WHILE 块中的指令

3. Offs 偏移指令

Offs 偏移指令用于在一个机器人位置的工件坐标系中添加一个偏移量。Offs 偏移指令的格式和各参数的含义见表 6-11。

表 6-11　Offs 偏移指令的格式和各参数的含义

格式		Offs（Point, XOffset, YOffset, ZOffset）
参数	Point	数据类型：robtarget 待移动的位置数据
	XOffset	数据类型：num 工件坐标系中 x 方向的位移
	YOffset	数据类型：num 工件坐标系中 y 方向的位移
	ZOffset	数据类型：num 工件坐标系中 z 方向的位移
示例 1		MoveL Offs（p2, 0, 0, 10），v1000, z50, tool1;
说明		将机器人移动（沿 z 方向）至距位置 p2 10mm 的一个点
示例 2		p1: = Offs（p1, 5, 10, 15）;
说明		机器人位置 p1 沿 x 方向移动 5 mm，沿 y 方向移动 10mm，且沿 z 方向移动 15mm

4. TEST 条件判断指令

TEST 条件判断指令可使测试数据与第一个 CASE 条件中的测试值进行比较：如果比较结果为 TRUE，则执行该条件下的相关指令，执行完毕后，将继续执行 ENDTEST 后的指令；如果未满足第一个 CASE 条件，则将其他 CASE 条件按照前后顺序依次与测试数据进行比较；如果测试数据未满足任何 CASE 条件，则执行 DEFAULT 下的相关的指令（如果存在 DEFAULT）。TEST 条件判断指令的格式和各参数的含义见表 6-12。

表 6-12　TEST 条件判断指令的格式和各参数的含义

格式	TEST Test data CASE Test value: 　　< 执行动作 > CASE Test value: 　　< 执行动作 > …… DEFAULT： 　　< 执行动作 > ENDTEST	
参数	Test data	数据类型：所有。测试数据。用于与 Test value 数据做比较的、待测的数据或表达式
	Test value	数据类型：与 Test data 相同。测试数据所允许的值。若 Test value 中包含测试数据，则执行相关的指令
示例	TEST reg1 CASE 1，2，3： 　routine1； CASE 4： 　routine2； DEFAULT： 　TPWrite "Illegal choice"； 　Stop； ENDTEST	
说明	根据 reg1 的值，执行不同的指令：如果该值为 1、2 或 3，则执行 routine1；如果该值为 4，则执行 routine2；否则，将打印出错误消息，并停止执行	

5.其他编程指令

其他常用的编程指令的格式和各参数的含义及功能见表 6-13。

表 6-13　其他常用的编程指令的格式和各参数的含义及功能

指令	语法结构		功能
Incr	格式	Incr Name | Dname	向数值变量或者永久数据对象增加 1
	参数	Name 数据类型：num。指待改变变量或者永久数据对象的名称 Dname 数据类型：dnum。指待改变变量或者永久数据对象的名称	
waittime	格式	waittime [\InPos] Time	等待给定的时间。该指令亦可用于等待，直至机器人和外部轴静止
	参数	[\InPos] 数据类型：switch。如果使用该参数，则在开始统计等待时间之前，机器人和外部轴必须静止。如果控制机械单元，则仅可使用该参数 Time 数据类型：num。程序执行等待的时间以秒计，最短为 0s，最长不受限制，分辨率为 0.001s	

（续）

指令		语法结构	功能
PulseDO	格式	PulseDO [\High] [\PLength] Signal	输出数字脉冲信号
	参数	[\High] 数据类型：switch。当独立于其当前状态而执行指令时，规定始终将信号值设置为1 [\PLength] 数据类型：num。脉冲长度以秒计（0.001～2000s）。如果省略该参数，则产生0.2s的脉冲 Signal 数据类型：signaldo。将产生脉冲的信号名称	

【任务实施】

拆垛与码垛机器人程序编写过程如图6-6所示。

图6-6 拆垛与码垛机器人程序编写过程

1. 编写拆垛程序

先编写初始化子程序、物料抓取子程序、物料放置子程序和抓取点位置计算子程序，然后编写主程序，实现完整的拆垛功能，操作步骤见表6-14。

编写机器人拆垛与码垛程序

表6-14 编写拆垛程序的操作步骤

操作说明	图例
第1步 打开"RAPID"功能选项卡，在左侧"控制器"窗口中依次选择"67-100"机器人→"RAPID"→"T_ROB1"，双击其中的"Module1"，即可在右侧程序编辑框中编写程序	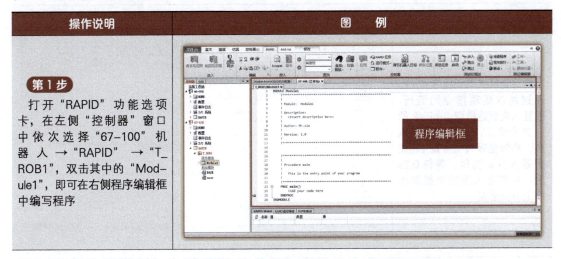

(续)

操作说明	图例
第 2 步 新建拆垛程序中需要的变量包括 dis_x、dis_y、dis_z 分别表示拆垛产品在 x、y、z 方向的间隙;bFirst 表示是否执行第一个产品的拆垛,当其为 true 时,表示开始执行	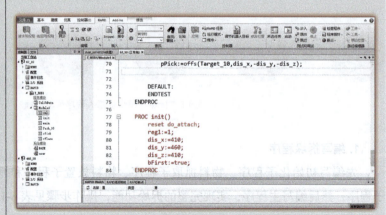
第 3 步 新建初始化子程序 init。将吸盘吸气信号 do_attach 置 0,计次变量 reg1 赋值为 1,dis_x 赋值为 410,dis_y 赋值为 460,dis_z 赋值为 410,bFirst 赋值为 true	
第 4 步 编写物料抓取子程序 rPick。通过两次运动指令的运行,机器人先到达抓取点 pPick 的上方安全点,然后到达抓取点;将吸盘吸气信号置 1,使机器人吸取物料;等待 0.2s 后,将机器人返回至抓取点的上方安全点	

(续)

操作说明	图 例
第5步 编写物料放置子程序 rPlace。通过两次运动指令的运行，机器人先到达放置点 pPlace 的上方安全点，然后到达放置点；将吸盘吸气信号置 0，使机器人放下物料；等待 0.2s 后，将机器人返回至放置点的上方安全点	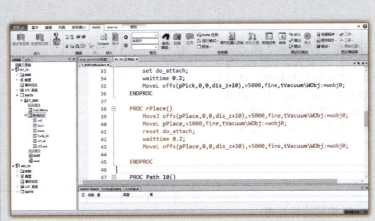
第6步 编写抓取点位置计算子程序 cal。通过 reg1 的当前数值，确定抓取点的位置。reg1 的数值为 1～4 时，抓取点的位置如右图所示；reg1 的数值为 5～8 时，抓取点的位置在第一层的基础上增加 –dis_z，从而使机器人能够抓取第二层物料	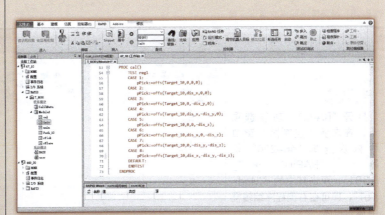 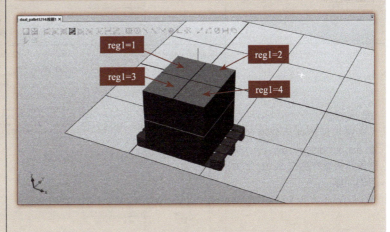

(续)

操作说明	图例
第7步 编写主程序 main。运行运动指令，使机器人回到 Home 点；运行初始化程序；通过 WHILE 指令，reg1 从 1 递增到 8，每递增一次，就重新计算一次抓取点位置，完成一个物料的抓取、放置	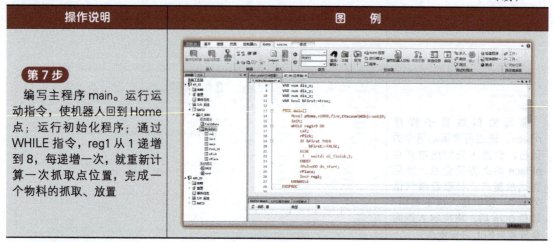

2. 编写码垛程序

先编写初始化子程序、物料抓取子程序、物料放置子程序和放置点位置计算子程序，然后编写主程序，实现完整的码垛功能，操作步骤见表 6-15。

表 6-15 编写码垛程序的操作步骤

操作说明	图例
第1步 打开 "RAPID" 功能选项卡，在左侧 "控制器" 窗口中依次选择 "46-200" 机器人 → "RAPID" → "T_ROB1"，双击其中的 "Module1"，即可在右侧程序编辑框中编写程序	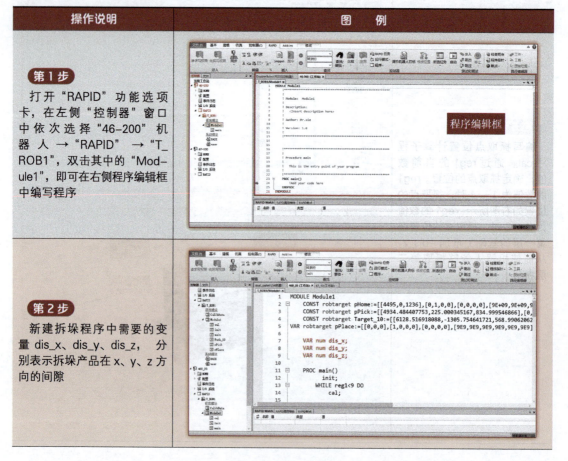
第2步 新建拆垛程序中需要的变量 dis_x、dis_y、dis_z，分别表示拆垛产品在 x、y、z 方向的间隙	

— 178 —

（续）

操作说明	图例
第3步 新建初始化子程序 init。将吸盘吸气信号 do_attach、取料完成信号 do_finish 置 0，计次变量 reg1 赋值为 1，dis_x 赋值为 410，dis_y 赋值为 460，dis_z 赋值为 410	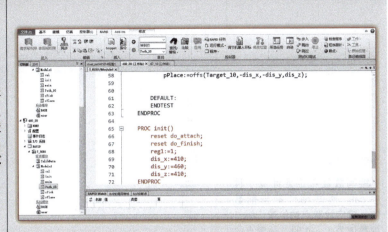
第4步 编写物料抓取子程序 rPick。通过运动指令，机器人先到达抓取点 pPick 的上方安全点，等待产品到位信号 di_inpos 为 1 后，再到达抓取点；将吸盘吸气信号置 1，使机器人吸取物料；等待 0.2s 后，将机器人返回至抓取点的上方安全点，并发送取料完成信号	
第5步 编写物料放置子程序 rPlace。通过运动指令机器人先到达放置点 pPlace 的上方安全点；然后到达放置点；将吸盘吸气信号置 0，使机器人放下物料；等待 0.2s 后，将机器人返回至放置点的上方安全点	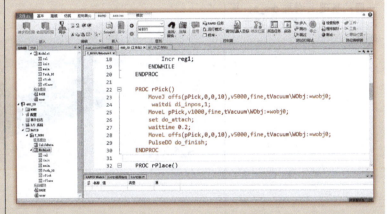

(续)

操作说明	图例
第6步 编写放置点位置计算子程序 cal。通过 reg1 的当前数值，确定放置点的位置。reg1 的数值为 1～4 时，放置点的位置如右图所示；reg1 的数值为 5～8 时，放置点在第一层的基础上增加 dis_z，从而使机器人能够放置第二层物料	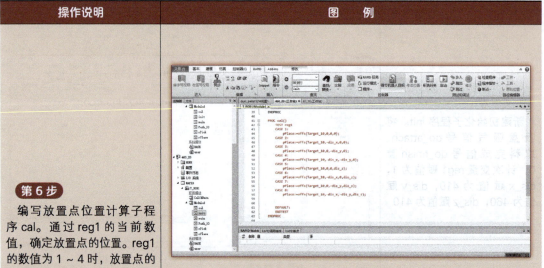
第7步 编写主程序 main。运行初始化程序；通过 WHILE 指令，reg1 从 1 递增到 8，每递增一次，就重新计算一次放置点位置，完成一个物料的抓取、放置	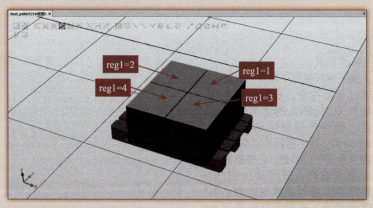

任务3　调试拆垛与码垛工作站

【任务描述】

本任务将完成拆垛与码垛工作站的调试工作。首先创建工作站逻辑，包括拆垛机器人逻辑、拆垛抓手 Smart 组件逻辑、码垛机器人逻辑、码垛抓手 Smart 组件逻辑以及输送链 Smart 组件逻辑。然后进行工作站联调与测试，根据工作站拆垛与码垛任务的执行情况，对工作站逻辑和程序进行优化。最后优化工作站布局，使工作站更加接近真实的工作环境。

【知识准备】

1. 工作站逻辑与Smart组件的区别

Smart 组件是 RobotStudio 对象，该组件的动作可以由代码或其他 Smart 组件控制执行。

工作站逻辑和 Smart 组件有类似的功能，可以进行工作站层级的操作。与 Smart 组件编辑器类似，工作站逻辑编辑器包含以下选项卡："组成""设计""属性与连结""信号和连接"。

工作站逻辑和 Smart 组件对比见表 6-16。

表 6-16　工作站逻辑和 Smart 组件对比

Smart 组件	工作站逻辑
编辑器中有显示组件描述信息的文本框，可以使用该文本框编辑文本	编辑器中没有可以编辑文本的文本框
"组成"选项卡包含以下选项 1）子组件 2）保存状态 3）资源	"组成"选项卡包含以下选项 1）子组件 2）保存状态
"属性与连结"选项卡包含以下选项 1）动态属性 2）属性连结	"属性与连结"选项卡包含"属性连结"选项
在"信号和连接"选项卡中，当添加或编辑 I/O 连接时，在"源对象"和"目标对象"的列表中没有给出选择工作站中的 VC 的选项	在"信号和连接"选项卡中，当添加或编辑 I/O 连接时，在"源对象"和"目标对象"的列表中给出了选择工作站中的 VC 的选项

2. I/O仿真器

在 RobotStudio "仿真"功能选项卡中,单击"I/O 仿真器",打开 I/O 仿真器。在 I/O 仿真器中,可在程序执行过程中查看并手动设置现有信号、组和交叉连接,从而仿真或操纵信号。

I/O 仿真器一次只显示一个系统信号,并且以 16 个信号为一组。如果要处理规模较大的信号集,可对要显示的信号进行过滤,也可创建包含收藏信号的自定义列表,以进行快速访问。

I/O 仿真器各选项的含义见表 6-17。

表 6-17 I/O 仿真器各选项的含义

选项	含义
选择系统	选择要查看信号的系统
过滤器类型	选择要使用的过滤器类型
过滤器规格	列表。选择过滤器,以限制信号显示
输入列表	显示通过应用过滤器的所有输入信号
输出列表	显示通过应用过滤器的所有输出信号
编辑列表	按钮。单击此按钮,可创建或编辑信号列表
I/O 范围	列表。如果通过过滤器的信号超过 16 个,可使用此列表选择要显示的信号范围

【任务实施】

拆垛与码垛工作站的调试流程图,如图 6-7 所示。

图 6-7 拆垛与码垛工作站的调试流程图

1. 创建拆垛机器人逻辑

创建拆垛机器人的逻辑信号连接的操作步骤见表 6-18。

拆垛与码垛
工作站仿真设置

表 6-18 创建拆垛机器人逻辑信号连接的操作步骤

操作说明	图例
第1步 打开"仿真"功能选项卡,单击"工作站逻辑"命令,选择"设计"选项。在视图中将显示已经建好的所有 Smart 组件	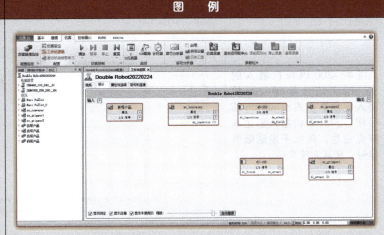
第2步 将 46-200 码垛机器人的 do_finish 信号与 67-100 拆垛机器人的 di_finish 信号相连。当码垛机器人取料完成后,do_finish 信号置 1,同时将该信号发送给拆垛机器人,从而允许拆垛机器人放料	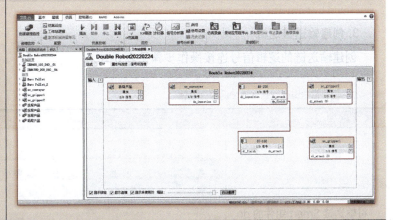
第3步 将 67-100 拆垛机器人的 do_attach 信号与 67-100 机器人配套抓手的 di_attach 信号相连。拆垛机器人到达取料点位后,向抓手发送吸气信号,使其完成取料	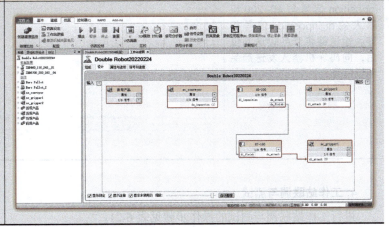

2. 创建码垛机器人逻辑

创建码垛机器人的逻辑信号连接操作步骤见表 6-19。

表 6-19　创建码垛机器人逻辑信号连接的操作步骤

操作说明	图例
将 46-200 码垛机器人的 do_attach 信号与 46-200 机器人配套抓手的 di_attach 信号相连。码垛机器人到达取料点位后，向抓手发送吸气信号，使其完成取料	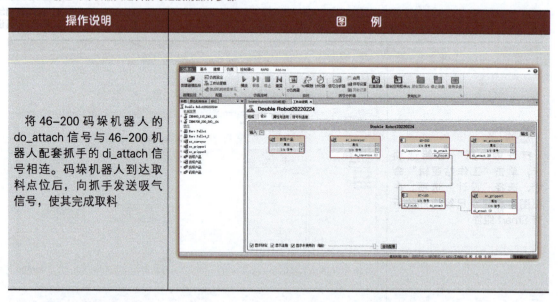

3. 创建输送链逻辑

创建输送链的逻辑信号连接操作步骤见表 6-20。

表 6-20　创建输送链逻辑信号连接的操作步骤

操作说明	图例
将输送链 Smart 组件的 do_inposition 信号与 46-200 机器人的 di_inposition 信号相连。输送链将产品输送到位后，向码垛机器人发送产品到位信号	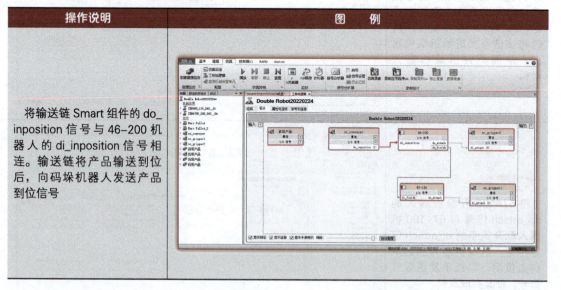

4. 工作站联调与测试

进行工作站联调与测试的操作步骤见表 6-21。

仿真调试双机器人拆垛与码垛工作站 项目6

表 6-21　工作站联调与测试的操作步骤

操作说明	图　例
第1步 单击"仿真"功能选项卡中的"播放"按钮,双机器人系统开始执行拆垛、码垛任务	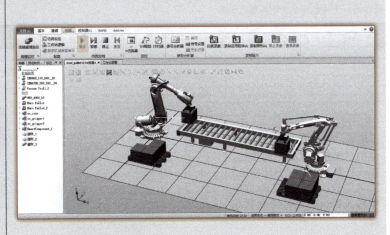
第2步 在左侧"布局"窗口中选中机器人输送链Smart组件下的"LinearMover"子组件,单击鼠标右键,在弹出的快捷菜单中选择"属性"。在弹出的对话框中,可通过更改"Speed"的值来更改输送链的传输速度	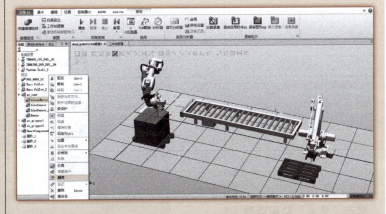 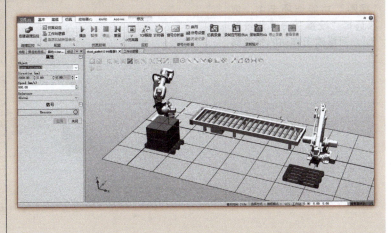

5. 工作站布局优化

优化工作站布局，给工作站增加光源，设置安全围栏，操作步骤见表6-22。

表6-22 工作站布局优化的操作步骤

操作说明	图例
第1步 单击"基本"功能选项卡中的"显示/隐藏"的按钮，在下拉菜单中将"全部路径"取消勾选。这时，工作站中机器人的运动路径将会被隐藏	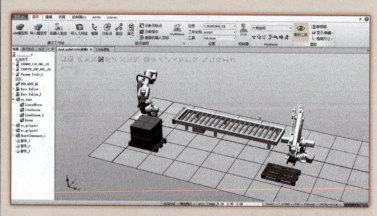
第2步 单击"基本"功能选项卡中的"图形工具"。在弹出的"视图"功能选项卡中，依次选择"设置"→"背景颜色"，可修改工作站的背景颜色	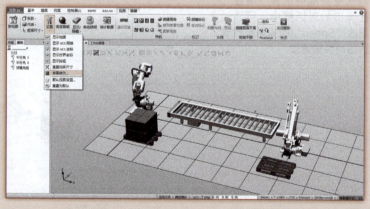

(续)

操作说明	图例
第3步 单击"高级照明",然后单击"创建光线"按钮,在下拉菜单中选择"聚光"。通过弹出的对话框修改聚光的位置、角度和颜色等属性	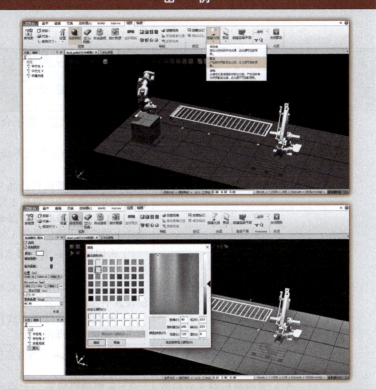
第4步 单击"基本"功能选项卡中的"导入模型库"按钮,在弹出的下拉菜单中依次选择"设备"→"Fence Gate",给工作站添加安全围栏。通过"基本"功能选项卡中的"移动""旋转"命令,合理地摆放围栏	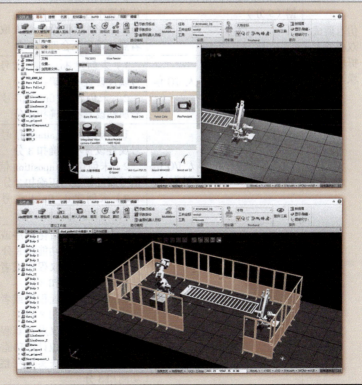

【项目评价】

项目评价见表6-23。

表6-23 评分表

评分表 学年		工作形式 □个人 □小组分工 □小组		实践工作时间	
训练项目	训练内容	训练要求		小组互评	教师评分
仿真调试双机器人拆垛与码垛工作站	1.创建拆垛产品（6分）	1）拆垛产品数量设置不合理扣2分 2）拆垛产品位置设置不合理扣2分 3）输送链前端放料产品未创建或者未摆放到正确位置扣1分 4）输送链末端取料产品未创建或者未摆放到正确位置扣1分			
	2.记录拆垛机器人点位数据（9分）	1）未创建Home点或者点位设置不合理扣3分 2）未创建拆垛第一个点或者点位设置不合理扣3分 3）未创建拆垛机器人放料点或者点位设置不合理扣3分			
	3.记录码垛机器人点位数据（9分）	1）未创建Home点或者点位设置不合理扣3分 2）未创建码垛第一个点或者点位设置不合理扣3分 3）未创建码垛机器人取料点或者点位设置不合理扣3分			
	4.创建拆垛机器人I/O信号（6分）	1）未创建do_attach信号或者信号属性设置不正确扣3分 2）未创建di_finish信号或者信号属性设置不正确扣3分			
	5.创建码垛机器人I/O信号（9分）	1）未创建do_attach信号或者信号属性设置不正确扣3分 2）未创建di_inposition信号或者信号属性设置不正确扣3分 3）未创建do_finish信号或者信号属性设置不正确扣3分			
	6.编写工作站拆垛程序（15分）	1）未创建初始化程序或者程序无法实现初始化功能扣3分 2）未创建抓取程序或者程序无法实现抓取功能扣3分 3）未创建放置程序或者程序无法实现放置功能扣3分 4）未创建抓取点计算程序或者程序无法实现点位计算功能扣3分 5）主程序无法实现完整的拆垛功能扣3分			

（续）

训练项目	评分表 学年 训练内容	工作形式 □个人 □小组分工 □小组 训练要求	实践工作时间	
			小组互评	教师评分
仿真调试双机器人拆垛与码垛工作站	7.编写工作站码垛程序（15分）	1）未创建初始化程序或者程序无法实现初始化功能扣3分 2）未创建抓取程序或者程序无法实现抓取功能扣3分 3）未创建放置程序或者程序无法实现放置功能扣3分 4）未创建抓取点计算程序或者程序无法实现点位计算功能扣3分 5）主程序无法实现完整的码垛功能扣3分		
	8.创建工作站逻辑（12分）	工作站逻辑中的4个信号连接，每连错一个扣3分		
	9.工作站运行测试（8分）	工作站动态模拟失败或者无法排除失败故障扣5分 没有正确控制输送链速度扣3分		
	10.工作站布局优化（6分）	工作站布局不符合企业真实生产要求扣6分		
	11.职业素养与安全意识（5分）	现场操作、安全保护符合安全操作规程；团队有分工、有合作，配合紧密；遵守纪律，尊重教师，爱惜设备和器材，保持工位的整洁		

【拓展训练】

1. 知识拓展

1）简述创建拆垛产品的具体步骤及创建时有哪些注意事项。

2）简述工业机器人点位示教的方法及具体的操作步骤。

3）在虚拟示教器中创建拆垛机器人的 do_attach 信号，并简述在虚拟示教器中创建 I/O 信号的步骤。

知识、技能归纳：通过训练了解双机器人拆垛与码垛工作站的调试方法，熟悉 MatrixRepeater 子组件的用法，创建机器人的点位数据、I/O 信号、各 Smart 组件之间的逻辑关系，使机器人系统联动，实现完整的拆垛、码垛功能。

2. 能力拓展

调试双机器人拆垛与码垛工作站，使其能实现如下功能：拆垛机器人将产品逐个放到输送链前端；输送链将产品运输到取料位；码垛机器人抓取产品，并将其放置到码垛栈板上，从而完成码垛。

项目 7
创建基于输送链跟踪的焊接、码垛机器人工作站

【项目背景描述】

在搬运机器人的实际应用中,由于种种原因,搬运对象的位置不固定,甚至是运动的(比如搬运对象是流水线上运动着的工件)。为解决上述问题,随着工业机器人的智能化升级,机器人工作站加装了机器视觉来获取工件的实时信息,并不断调整自身末端的位置和移动速度,使 TCP 去接近工件,最终跟踪工件的运动,如图 7-1 所示。

图7-1 机器人视觉检测应用

机器视觉是用机器代替人眼来做测量和判断的。它的工作原理是:首先,图像采集装置(如 CCD 相机、CMOS 相机)将被检测目标转换成图像信号,并传送给专用的图像处理系统;然后,图像处理系统根据像素分布亮度和颜色等信息,将图像信号转变成数字化信号,并对这些信号进行各种运算来提取目标的特征;最后,根据图像处理结果做出判断和决策,以控制现场的设备动作。

工业机器人虚拟仿真技术及应用

【学习目标】

知识目标	能力目标	素养目标
1. 了解输送链跟踪的定义及相关参数 2. 掌握调整目标点姿态的方法 3. 掌握创建输送链、工具的方法 4. 掌握创建基于输送链跟踪的焊接、码垛机器人工作站的方法 5. 掌握使用Smart组件创建动态码垛效果的方法 6. 掌握工业机器人工作站中信号连接、属性连结的作用及设定方法 7. 掌握基于输送链跟踪的焊接、码垛机器人的离线编程及程序调试运行方法	1. 能够创建并合理布局工业机器人工作站 2. 能够创建输送链跟踪 3. 能够使用Smart组件创建拾取和放置动作,实现动态码垛效果 4. 能够完成工业机器人工作站中的信号连接、属性连结 5. 能够完成基于输送链跟踪的焊接、码垛机器人工作站的程序编写和调试	1. 提高自学能力和创新能力 2. 遵规守纪,安全生产,爱护设备,钻研技术 3. 具有质量意识、环保意识、安全意识、信息素养、工匠精神、创新思维

对接工业机器人应用编程 1+X 证书模块（中级）
3.1.1　能够创建基础工作站
3.1.2　能够导入模块及工具模型
3.1.3　能够完成模块及工具指定位置的放置
3.3.1　能够搭建典型工作站系统
3.3.2　能够对典型工作站系统离线编程

【学习导图】

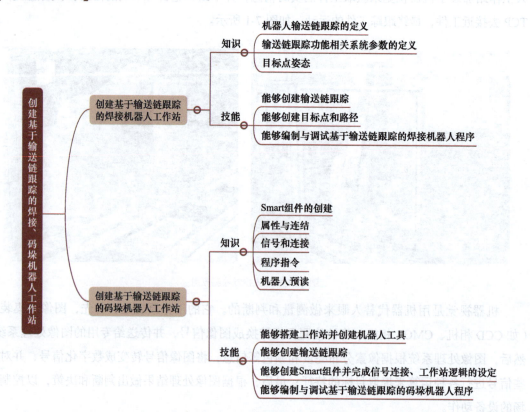

— 192 —

任务1　创建基于输送链跟踪的焊接机器人工作站

【任务描述】

本任务将在 RobotStudio 软件中创建基于输送链跟踪的焊接机器人工作站。首先通过机器视觉系统判断工件位置，然后根据判断结果，机器人的 TCP 跟踪工件运动。如图 7-2 所示，当工件 A 在标准位置时，机器人如何跟踪呢？

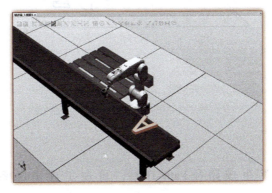

图7-2　工件A在标准位置

【知识准备】

1. 机器人输送链跟踪的定义

输送链跟踪是一项位置同步功能，坐标系跟踪输送链路线上的工件，使机器人有能力跟随沿输送链移动的工件作业（同步），不管输送链是处于停止状态还是运动状态，机器人都可以随着工件位置的变化同步执行，而不必考虑输送链速度。输送链跟踪系统主要由如下3个部件组成：

1）输送链编码器：用于探测输送链的运动情况。

2）同步开关：用于探测输送链上对象的位置。

3）跟踪软件：对跟踪过程进行控制。

在输送链跟踪过程中，机器人的 TCP 自动跟随定义在运动的输送链上的工件。如果输送链的速度是变化的，机器人将保持编程后的 TCP 与工件的移动速度相关联（同步）。

2. 输送链跟踪功能相关系统参数的定义

如图 7-3 所示，假设工件随着输送链的运动从左向右移动，A 是同步开关（比如光电开关或接近传感器），当有工件过来，便向机器人发送信号。B 是移动的工件坐标，由输送链驱动，并跟随输送链一起运动。D 是开始窗口，是个虚拟的区域，实际是不存在的，当机器人空闲时，工件进入这个区域，机器人就会去跟踪；反之，当机器人跟踪完一个工件到 1 位置后，机器人空闲，此时，下一个工件超出了开始窗口，已经到达 2 位置，机器人就会放弃下一个工件。C 是 A 与 D 之间的距离，可以设置为 0。E 是工作区域。G 是最大跟踪距离，如果工件再往前移动，机器人就会停止跟踪并报警。F 是最小跟踪距离，一般工件在做反向运动时，机器人可以在这个范围内跟踪。产品节距是指在连续将工件放在输送带上时，工件间的间隔距离。

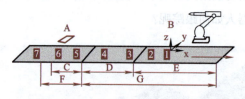

图7-3 输送链参数结构图

A—同步开关 B—移动的工件坐标 C—同步开关到开始窗口的距离 D—启动窗口
E—工作区域 F—最小跟踪距离 G—最大跟踪距离

3. 目标点姿态

通过"自动路径"生成路径 Path_10 后，可在工件坐标系下生成轨迹目标点"Target_10""Target_20"…"Target_90"。这些目标点的方向是自动生成且随路径变化而变化的。右击目标点，在弹出的快捷菜单中选择"查看目标处工具"，可查看工业机器人工具运动到目标点的方向，如图7-4 所示。

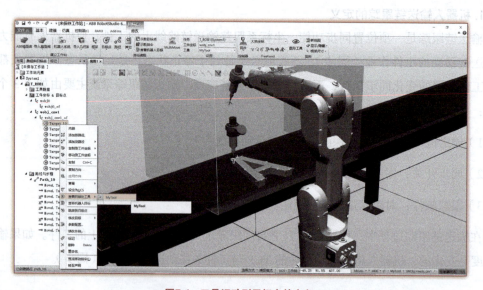

图7-4 工具运动到目标点的方向

通过操作发现两个目标点就算距离很近，它们的工具方向的差别也有可能很大。工业机器人从一个点运行到另外一个点时，如果末端工具的姿态变化较大，则不利于机器人平稳运行，也不符合工艺要求，甚至可能出现轴配置无法达到要求而导致工业机器人无法运行的情况。因此，对于自动路径生成的目标点，一般需要根据工艺和实际要求进行调整其工具方向，以保证工业机器人能根据任务要求平稳运行。

（1）调整目标点方向　选中一个目标点并右击，通过选择弹出的快捷菜单中的"修改目标"→"设定位置""偏移位置""旋转"，将其工具方向修改为理想的方向。

（2）复制/应用方向　除以上调整目标点工具的方向外，还可以选定一个机器人可以到达且姿态比较理想的目标点作为参考点，然后复制其方向，并将其方向应用到机器人无法到达的目标点上。如图7-5所示，目标点Target_10、Target_20、Target_60、Target_80、Target_90是可以成功到达的，因为在路径"Path_10"下，这些目标点的运动指令"MoveL Target_XX"前显示的是蓝色箭头，说明机器人可以到达这些目标点。现以目标点Target_10的工具姿态作为参考，右击"Target_10"，在弹出的快捷菜单中选择"复制方向"，然后选中不能到达的点，单击右键，在弹出的快捷菜单中选择"应用方向"。完成后，"MoveL Target_XX"前面全部显示蓝色箭头，说明机器人可以到达所有目标点，如图7-6所示。

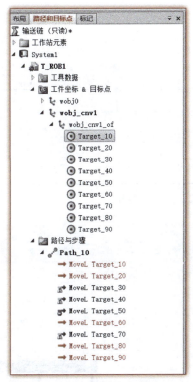

图7-5　自动生成路径的目标点和路径

图7-6　目标点工具方向调整完成

【任务实施】

输送链跟踪焊接机器人工作站的创建流程如图7-7所示。

图7-7 基于输送链跟踪的焊接机器人工作站的创建流程图

创建基于输送链跟踪的焊接机器人工作站（1）

1. 搭建工作站

导入机器人、输送机、工具和工件，并调整机器人位置，然后安装机器人系统和工具，操作步骤见表7-1。

表7-1 导入模型并搭建工作站的操作步骤

操作说明	图 例
第1步 新建一个空工作站；导入机器人，单击"ABB模型库"按钮，在下拉菜单中选择机器人"IRB1200"，将其导入至工作场景中；导入输送机，单击"导入模型库"按钮，在下拉菜单中选择"浏览库文件"（在线资源模型库提供）→"Belt Conveyor"	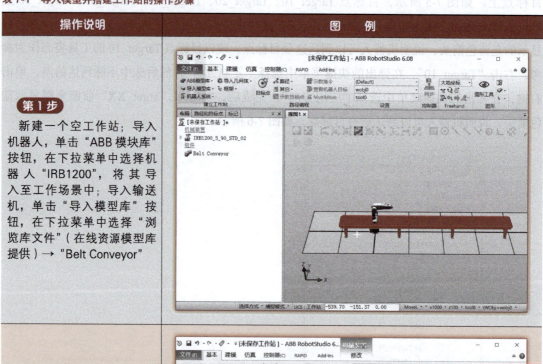
第2步 选中机器人"IRB1200_5_90_STD_02"并单击鼠标右键，在弹出的快捷菜单中选择"位置"→"设定位置"。在弹出的对话框中设置参数，把机器人调整到合适的位置	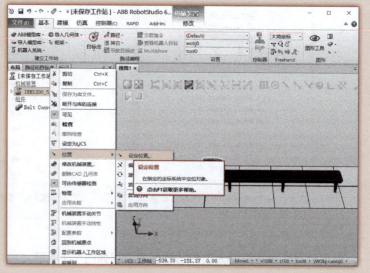

— 196 —

（续）

操作说明	图 例
第2步 选中机器人"IRB1200_5_90_STD_02"并单击鼠标右键，在弹出的快捷菜单中选择"位置"→"设定位置"。在弹出的对话框中设置参数，把机器人调整到合适的位置	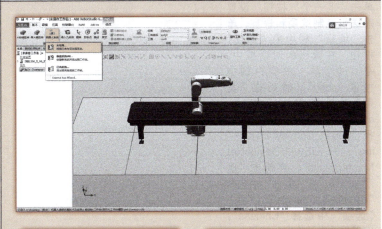
第3步 单击"机器人系统"下拉按钮，在下拉菜单中选择"从布局"，为机器人安装系统。在弹出的对话框中，设置系统的名称、位置和软件版本，然后单击"下一个"按钮。设置机械装置，然后单击"下一个"按钮。设置输送机控制选项和语言，单击"编辑"栏中的"选项"按钮，在弹出的对话框中，在"过滤器"的空白框中搜索"conv"，然后在"类别"中选择"Motion Coordination"，在"选项"中选择"606-1 Conveyor Tracking"→"709-1 DeviceNet Master/Slave"，再单击"确定"按钮；在"类别"中选择"Default Language"，然后在"选项"中选择"Chinese"，完成后单击"确定"按钮	  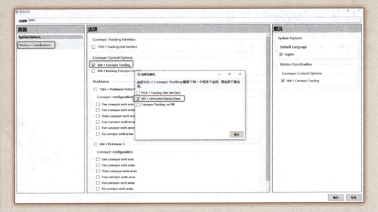

（续）

操作说明	图 例
第3步 单击"机器人系统"下拉按钮，在下拉菜单中选择"从布局"，为机器人安装系统。在弹出的对话框中，设置系统的名称、位置和软件版本，然后单击"下一个"按钮。设置机械装置，然后单击"下一个"按钮。设置输送机控制选项和语言，单击"编辑"栏中的"选项"按钮，在弹出的对话框中，在"过滤器"的空白框中搜索"conv"，然后在"类别"中选择"Motion Coordination"，在"选项"中选择"606-1 Conveyor Tracking"→"709-1 DeviceNet Master/Slave"，再单击"确定"按钮；在"类别"中选择"Default Language"，然后在"选项"中选择"Chinese"，完成后单击"确定"按钮	
第4步 导入一个工具"Mytool"，然后选中"Mytool"并按住鼠标左键，将其拖拽到机器人"IRB1200_5_90_STD_02"上	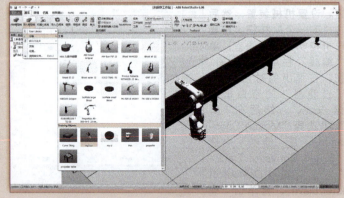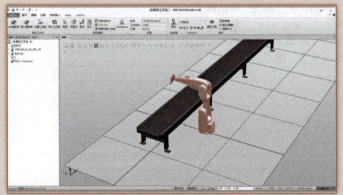

（续）

操作说明	图 例
第5步 导入几何体 Product_A（在线资源零件库提供 Product_A、Product_B）。单击"导入几何体"按钮，在下拉菜单中选择"浏览几何体"。在弹出的对话框中，选中"Product_A"，再单击"打开"按钮	

2. 创建输送链跟踪

操作步骤见表 7-2。

表 7-2 创建输送链跟踪的操作步骤

操作说明	图　　例
第1步 为了编辑输送机，先断开输送机 Blet Conveyor 与库的连接	
第2步 单击"建模"功能选项卡中的"创建输送带"。在弹出的对话框中，对输送链进行参数设置。"位置"处的坐标值是指输送链的起点，可通过"捕捉"在输送链上捕捉点来作为输送链的起点位置，如右图箭头所指位置；"传送带几何体"选择刚创建的输送机"Belt Conveyor"，将带长设置为 5000mm	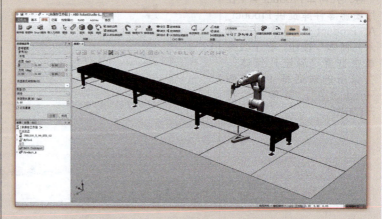 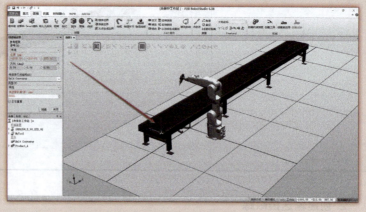

操作说明	图 例
	（续）
	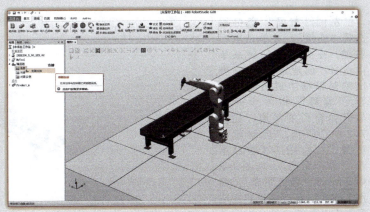
第3步 在左侧"布局"窗口里选择"连接"，并单击鼠标右键，在弹出的快捷菜单中选择"创建连接"。在弹出的对话框中进行参数设置，"偏移"指同步开关与开始窗口的距离，如图7-3中C所示；"启动窗口宽度"，如图7-3中D所示；"最小距离"，如图7-3中F所示；"最大距离"，如图7-3中G所示。设置完成后，在开始窗口处会出现黄色区域	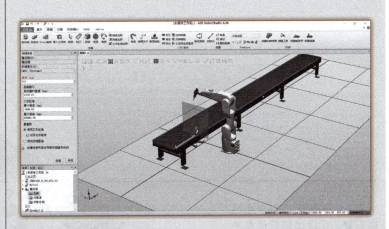
	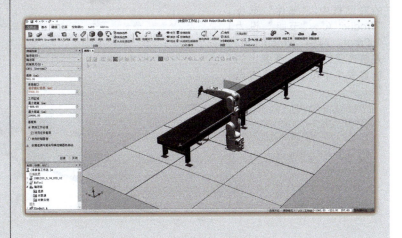

（续）

操作说明	图 例
第3步 在左侧"布局"窗口里选择"连接"，并单击鼠标右键，在弹出的快捷菜单中选择"创建连接"。在弹出的对话框中进行参数设置，"偏移"指同步开关与开始窗口的距离，如图7-3中C所示；"启动窗口宽度"，如图7-3中D所示；"最小距离"，如图7-3中F所示；"最大距离"，如图7-3中G所示。设置完成后，在开始窗口处会出现黄色区域	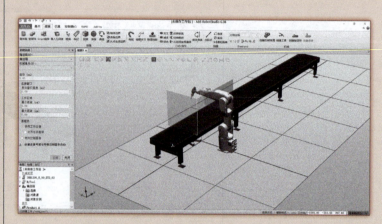
第4步 选中"对象源"，并单击鼠标右键，在弹出的快捷菜单中选择"添加对象"。在弹出的对话框中，"部件"选择"Product_A"，"节距"设为400mm。选中"Product_A"并单击鼠标右键，在弹出的快捷菜单中勾选"放在传送带上"	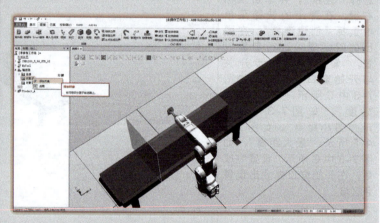 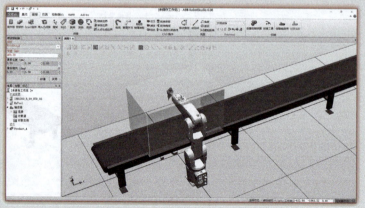

（续）

操作说明	图 例
	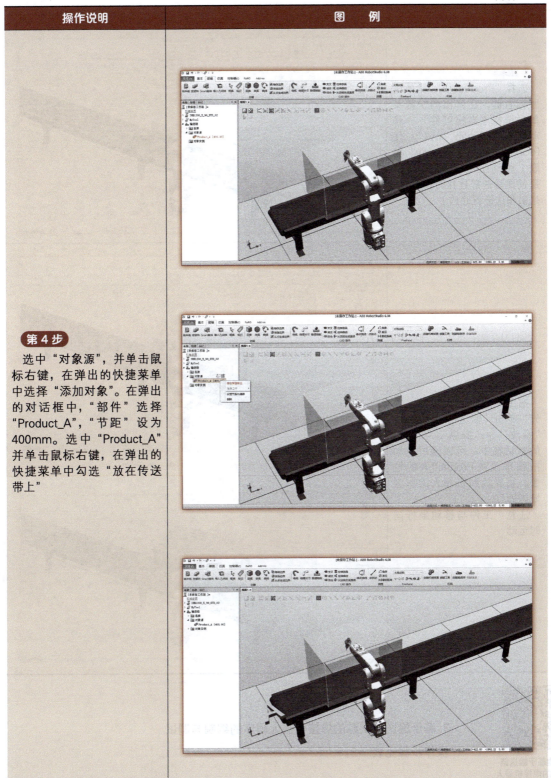
第4步 选中"对象源"，并单击鼠标右键，在弹出的快捷菜单中选择"添加对象"。在弹出的对话框中，"部件"选择"Product_A"，"节距"设为400mm。选中"Product_A"并单击鼠标右键，在弹出的快捷菜单中勾选"放在传送带上"	

（续）

操作说明	图 例
第5步 选择"Product_A"并单击鼠标右键，在弹出的快捷菜单中选择"连接工件"→移动坐标系"wobj_cnv1"，使Product_A 与 wobj_cnv1 关联（移动坐标系 wobj_cnv1 是创建输送链连接时产生的，是被输送链驱动的）	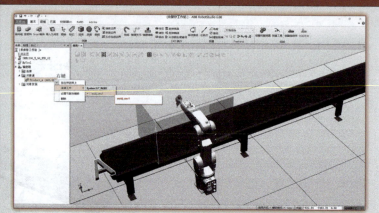
第6步 把工件放入开始窗口。首先，单击"输送链"，再单击"修改"→"操纵"。在弹出的对话框中，可以通过拖动按钮来改变 Product_A 的位置，将其放到机器人工作区域内即可 注意：工件与移动坐标同时运动	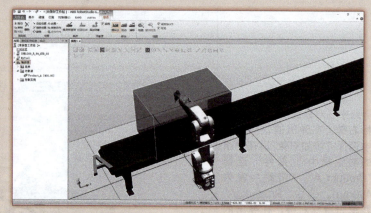 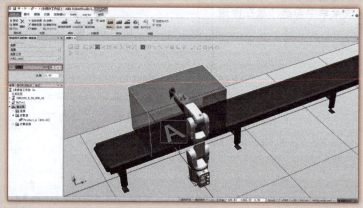

创建基于输送链跟踪的焊接机器人工作站（2）

3. 基于输送链跟踪的焊接机器人程序的编制与调试

操作步骤见表 7-3。

创建基于输送链跟踪的焊接、码垛机器人工作站 项目7

表 7-3 基于输送链跟踪的焊接机器人程序的编制与调试的操作步骤

操作说明	图 例
第1步 建立机器人轨迹。单击"路径"按钮,在下拉菜单中选择"自动路径"	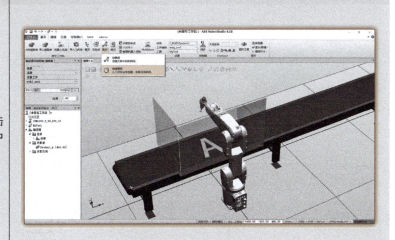
第2步 依次选择"A"的各条边,并把速度和转弯半径减小一些(v400, z1)。在"自动路径"中进行参数设置,完成后单击"创建"按钮	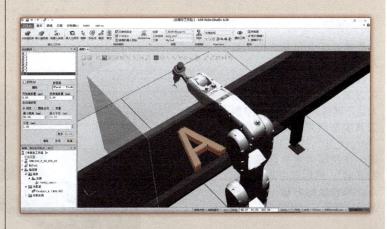
第3步 调整目标点工具方向(见7.1知识准备) 查看每个目标点工具姿态,可以发现有的目标点是机器人达不到的,但 Target_10 的工具姿态很好。所以,选中"Target_10",单击鼠标右键,在快捷菜单中选择"复制方向",然后选中其他目标点,单击鼠标右键,在快捷菜单中选择"应用方向"	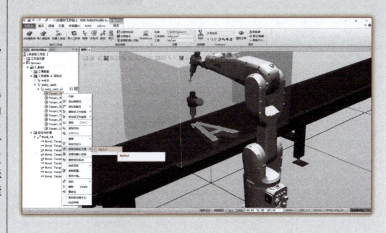

(续)

操作说明	图例
第3步 调整目标点工具方向（见 7.1 知识准备） 查看每个目标点工具姿态，可以发现有的目标点是机器人达不到的，但 Target_10 的工具姿态很好。所以，选中"Target_10"，单击鼠标右键，在快捷菜单中选择"复制方向"，然后选中其他目标点，单击鼠标右键，在快捷菜单中选择"应用方向"	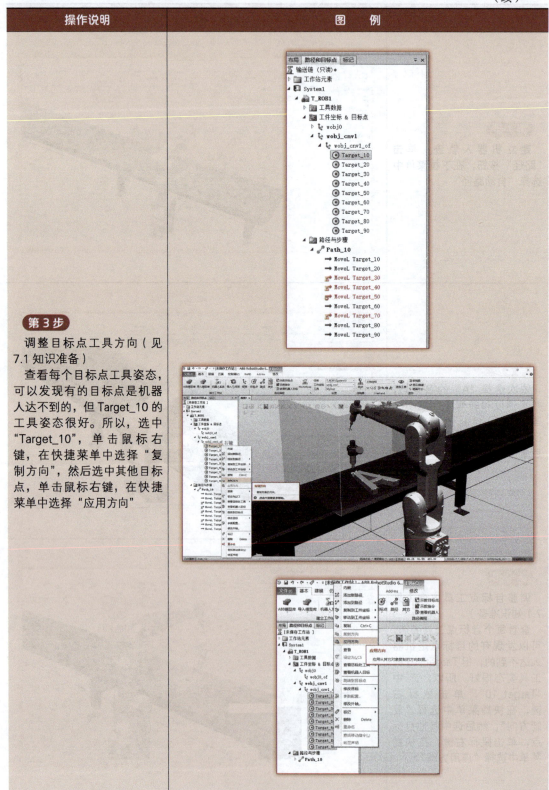

创建基于输送链跟踪的焊接、码垛机器人工作站 项目7

（续）

操作说明	图 例
第3步 调整目标点工具方向（见7.1知识准备） 查看每个目标点工具姿态，可以发现有的目标点是机器人达不到的，但 Target_10 的工具姿态很好。所以，选中"Target_10"，单击鼠标右键，在快捷菜单中选择"复制方向"，然后选中其他目标点，单击鼠标右键，在快捷菜单中选择"应用方向"	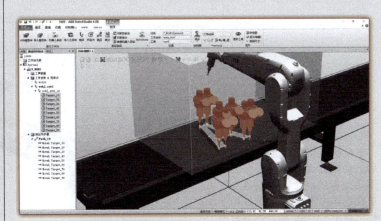
第4步 当机器人跟踪完工件运动后，会断开连接，停到一个固定坐标的点上。假设以当前位置作为停留点。"工件坐标"选中"wobj_0"，示教目标点后产生 Target_100。创建路径 Path_20，然后选中"Target_100"，按住鼠标左键，将其拖到"Path_20"中或选中"Target_100"后直接使用"示教指令"	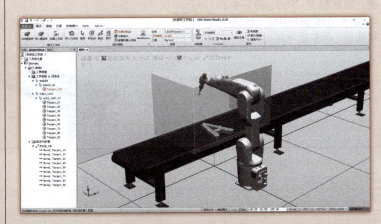 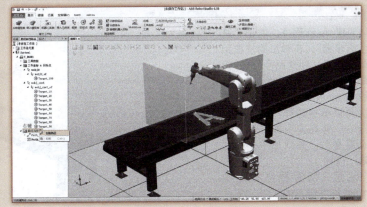

— 207 —

（续）

操作说明	图例

第4步

当机器人跟踪完工件运动后，会断开连接，停到一个固定坐标的点上。假设以当前位置作为停留点。"工件坐标"选中"wobj_0"，示教目标点后产生 Target_100，创建路径 Path_20，然后选中"Target_100"，按住鼠标左键，将其拖到"Path_20"中或选中"Target_100"后直接使用"示教指令"

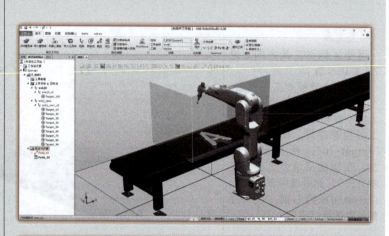

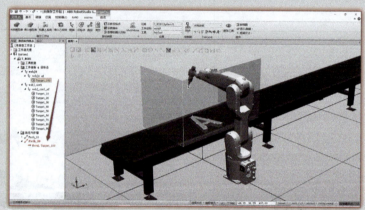

第5步

创建 main 程序。右击"路径与步骤"，在弹出的快捷菜单中选择"创建路径"，并将路径重命名为"main"，然后右击"main"，在弹出的快捷菜单中选择"插入逻辑指令"并在弹出的对话框中设置参数，完成后单击"创建"按钮

注意：所有程序都是从 main 程序进入的

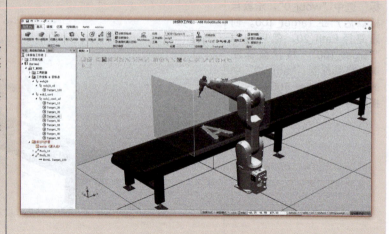

（续）

操作说明	图 例

第5步

创建 main 程序。右击"路径与步骤"，在弹出的快捷菜单中选择"创建路径"，并将路径重命名为"main"，然后右击"main"，在弹出的快捷菜单中选择"插入逻辑指令"并在弹出的对话框中设置参数，完成后单击"创建"按钮

注意：所有程序都是从 main 程序进入的

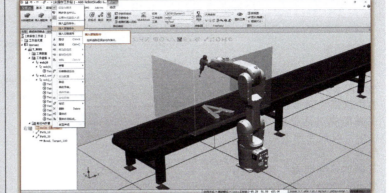

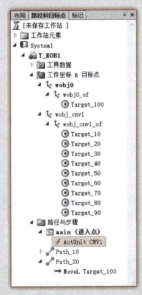

第6步

进入 RAPID 修改程序。单击"同步"按钮，在下拉菜单中选择"同步到 RAPID"。在弹出的对话框的"同步"栏中，勾选全部选项，完成后单击"确定"按钮。在左侧的"控制器"窗口中，双击"main"程序，进入RAPID 程序

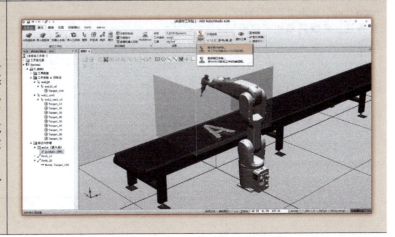

(续)

操作说明	图 例
第6步 进入 RAPID 修改程序。单击"同步"按钮,在下拉菜单中选择"同步到 RAPID"。在弹出的对话框的"同步"栏中,勾选全部选项,完成后单击"确定"按钮。在左侧的"控制器"窗口中,双击"main"程序,进入 RAPID 程序	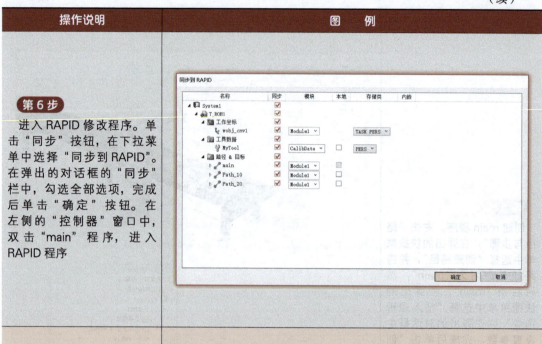
第7步 程序调试。程序里的"!"表示注释。在"! Add your code here"处添加了部分程序及备注。完成后单击"应用"按钮	

— 210 —

（续）

操作说明	图　　例
第7步 程序调试。程序里的"!"表示注释。在"! Add your code here"处添加了部分程序及备注。完成后单击"应用"按钮	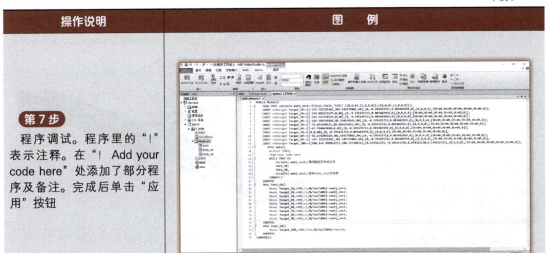
第8步 运行程序。回到"布局"窗口，单击"输送链"。在"修改"功能选项卡中，先单击"清除"按钮，来清除前面的输送链痕迹；再单击"运动"按钮，在弹出的对话框中设置速度；最后单击"播放"按钮，完成输送链的运行	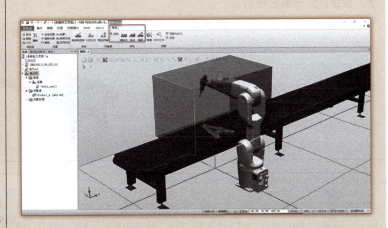 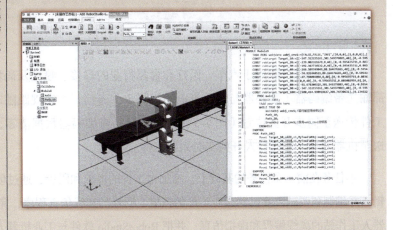

(续)

操作说明	图例
第8步 运行程序。回到"布局"窗口,单击"输送链"。在"修改"功能选项卡中,先单击"清除"按钮,来清除前面的输送链痕迹;再单击"运动"按钮,在弹出的对话框中设置速度;最后单击"播放"按钮,完成输送链的运行	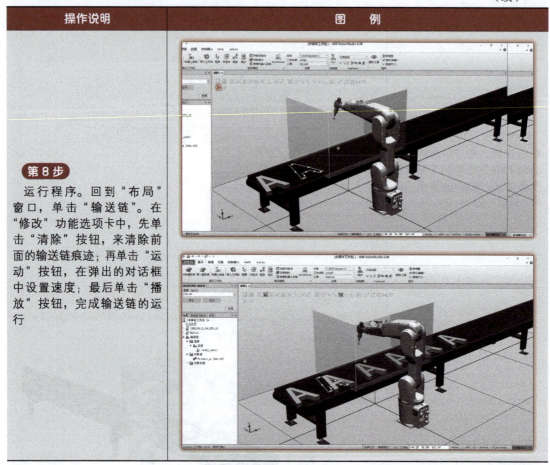

任务2 创建基于输送链跟踪的码垛机器人工作站

【任务描述】

输送链跟踪一般用于汽车、医疗和食品行业的焊接、喷涂及码垛等工作站。选配硬件与外部输送带编码器(编码器与输送带电动机同步)通信,可实现跟随动态焊接、涂装或抓取。当工件传送至同步开关位置(图7-3中的A)时,将编码器数据清零,同时编码器开始计数,传送至机器人端,使机器人开始实时跟随工件。

本任务在前一个任务的基础上,增加对工件的抓取和码垛,通过创建Smart组件设定工作站逻辑,并编制和调试工业机器人对工件的抓取、码垛的离线仿真程序,完成基于输送链跟踪的码垛机器人工作站的离线编程和虚拟仿真,并把RobotStudio软件与工业机器人连接来导入导出程序。

创建基于输送链跟踪的焊接、码垛机器人工作站 项目7

【知识准备】

1. Smart组件的创建

创建 Smart 组件是为了让工作站内的模型能做出更复杂的行为，例如工业机器人的吸盘吸起工件、传输带传送工件及传感器检测工件等，Smart 组件的子组件包括多种类型，"信号和属性"组件用于设定信号的逻辑运算、数学表达式运算及输出信号的间隔时间及脉冲信号等，"参数建模"组件用于创建不同形状的模型或复件等，"传感器"组件用于创建检测物体的线接触传感器和面接触传感器等，"动作"组件用于实现安装、拆除、显示/隐藏及复制物体的动作，"本体"组件可实现物体沿特定方向移动或机械装置的相对运动等，"其他"组件可实现操作队列、改变对象颜色及生成随机数等行为。如图 7-8 所示，单击"添加组件"，可以看到 Smart 组件的分类和功能。

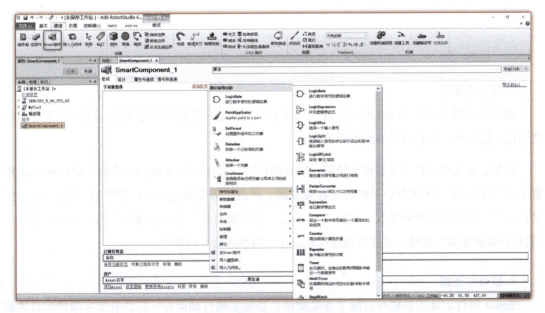

图7-8　Smart组件的分类及功能

每一个组件都有其属性，用于动作、行为参数和信号的设定。添加组件后，右击该组件，在弹出的快捷菜单中选择"属性"，打开"属性"对话框，左侧为组件的属性设置窗口，右侧为属性的说明。以 LineSensor 子组件为例，其属性设置和说明如图 7-9 所示。

本任务为了让吸盘吸起 Product_A，使用"传感器"组件里的 LineSensor 子组件来检测工件是否到位，并使用"动作"组件里的 Attacher、Detacher 子组件来拾取、放置工件。另外，还会用到"信号和属性"组件里的 LogicGate 子组件。对于输送链跟踪时抓取的工件，除了以上常规的子组件外，还用到 SetParent 子组件。由于工件本身属于输送链，即父集为输送链，因

— 213 —

此，在放下产品时，需要通过 SetParent 子组件来修改产品父集，否则放下的产品依旧会随输送链运动。

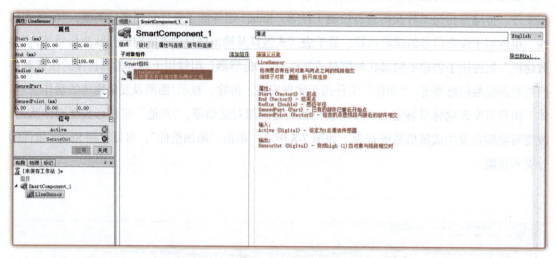

图7-9　LineSensor组件的属性设置和说明

2. 属性与连结

根据工作任务添加 Smart 组件并设置属性后，要使组件发挥其动态功能，需要根据各组件之间的功能联系，将各组件的属性相关联。

例如，在工业机器人吸盘动态拾取、放置物体时，需要添加 Attacher（拾取）和 Detacher（放置）两个子组件，且这两个子组件是有关联的。因此，需要通过 Smart 组件的"属性与连结"将这两个子组件的属性相关联。如图 7-10 所示，将"源对象"的"源属性"与"目标对象"的"目标属性或信号"连结，完成后该连结显示在"属性连结"列表中。

3. 信号和连接

Smart 组件的动态功能与实际工作站类似，若要实现自动运行，需要有信号激活组件的属性。如果需要多个组件联合完成一个动态的行为效果，则各组件的激活是有顺序的，并且各组件的激活信号之间也是有联系的。"信号和连接"就是用于连接各组件功能相关联的信号。

要进行各组件间的信号连接，首先要添加 I/O 信号。例如，本任务中在"信号和连接"中单击"添加 I/O Signals"，添加数字输入信号 di_attach，完成后该信号显示在"I/O 信号"列表中，如图 7-11 所示。在"I/O 连接"中单击"添加 I/O Connection"，将 SC_Tool 组件的信号 di_attach 关联 LineSensor 组件的 Active，完成后该信号连接显示在"I/O 连接"列表中，如图 7-12 所示。当 di_attach 信号为 1 时，LineSensor 子组件被激活。

创建基于输送链跟踪的焊接、码垛机器人工作站 项目7

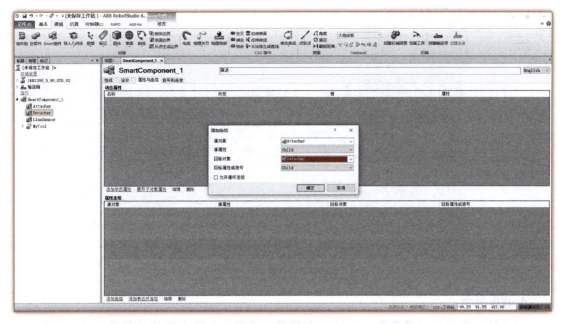

图7-10 属性与连结

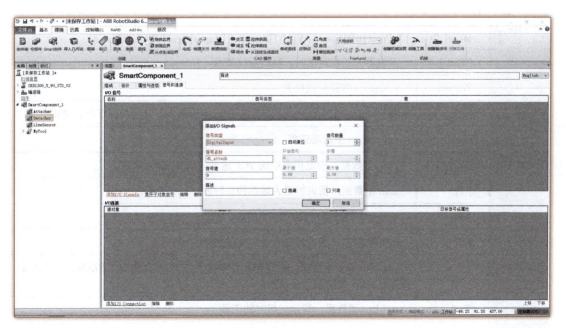

图7-11 添加I/O信号

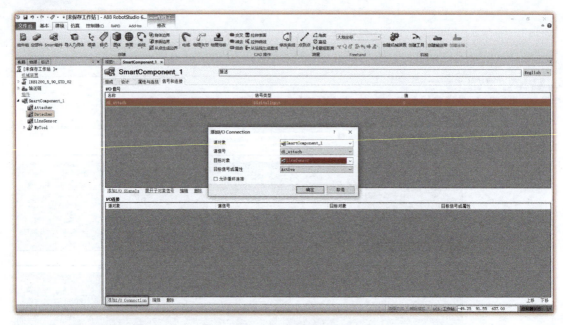

图7-12 I/O信号连接

4. 程序指令

（1）MoveL 线性运动指令　在 MoveL 线性运动指令是将 TCP 沿直线移动至目标点，见表7-4。

表7-4 MoveL 线性运动指令

格式	MoveL [\Conc] ToPoint [\ID] Speed [\V]	[\T]Zone [\Z] [\Inpos] Tool [\WObj][\TLoad]	
参数	[\Conc]	当机器人正在运动时，执行后续指令
	ToPoint	robtarget 型目标点位置
	[\ID]	在 MultiMove 系统中用于运动同步或协调同步，其他情况下禁止使用
	Speed	Speeddata 型运动速度
	[\V]	num 型数据，指定指令中的 TCP 速度，以 mm/s 为单位
	[\T]	num 型数据，指定机器人运动的总时间，以 s 为单位
	Zone	zonedata 型转弯半径
	[\Z]	num 型数据，指定机器人 TCP 的位置精度
	[\Inpos]	stoppointdata 型数据，指定停止点中机器人 TCP 位置的收敛准则，停止点数据取代 Zone 参数的指定区域
	Tool	tooldata 型数据，指定运行时的工具
	[\WObj]	wobjdata 型数据，指定运行时的工件
	[\TLoad]	loaddata 型数据，指定运行时的负载

创建基于输送链跟踪的焊接、码垛机器人工作站 项目7

(续)

示例1	MoveL p40, v100, z50, too10 \WObj : =wobj0;
说明	以线性模式移动至 p40 点
示例2	MoveL p5, v2000, fine \Inpos : = inpos50, grip3;
说明	grip3 的 TCP 沿直线运动到停止点 p5,将停止点距离标准调整为 50%
示例3	my_stoptime.stoptime : = 6.66; MoveL P5, v1000, fine \Inpos :=my_stoptime, grip4;
说明	将停止点停止时间调整为 6.66s。如果下一个 RAPID 指令为一个移动指令,则机器人停止 6.66 s
示例4	MoveL p5, v2000, z10 \Inpos :=followtime0_5 , grip3;
说明	TCP 随传送带移动跟随时间 0.5s,取代 z10

注意:其中 stoppointdata(停止点数据)可定义三种类型的停止点,见表 7-5。

表 7-5 停止点数据

类型	说明
inpos	运动随着一个就位类型的停止点而终止。启用 stoppointdata 中的 inpos 元素。未使用指令中的区域数据,使用 fine 或 z0
stoptime	运动随着一个停止时间类型的停止点而终止。启用 stoppointdata 中的 stoptime 元素。未使用指令中的区域数据,使用 fine 或 z0
followtime	运动随着输送链跟随时间类型的停止点而终止。当机器人离开输送链时,使用指令中的区域数据。启用 stoppointdata 中的 followtime 元素。有效范围为 0~20s,分辨率为 0.001s

输送链跟随时间见表 7-6。

表 7-6 输送链跟随时间

名称	跟随时间
follwtime0_5	0.5s
follwtime1_0	1.0s
follwtime1_5	1.5s

(2)WaitWObj 等待传送带上的工件指令 该指令使程序等待输送链开始窗口内的对象队列中的第一个对象。如果开始窗口内不存在任何对象,则等待执行下一个对象,见表 7-7。

表 7-7 WaitWObj 等待传送带上的工件指令

格式	WaitWObjWObj [\RelDist][\MaxTime][\TimeFlag]	
参数	[\RelDist]	num 型数据,相对距离,单位:mm。等待一个对象进入开始窗口,并超出本参数指定的距离。如果已经连接工件,则执行等待,直至对象通过给定的距离。如果对象已通过这个距离,则继续执行下一步
	[\MaxTime]	num 型数据,允许的最长等待时间,单位:s。如果在实现对象连接或 \Reldist 之前耗尽该时间,则将调用错误处理器,并则采用错误代码 ERR_WAIT_MAXTIME;如果不存在错误处理器,则将停止执行

参数	[\TimeFlag]	bool 型数据,如果在实现对象连接或 \Reldist 之前,耗尽最长允许等待时间,则包含该值的输出参数为 TRUE。如果该参数包含在本指令中,则不将其视为耗尽最长时间时的错误。如果 MaxTime 参数不包括在本指令中,则将忽略该参数
示例 1	WaitWObj wobj_on_cnv1\RelDist: = 500.0;	
说明	如果未连接,则等待对象进入开始窗口。如果已经与对象连接,则等待对象通过 500mm,并在对象通过 500mm 后执行下一步	
示例 2	WaitWObj wobj_on_cnv1\RelDist: = 500.0\MaxTime: = 0.1 \Timeflag: = flag1;	
说明	如果对象已通过 500mm,WaitWobj 将立即返回,否则,将等待一个对象 0.1s。如果在这 0.1s 期间,无对象通过 500mm,则当 flag1 = TRUE 时,本指令将返回。	

(3)DropWObj 使工件落于传送带上指令 该指令用于断开与当前工件的连接,且针对输送链的下一个工件的程序已经就绪,见表 7-8。

表 7-8 DropWObj 使工件落于传送带上指令

格式	DropWObjWObj
参数	WObj	wobjdata 型数据,运动中的工件(坐标系)与指令中的机器人位置相关
示例	MoveL *, v1000, z10, tool, \WObj : =wobj_on_cnv1; MoveL *, v1000, fine, tool, \WObj : =wobj0; DropWObj wobj_on_cnv1; MoveL *, v1000, z10, tool, \WObj : =wobj0;
说明	使工件下落,意味着编码器单元不再跟踪该工件,从工件队列移除该工件,且无法恢复

5. 机器人预读

机器人执行程序时,系统指针会预先读入后续指令,来实现圆滑轨迹(转弯半径)等效果。有时候是需要这样预读的,比如提早读取下条运动指令,才能计算对应转弯半径效果,但有时候却不希望预读。

如图 7-13 所示,机器人在执行第 32 行的运动指令时,光标已经读到第 34 行,第 33 行的 set do_attach 已经被执行。但如果希望执行完第 32 行再发出 do_attach 信号,则可以通过将转弯半径修改为 fine 来阻止预读。z0 和 fine 最大区别就是:z0 有程序预读功能,而 fine 无程序预读功能且可以阻止预读。另外,也可以在运动指令里加入可选项 \inpos。如图 7-14 所示,当第 32 行加入可选项 \inpos 时,z30 无效,参数 inpos20 生效。该参数为一个 stoppointdata 数据类型,表示程序不会预读。这样机器人必须执行完这行运动指令后,才会往下读取程序。

图7-13 示教器实例(一)

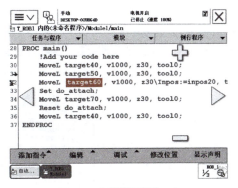
图7-14 示教器实例(二)

【任务实施】

为了方便大家理解每一步的操作目的,现将基于输送链跟踪的码垛机器人工作站的创建过程以流程图展示,如图7-15所示。

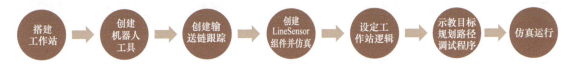

图7-15 基于输送链跟踪的码垛机器人工作站的创建流程图

1. 搭建工作站

导入模型,搭建工作站。导入机器人、输送机和工件,然后调整机器人位置,安装机器人系统,操作步骤见表7-9。

创建基于输送链跟踪的码垛机器人工作站

表7-9 搭建工作站的操作步骤

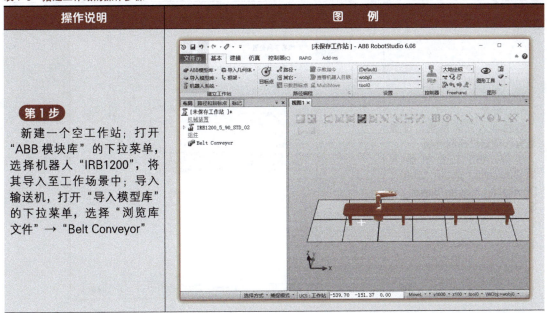

（续）

操作说明	图例
第2步 把机器人调整到合适的位置	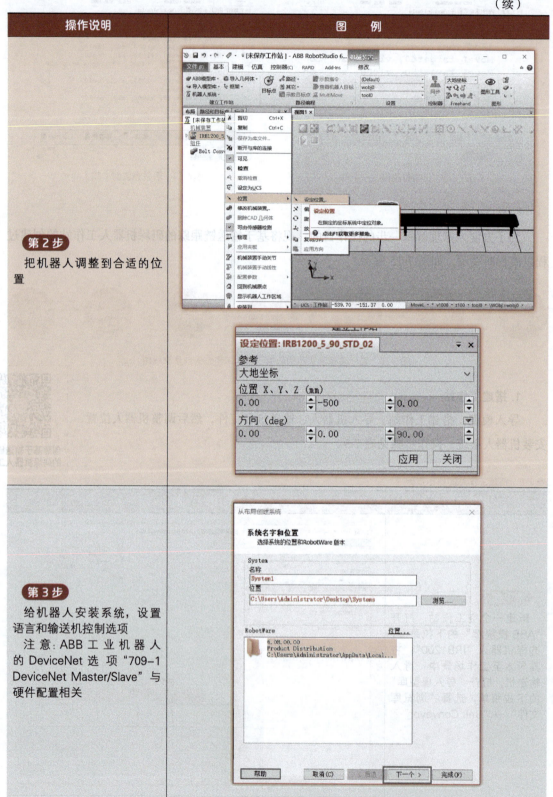
第3步 给机器人安装系统，设置语言和输送机控制选项 注意：ABB工业机器人的DeviceNet选项"709-1 DeviceNet Master/Slave"与硬件配置相关	

（续）

操作说明	图例
第3步 给机器人安装系统，设置语言和输送机控制选项 注意：ABB工业机器人的DeviceNet选项"709-1 DeviceNet Master/Slave"与硬件配置相关	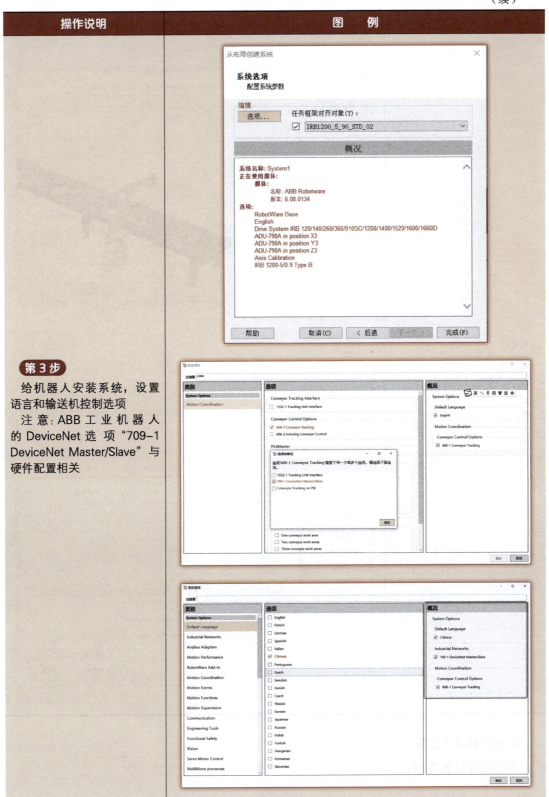

（续）

操作说明	图　例
第 4 步 导入几何体 Product_A	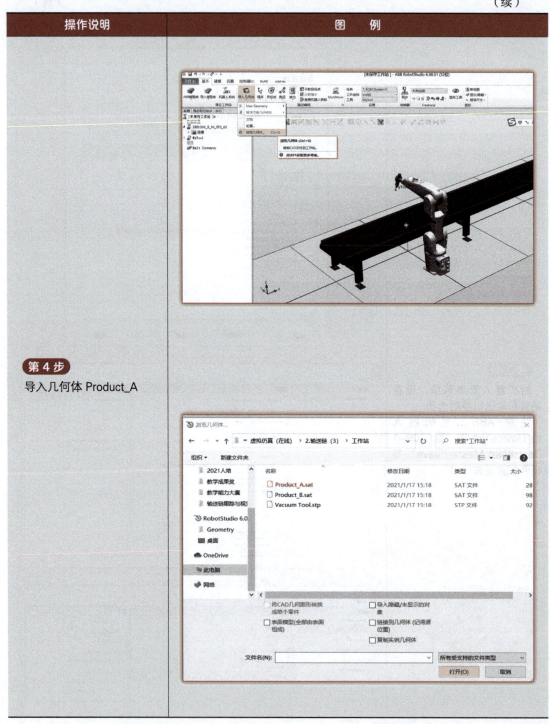

2. 创建机器人工具

操作步骤见表 7-10。

表 7-10　创建机器人工具的操作步骤

操作说明	图　例
第1步 在"基本"功能选项卡中，单击"导入几何体"按钮，在下拉菜单中选择"浏览几何体"。在弹出的对话框中，选择"工具吸盘"模型，完成后单击"打开"	
第2步 工具安装工作原理：工具模型的本地坐标系与机器人法兰盘坐标系Tool0重合。首先旋转、移动工具，便于对比本地坐标与法兰盘Tool0的方向。然后选中"工具吸盘"并单击鼠标右键，在弹出的快捷菜单中选择"位置"→"旋转"，在弹出的对话框中，将"参考"设置为"本地"，"旋转"设置为"180"并勾选"X"，完成后单击"应用"按钮	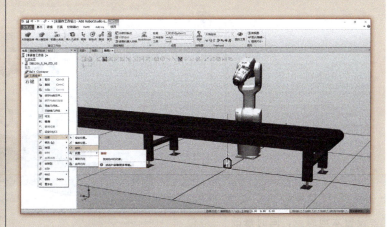 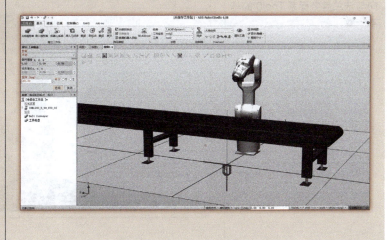

— 223 —

（续）

操作说明	图　例
第3步 单击"基本"功能选项卡中"移动"按钮，然后选中工具吸盘，将其拖动到机器人的法兰盘附近，便于看坐标方向	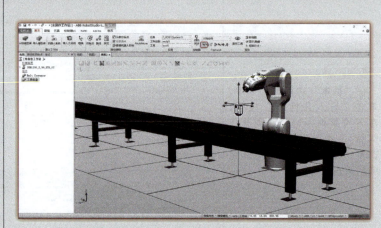
第4步 设置本地原点，同时修改参数，使工具的本地坐标方向与法兰盘坐标系Tool0的基本一致	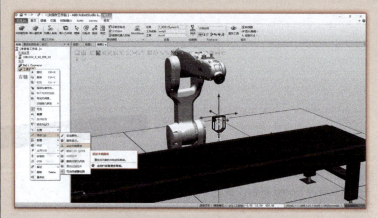 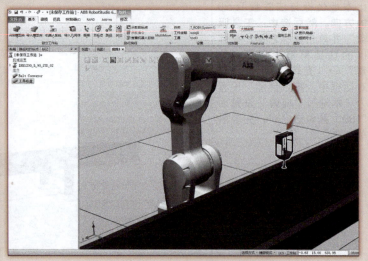

创建基于输送链跟踪的焊接、码垛机器人工作站 项目7

（续）

操作说明	图 例
第4步 设置本地原点，同时修改参数，使工具的本地坐标方向与法兰盘坐标系Tool0的基本一致	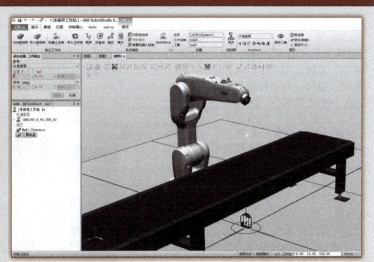
第5步 创建工具坐标系框架。在"基本"功能选项卡中，单击"框架"按钮，在下拉菜单中选择"创建框架"。通过捕捉点选吸盘中心，然后在弹出的对话框中设置坐标系框架的方向，一般希望坐标系的Z轴与工具吸盘表面垂直且与法线方向相反。如果没有达到想要的方向，可以选中框架，单击鼠标右键，在弹出的快捷菜单中选择"位置"→"旋转"，在弹出的对话框中设置参数，使之与吸盘表面垂直且与法线方向相反	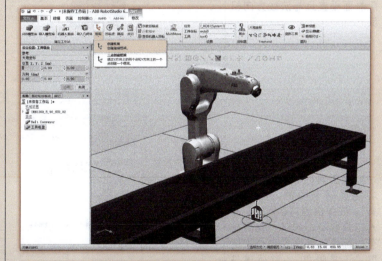 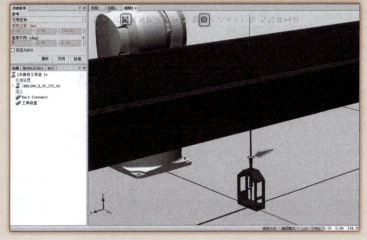

（续）

操作说明	图 例
第5步 创建工具坐标系框架。在"基本"功能选项卡中，单击"框架"按钮，在下拉菜单中选择"创建框架"。通过捕捉点选吸盘中心，然后在弹出的对话框中设置坐标系框架的方向，一般希望坐标系的 Z 轴与工具吸盘表面垂直且与法线方向相反。如果没有达到想要的方向，可以选中框架，单击鼠标右键，在弹出的快捷菜单中选择"位置"→"旋转"，在弹出的对话框中设置参数，使之与吸盘表面垂直且与法线方向相反	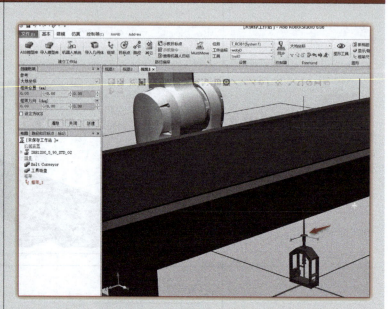
第6步 创建工具。单击"建模"功能选项卡中的"创建工具"。在弹出的对话框中，输入工具名称，勾选"使用已有的部件"并在空白框中选取"工具吸盘"，载荷属性值可用默认值，完成后单击"下一个"按钮。"TCP 名称"设置为默认值即可，"数值来自目标点/框架"选取刚才建立的"框架_1"，然后单击右侧的"→"按钮，将 TCP 添加到右侧窗口，再单击"完成"按钮，工具创建完成	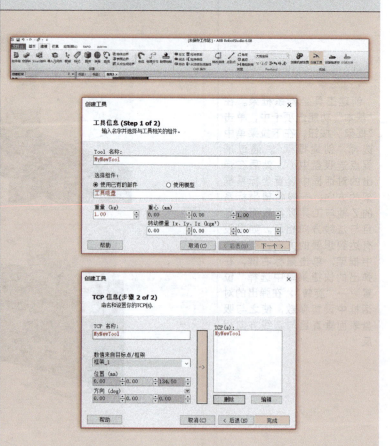

创建基于输送链跟踪的焊接、码垛机器人工作站 项目7

（续）

操作说明	图 例
第 7 步 验证工具是否设置成功。首先，显示工具图标，并删除"框架_1"；然后，选中"MyNewTool"，单击鼠标右键，在弹出的快捷菜单中选择"安装到"→"IRB1200_5_90_STD_02（T_ROB1）"机器人。在弹出的对话框中，选择"是"	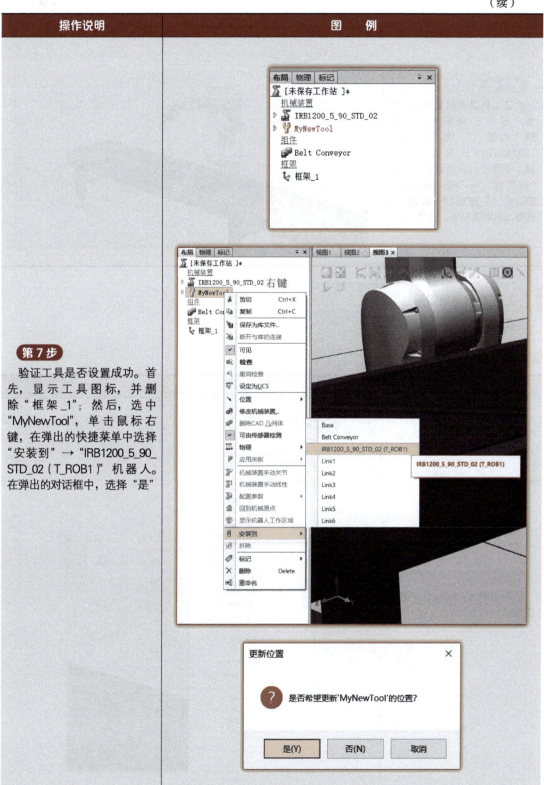

— 227 —

(续)

操作说明	图例
第7步 验证工具是否设置成功。首先，显示工具图标，并删除"框架_1"；然后，选中"MyNewTool"，单击鼠标右键，在弹出的快捷菜单中选择"安装到"→"IRB1200_5_90_STD_02（T_ROB1）"机器人。在弹出的对话框中，选择"是"	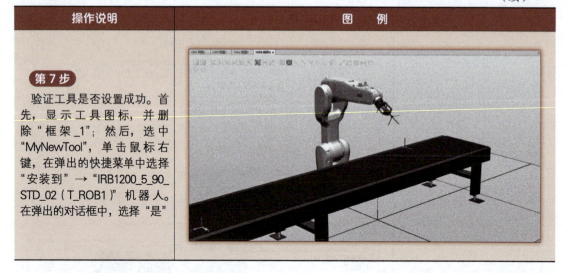

3. 创建输送链跟踪

操作步骤见表 7-11。

表 7-11 创建输送链跟踪的操作步骤

操作说明	图例
第1步 断开 Blet Conveyor 与库的连接	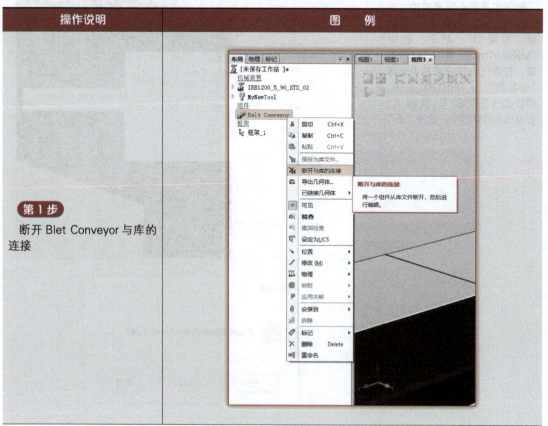

— 228 —

创建基于输送链跟踪的焊接、码垛机器人工作站 项目7

（续）

操作说明	图 例
第2步 单击"建模"功能选项卡中的"创建输送带"，在弹出的对话框中进行参数设置。"位置"处的坐标值是指输送带的起点，可通过"捕捉"在输送带上捕捉点作为输送带起点位置，如右图箭头所指位置；"传送带几何体"选择刚创建的"Belt Conveyor"；设置带长为5000mm，完成后单击"创建"按钮	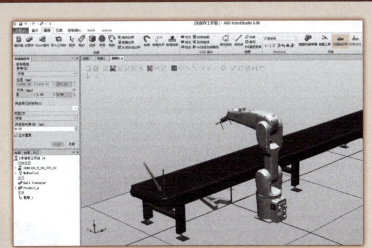 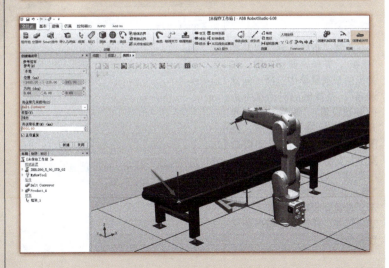
第3步 在左侧"布局"窗口里选择"连接"，并单击鼠标右键，在弹出的快捷菜单中选择"创建连接"。在弹出的对话框中进行参数设置，"偏移"指同步开关与开始窗口的距离，如图7-3中C所示；"启动窗口宽度"如图7-3中D所示；"最小距离"如图7-3中F所示；"最大距离"如图7-3中G所示。设置完成后会出现一个移动坐标系，并在开始窗口处呈现黄色区域	

（续）

操作说明	图　例
第3步 　　在左侧"布局"窗口里选择"连接"，并单击鼠标右键，在弹出的快捷菜单中选择"创建连接"。在弹出的对话框中进行参数设置，"偏移"指同步开关与开始窗口的距离，如图7-3中C所示；"启动窗口宽度"如图7-3中D所示；"最小距离"如图7-3中F所示；"最大距离"如图7-3中G所示。设置完成后会出现一个移动坐标系，并在开始窗口处呈现黄色区域	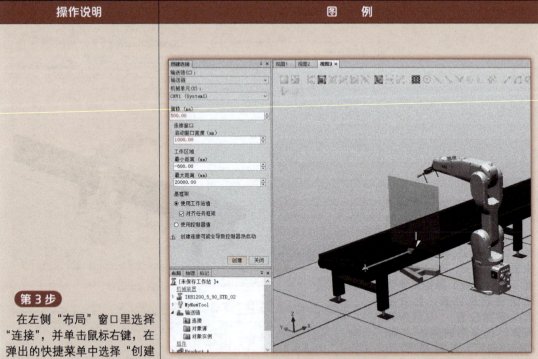 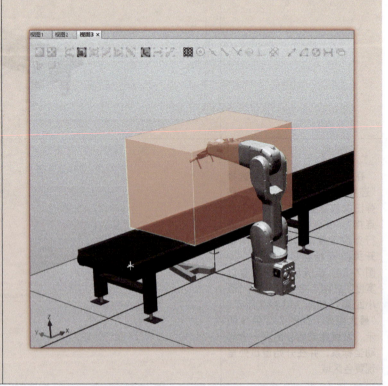

（续）

操作说明	图　例
第4步 选中"对象源",并单击鼠标右键,在弹出的快捷菜单中选择"添加对象"。在弹出的对话框中,"部件"选择"Product_A","节距"设为400mm。然后把Product_A放在传送带上,右击Product_A,在弹出的快捷菜单中选择"放在传送带上"	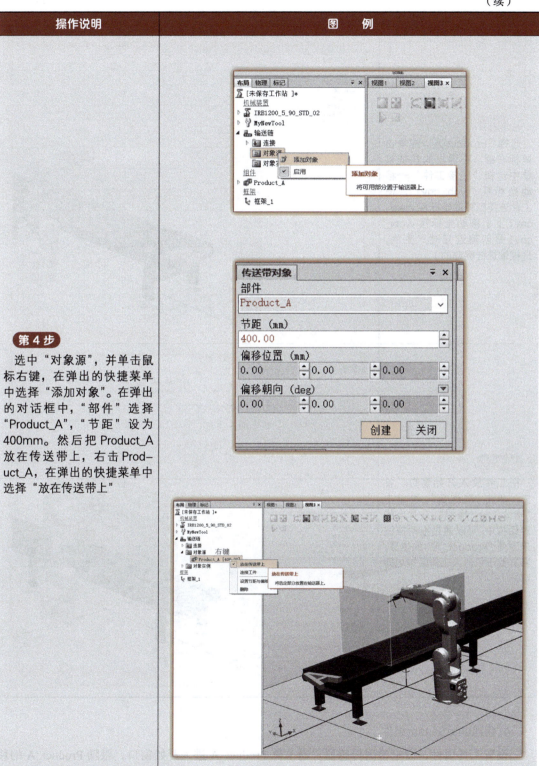

（续）

操作说明	图例
第5步 选择"Product_A"并单击鼠标右键，在弹出的快捷菜单中选择"连接工件"→移动坐标系"wobj_cnv1"，使工件连接到移动坐标系 wobj_cnv1 上（移动坐标系 wobj_cnv1 是创建连接时产生的，是被输送链驱动的）	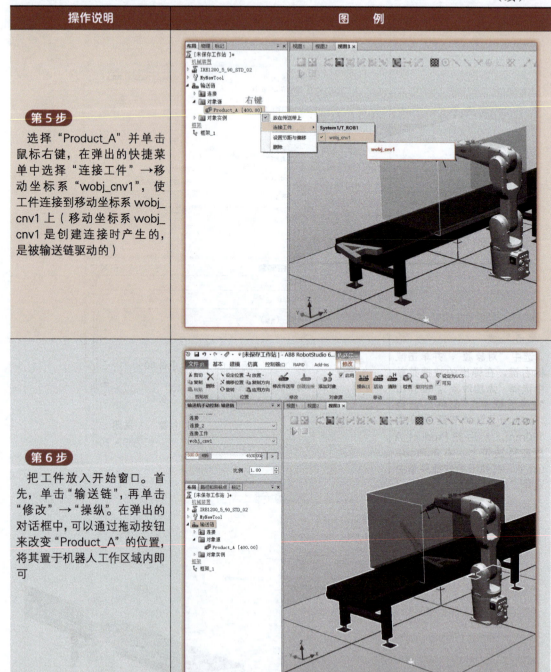
第6步 把工件放入开始窗口。首先，单击"输送链"，再单击"修改"→"操纵"。在弹出的对话框中，可以通过拖动按钮来改变"Product_A"的位置，将其置于机器人工作区域内即可	

4. 创建LineSensor组件

设置工具属性，设定检测传感器。当工件 Product_A 进入开始窗口，跟随 Product_A 的移动坐标也随之进入开始窗口。此时，机器人根据程序将吸盘移至工件的上方。当要达到工件表

创建基于输送链跟踪的焊接、码垛机器人工作站 项目7

面时，吸盘上的 LineSensor 子组件将被机器人发出的信号激活，去检测是否有工件。如果检测到工件，则机器人及吸盘跟随传送带运动几秒钟后拾取工件，并把它放置在机器人右侧的栈板上进行码垛，操作步骤见表7-12。

表7-12 创建 LineSensor 组件操作步骤

操作说明	图 例
第1步 设置工具属性。单击"Smart 组件"，完成一个 Smart 组件的创建，然后将其重命名为"SC_tool"（可更改名字）	
第2步 将工具添加到 Smart 组件里面。选中"MyNewTool"，并按住鼠标左键，将其拖到组件"SC_tool"中。然后在"SC_tool"的"组成"中，选中"MyNewTool"并单击鼠标右键，在弹出的快捷菜单中选择"设定为 Role"	

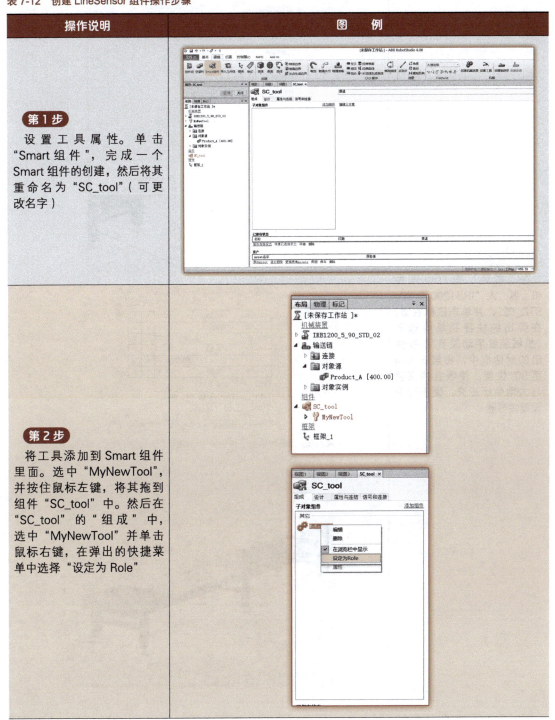

(续)

操作说明	图 例
第3步 在"布局"窗口中选中机器人"IRB1200_5_90_STD_02",并单击鼠标右键,在弹出的快捷菜单中选择"机械装置手动关节"。在弹出的对话框中,将第5轴调至90°位置,使吸盘的底面与大地坐标正交,便于后面设置传感器	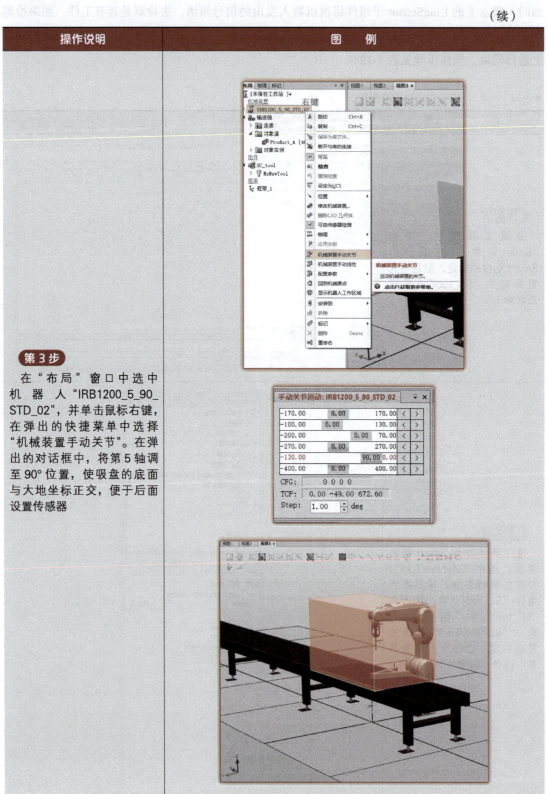

（续）

操作说明	图　例
第4步 在组件 SC_tool 里增加 LineSensor 直线传感器。通过"捕捉"选中吸盘中心来确定直线传感器（圆柱形）的位置，并设置直线传感器的长度为 20mm，半径为 3mm	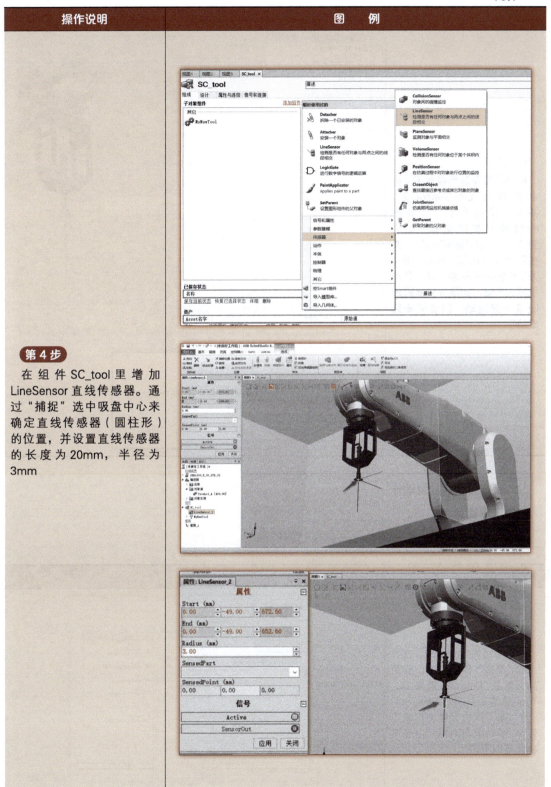

（续）

操作说明	图例
第5步 将传感器安装到吸盘下。选中传感器"LineSensor_2"，并单击鼠标右键，在弹出的快捷菜单中选择"安装到"→"MyNewTool"，并在弹出的对话框中单击"否"。为了检验是否安装成功，移动机器人手臂，如果传感器跟随吸盘一起运动，则说明安装成功了	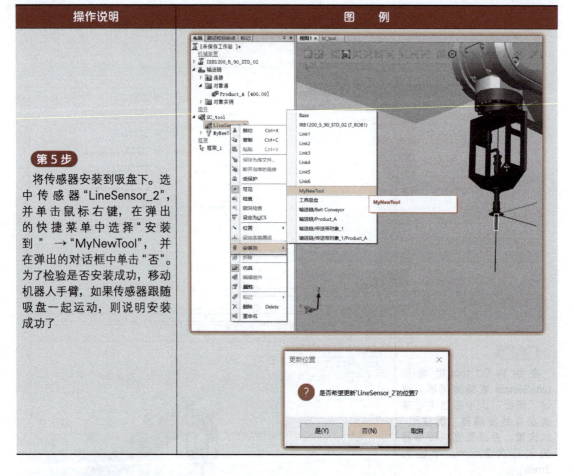

5. 设定拾取、放置动作

操作步骤见表 7-13。

表 7-13 设定拾取、放置动作的操作步骤

操作说明	图例
第1步 添加子组件 Attacher。在弹出的"属性"对话框中，安装的父对象"Parent"选择 SC_Tool 里的工具"MyNewTool"（因为是工具的吸盘去拾取工件），子对象"Child"由于不确定所以不选	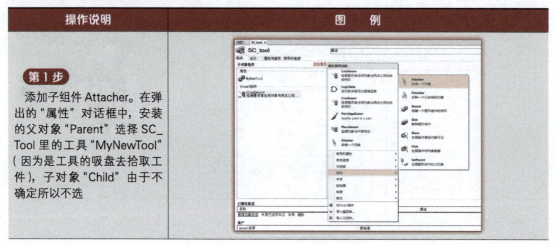

（续）

操作说明	图例
第1步 添加子组件Attacher。在弹出的"属性"对话框中，安装的父对象"Parent"选择SC_Tool里的工具"MyNew-Tool"（因为是工具的吸盘去拾取工件），子对象"Child"由于不确定所以不选	
第2步 添加子组件Detacher。在弹出的"属性"对话框中，由于子对象"Child"不确定，所以暂不设定；勾选"Keep-Position"，即释放后子对象保持当前的空间位置	

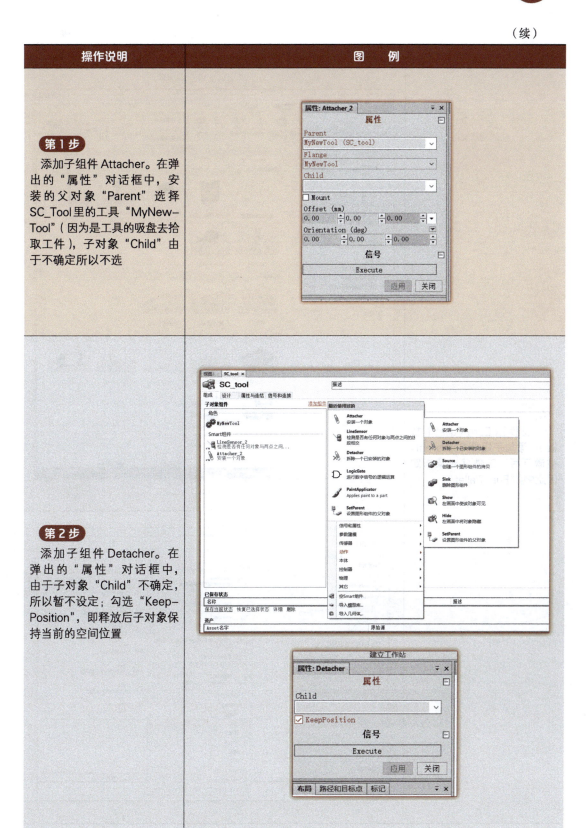

(续)

操作说明	图例
第3步 添加模型 Euro Pallet（栈板）；添加子组件 SetParent，被激活后，工件父对象绑定固定物体 Euro Pallet	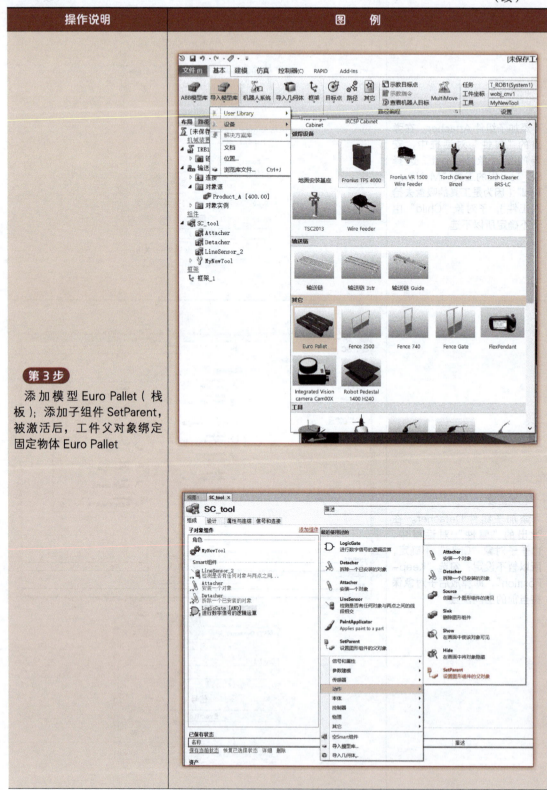

创建基于输送链跟踪的焊接、码垛机器人工作站 项目7

（续）

操作说明	图例
第3步 添加模型 Euro Pallet（栈板）；添加子组件 SetParent，被激活后，工件父对象绑定固定物体 Euro Pallet	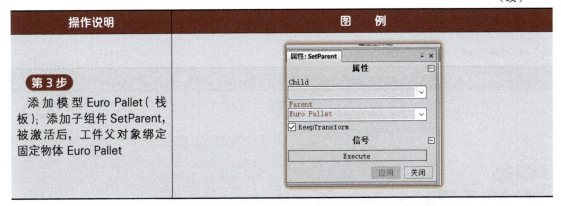

注意：在上述设置过程中，拾取动作和放置动作中的子对象 Child 都暂时未做设定，是因为在本任务中处理的工件并不是同一个工件，而是输送链上每间隔 400mm 的复制品，因此，无法在此处直接指定子对象，但会在属性连接中设定此项属性的关联。

6. 设定信号与属性相关的子组件

操作步骤见表 7-14。

表 7-14 设定信号与属性相关的子组件的操作步骤

操作说明	图例
创建一个非门	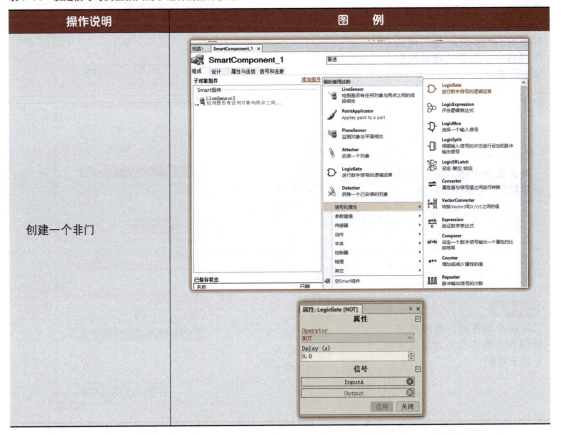

7. 创建属性与连结

操作步骤见表 7-15。

表 7-15 创建属性与连结的操作步骤

操作说明	图 例
第1步 添加连结。在"属性与连结"选项卡中单击"添加连结"	
第2步 在弹出的对话框中进行参数设置,将线传感器所检测到的物体作为拾取的子对象 注意:LineSensor 子组件的属性 SensedPart 指的是线传感器所检测到的与其发生接触的物体	
第3步 再次添加连结,将拾取的子对象作为放置的子对象	
第4步 再次添加连结,将传感器检测到的物体作为指定父对象的子对象	

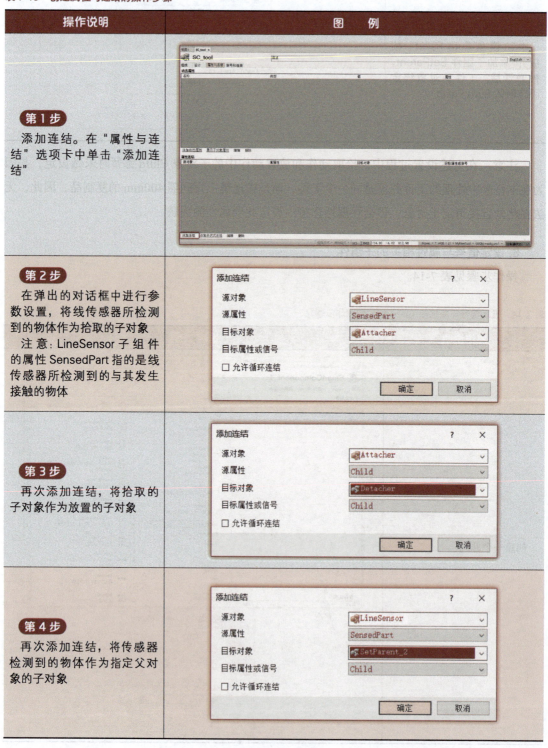

8. 创建信号和连接

操作步骤见表 7-16。

表 7-16 创建信号和连接的操作步骤

操作说明	图 例
第1步 添加 I/O 信号。在"信号和连接"选项卡中单击"添加 I/O Signals"	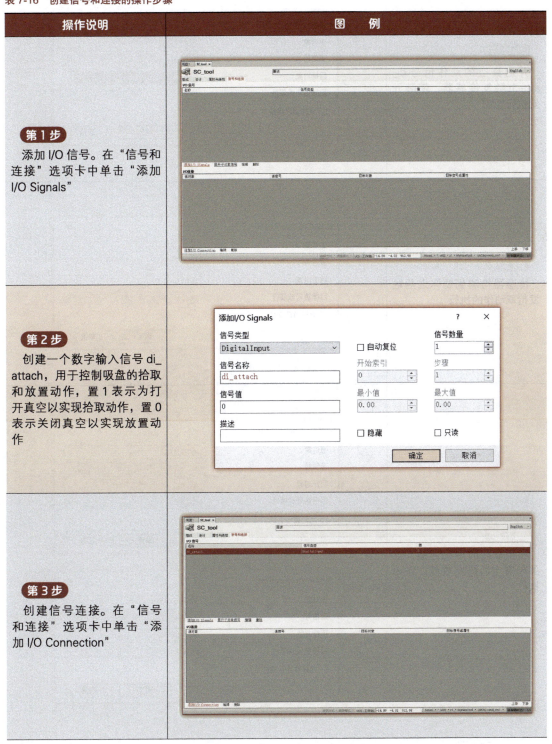
第2步 创建一个数字输入信号 di_attach,用于控制吸盘的拾取和放置动作,置1表示为打开真空以实现拾取动作,置0表示关闭真空以实现放置动作	
第3步 创建信号连接。在"信号和连接"选项卡中单击"添加 I/O Connection"	

(续)

操作说明	图 例
第4步 开启真空的动作信号 di_attach 触发传感器，使其开始执行检测	
第5步 传感器检测到物体之后触发拾取动作的执行	
第6步 利用非门的中间连接，当关闭真空后触发放置动作的执行	

（续）

操作说明	图 例
第7步 当放置动作执行时，将工件的父对象改为固定坐标系的物体，否则工件在放置后会跟着移动坐标系运动	添加I/O Connection 源对象：Detacher 源信号：Executed 目标对象：SetParent 目标信号或属性：Execute □允许循环连接

9. Smart 组件的动态模拟运行

操作步骤见表 7-17。

表 7-17 Smart 组件的动态模拟运行的操作步骤

操作说明	图 例
第1步 将栈板 Euro Pallet 放到适当位置，工件放置到吸盘下方、准备拾取的位置	
第2步 仿真拾取动作	

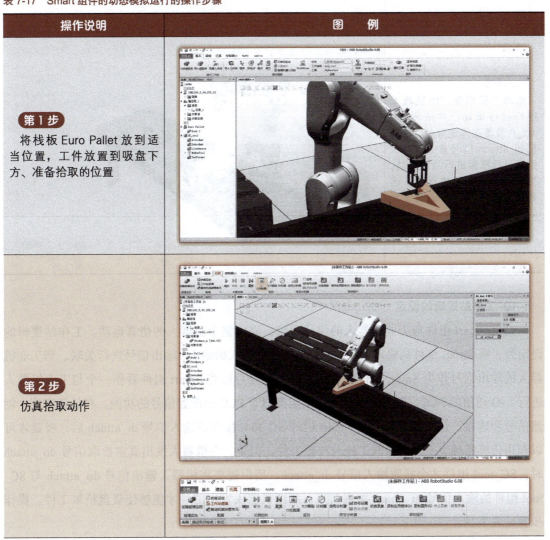

（续）

操作说明	图　例
第3步　把 di_attach 信号置 1 后，拖动坐标框架进行线性运动。如果物体可以被拾取起来，说明设置成功	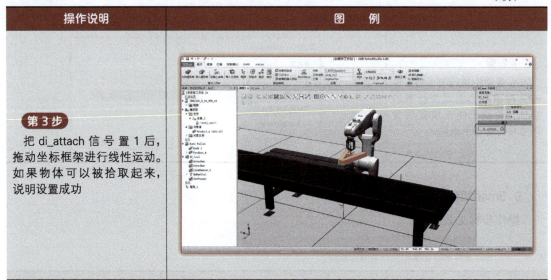
第4步　拖动坐标框架，使机器人进行线性运动，并把 Product_A 放置在传送带上。然后把 di_attach 信号置 0，再次拖动坐标框架进行线性运动。如果物体可以被放置在传送带上并脱离吸盘，说明设置成功	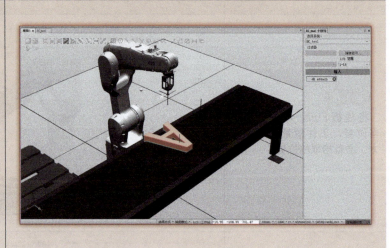

10. 工作站逻辑的设定

设定 Smart 组件与工业机器人的信号通信，完成整个机器人的仿真运动。工作站逻辑的设定为：将 Smart 组件的输入/输出信号与工业机器人的输入/输出信号进行关联。当工业机器人的输出信号作为 Smart 组件输入信号时，此处可以将 Smart 组件看作一个与工业机器人进行 I/O 通信的 PLC，而工作站逻辑的设定类似于 PLC 里配置信号的功能。在任务实施"创建信号和连接"里提到，需要等 Smart 组件 SC_tool 接收到输入信号 di_attach 后，吸盘才可以利用传感器感应工件、拾取工件及放置工件。但是，在机器人发出真空拾取信号 do_attach 时，SC_tool 组件才会接收输入信号 di_attach，所以需要将机器人输出信号 do_attach 与 SC_tool 组件的输入信号 di_attach 关联起来，后续机器人发出信号才能够使吸盘拾取工件。操作步骤见表 7-18。

表 7-18　工作站逻辑的设定的操作步骤

操作说明	图　例
第1步　单击"控制器"功能选项卡中的"配置"按钮，在下拉菜单中选择"I/O System"	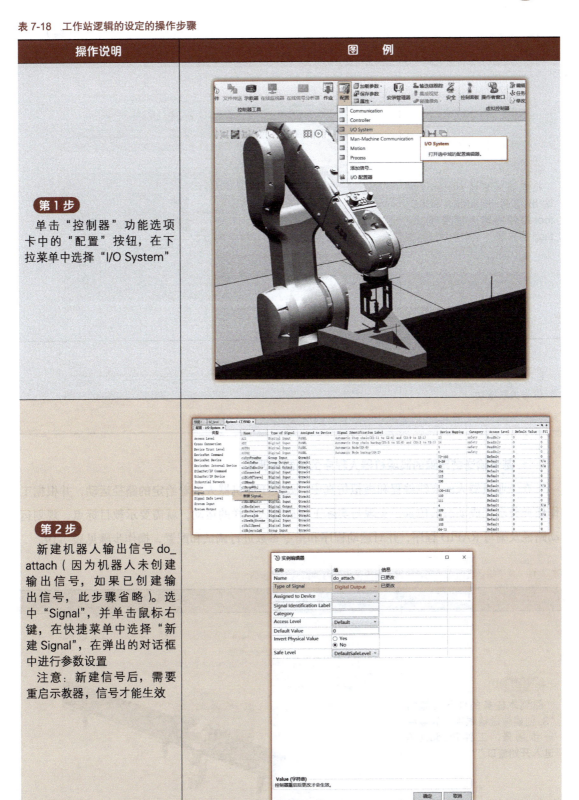
第2步　新建机器人输出信号 do_attach（因为机器人未创建输出信号，如果已创建输出信号，此步骤省略）。选中"Signal"，并单击鼠标右键，在快捷菜单中选择"新建 Signal"，在弹出的对话框中进行参数设置 注意：新建信号后，需要重启示教器，信号才能生效	

（续）

操作说明	图例
第3步 将机器人系统 system1 的输出信号 do_attach 和 SC_tool 组件的输入信号 di_attach 相关联	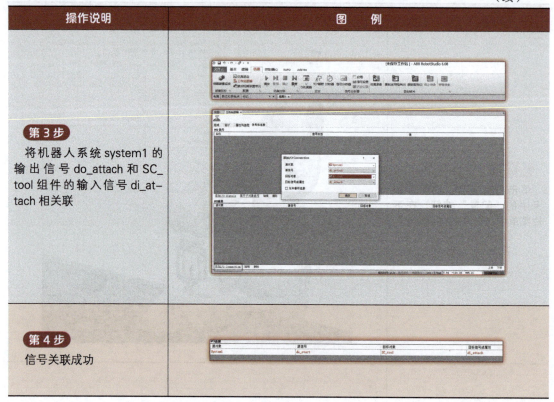
第4步 信号关联成功	

11. 基于输送链跟踪的码垛机器人程序的编制与调试

在工业机器人的离线编程和虚拟仿真中，要使工业机器人沿着给定的路径运动，并根据工作任务要求完成动态的仿真，实现与实际工业机器人一样的运动，就需要示教目标点、规划运动路径及编写 RAPID 程序，并对运动程序和指令参数进行调试和配置，操作步骤见表 7-19。

表 7-19 基于输送链跟踪的码垛机器人程序的编制与调试的操作步骤

操作说明	图例
第1步 回到本任务的任务实施的"3. 创建输送链跟踪"的最后一步场景，工件 Product_A 进入开始窗口	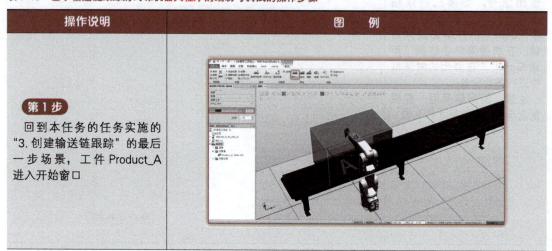

（续）

操作说明	图 例
第2步 将吸盘移至拾取工件的位置	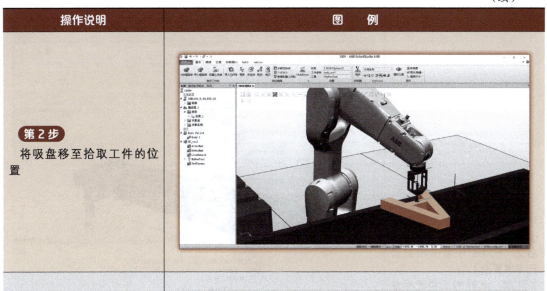
第3步 机器人的程序路径是：当工件从传送带过来后，机器人的吸盘拾取工件并将其放置在栈板上码垛 首先，移动机器人至拾取位置，然后示教拾取目标点Target_10	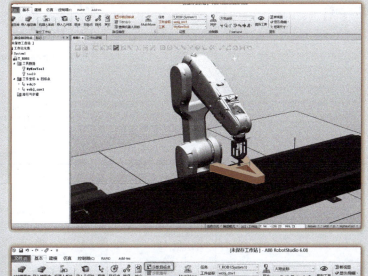 

(续)

操作说明	图 例
第 4 步 移动机器人至安全位置，然后示教目标点产生 Target_20。右击该点，将其重命名为 "home"（名字根据自己习惯更改） 注意：此时的工件坐标是固定坐标	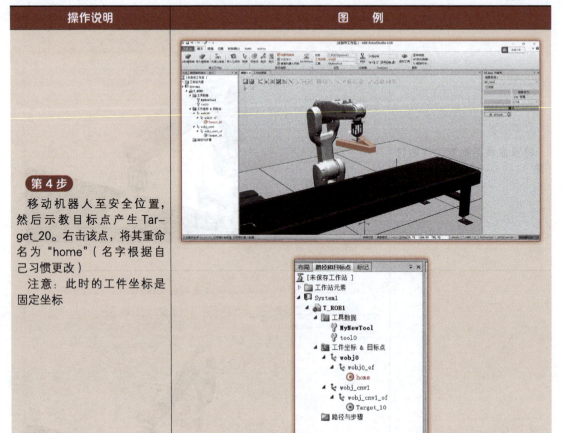
第 5 步 机器人移至放置工件的过渡点，然后示教目标点产生 Target_30。用同样的方法示教放置点 Target_40	

（续）

操作说明	图 例
第5步 机器人移至放置工件的过渡点，然后示教目标点产生Target_30。用同样的方法示教放置点Target_40	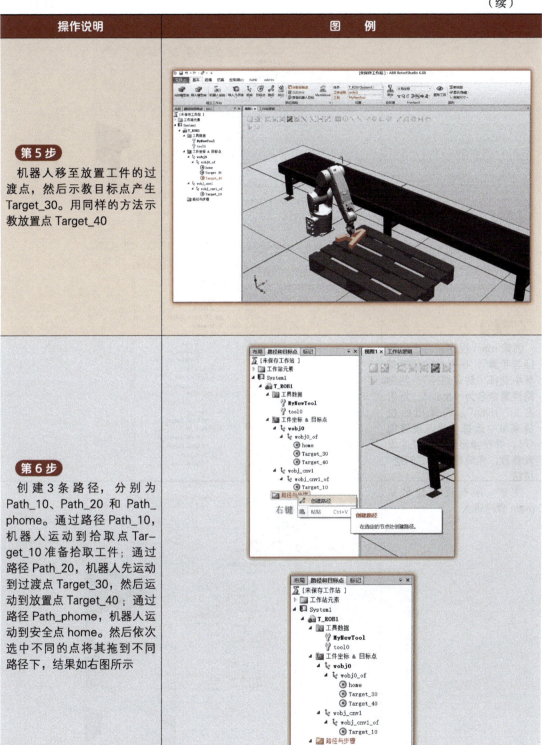
第6步 创建3条路径，分别为Path_10、Path_20和Path_phome。通过路径Path_10，机器人运动到拾取点Target_10准备拾取工件；通过路径Path_20，机器人先运动到过渡点Target_30，然后运动到放置点Target_40；通过路径Path_phome，机器人运动到安全点home。然后依次选中不同的点将其拖到不同路径下，结果如右图所示	

（续）

操作说明	图　例
第7步 创建 main 程序。右击"路径与步骤"，在弹出的快捷菜单中选择"创建路径"，并将路径重命名为"main"，然后右击"main"，在弹出的快捷菜单中选择"插入逻辑指令"，并在弹出的对话框中设置参数，完成后单击"创建"按钮 注意：所有程序都是从 main 程序进入	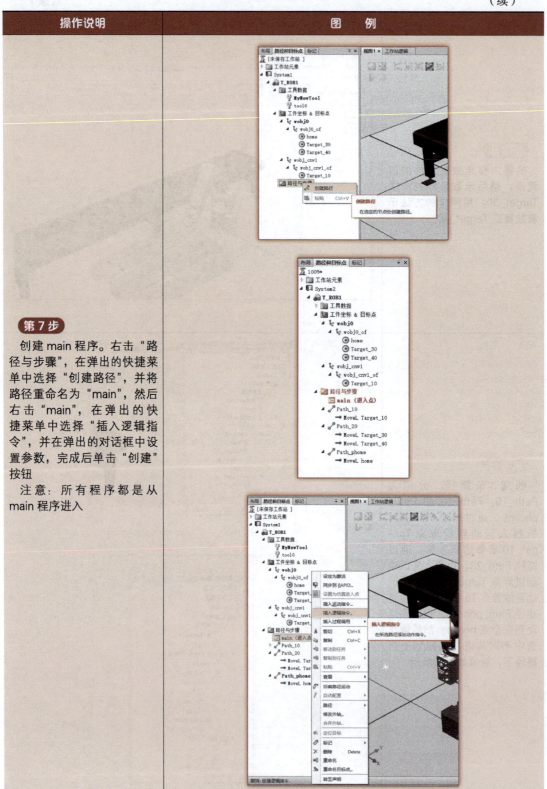

（续）

操作说明	图例
第7步 创建main程序。右击"路径与步骤"，在弹出的快捷菜单中选择"创建路径"，并将路径重命名为"main"，然后右击"main"，在弹出的快捷菜单中选择"插入逻辑指令"，并在弹出的对话框中设置参数，完成后单击"创建"按钮 注意：所有程序都是从main程序进入	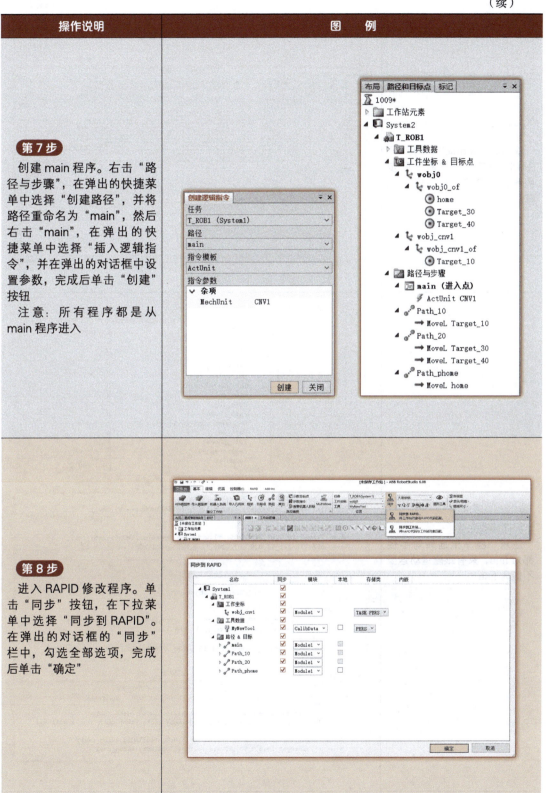
第8步 进入RAPID修改程序。单击"同步"按钮，在下拉菜单中选择"同步到RAPID"。在弹出的对话框的"同步"栏中，勾选全部选项，完成后单击"确定"	

(续)

操作说明	图　例
第9步 双击"Module1",打开RAPID程序,显示刚才同步的程序。其中"!"表示注释	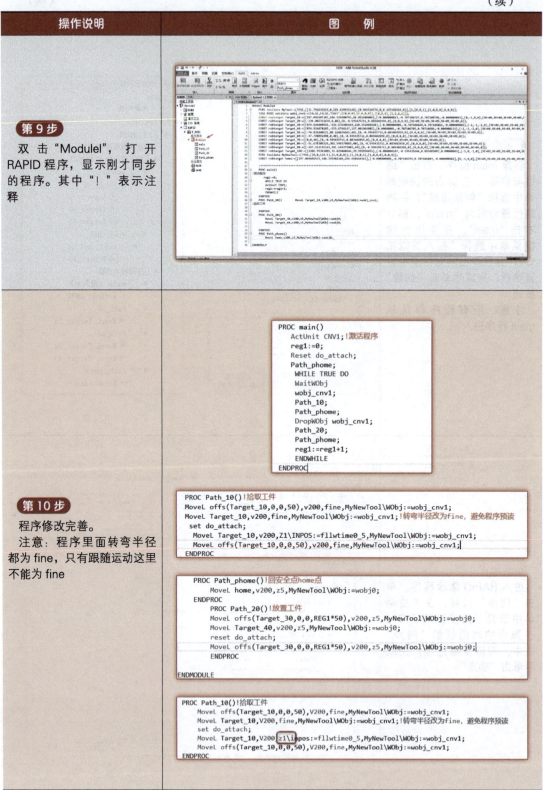
第10步 程序修改完善。 注意:程序里面转弯半径都为fine,只有跟随运动这里不能为fine	

（续）

操作说明	图例
第11步 完善程序后，单击"应用"。然后回到"布局"窗口，单击"输送链"。在"修改"功能选项卡中，先单击"清除"来清除前面的输送链痕迹，再单击"运动"，在弹出的对话框中设置速度，然后单击▶按钮，完成输送链的运行	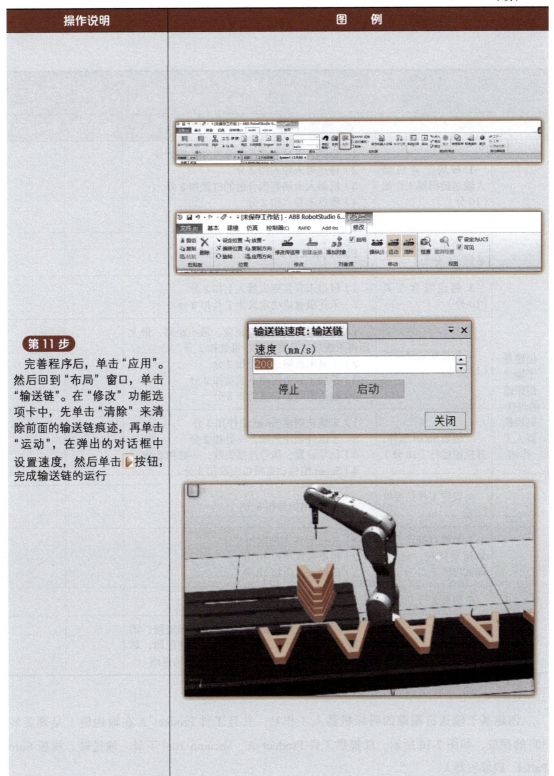

【项目评价】

项目评价见表 7-20。

表 7-20 评分表

训练项目	评分表 学年	工作形式 □个人 □小组分工 □小组		实践工作时间	
	训练内容	训练要求		自我评价	教师评分
创建基于输送链跟踪的焊接、码垛机器人工作站	1.布局工业机器人输送链码垛工作站（10分）	1）机器人未导入或未按要求导入扣2分 2）传送带未导入扣2分 3）机器人未调整到合适的位置扣2分 4）吸盘未导入扣2分 5）工件未导入扣2分			
	2.创建工业机器人系统（5分）	机器人系统未安装成功扣5分			
	3.创建吸盘工具（10分）	1）吸盘未安装到机器人上扣2分 2）未将吸盘成功定义为工具扣8分			
	4.创建输送链跟踪（15分）	1）输送链、开始窗口宽度、最小距离、最大距离未按规定长度设置，每处扣2分 2）工具未放输送链上扣2分 3）移动坐标系创建不成功扣2分 4）输送链跟踪未成功扣3分			
	5.创建Smart组件，并模拟运行（15分）	1）未成功创建Smart组件扣3分 2）子组件创建失败，一处扣2分 3）信号设置、信号连接失败，一处扣2分 4）Smart组件动态模拟失败扣3分			
	6.设定工作站逻辑（5分）	未创建输出信号扣5分			
	7.示教目标点，规划运动路径，编辑、调试程序（25分）	1）main程序未创建扣5分 2）拾取未成功扣10分 3）码垛未成功扣10分			
	8.仿真运行（5分）	工作站动态模拟失败扣5分			
	9.职业素养与安全意识（10分）	现场操作、安全保护符合安全操作规程；团队有分工、有合作，配合紧密；遵守纪律，尊重教师，爱惜设备和器材，保持工位的整洁			

【拓展训练】

创建基于输送链跟踪的码垛机器人工作站，并且工件 Product_A 在输送链上呈现旋转 30°的摆放，如图 7-16 所示。现提供工件 Product_A、Vacuum Tool 工具、输送链、栈板 Euro Pallet、码垛机器人。

a) 工件Product_A

b) Vacuum Tool工具

c) 栈板Euro Pallet

d) 输送链

e) 基于输送链跟踪的码垛机器人工作站

图7-16　搭建工作站的三维模型

知识拓展

1）当吸盘需要多个输出信号控制时，可以配置组信号，那么如何配置呢？

2）在码垛的时候，如何采用数组的方式码垛呢？

3）数组怎么用呢？最多几维呢？robtarget 数据类型能创建数组吗？如何创建？

比如创建一个 robtarget 类型的数组 p_array，p_array 里有 10 个点位，走完 10 个位置就可以用如下代码，方便简洁。

FOR i FROM 1 TO 10 DO ;

MoveL p_array{i}, v500, z1, tool0 ;

ENDFOR ;

知识、技能归纳：通过使用 LineSensor、LogicGate、Attacher、Detacher 和 SetParent 等子组件，学生可以实践利用仿真软件构建带输送链的机器人工作站，把传感器技术、PLC 技术融合在实际项目中。

项目 8

创建带变位机的焊接机器人工作站

【项目背景描述】

在实际生产中,许多焊接机器人在焊接时需要变位机的配合,如图 8-1 所示。在这种配合下,焊枪相对于工件的运动既满足了焊缝轨迹、焊接速度的要求,又使机器人能在较好的姿态下完成焊接工作。另外,变位机作为外部轴,由机器人控制器直接驱动控制,能实现与机器人的联动。

变位机根据驱动轴数的不同,可以分为单轴变位机、双轴变位机和三轴变位机等;根据外形的不同,又可以分为 U 型变位机、L 型变位机、C 型变位机和座式变位机等。变位机被广泛应用在焊接、切割、打磨及抛光等工艺中。

RobotStudio 软件作为 ABB 机器人专用的虚拟仿真软件,不仅自带了 ABB 机器人的所有模型,还集成了由其生产的变位机模型。因此,用户可以直接从软件的模型库中调取并使用各种 ABB 机器人及变位机模型。

图8-1 焊接机器人与变位机联合工作

本项目利用 RobotStudio 软件,从 ABB 模型库中调取 IRB 2600 机器人和双立柱单回转式变位机,或自定义变位机,来创建与变位机联动的焊接机器人工作站。其中,IRB 2600 机器人包含 3 款子型号,有效载重为 12kg、12kg 和 20kg。该型号机器人旨在提高上下料、物料搬运、弧焊以及其他加工应用的生产力。

工业机器人虚拟仿真技术及应用

【学习目标】

知识目标	能力目标	素养目标
1.了解变位机的分类与应用 2.掌握校准变位机的方法 3.掌握自定义变位机的方法 4.掌握变位机与机器人联动的方法	1.能够使用示教器使机器人与变位机联动 2.能够自定义变位机并与机器人联动	1.具有质量意识、安全意识、信息素养、工匠精神和创新思维 2.勇于奋斗、乐观向上，具有自我管理能力和职业生涯规划的意识，有较强的集体意识和团队合作精神

对接工业机器人应用编程 1+X 证书模块（高级）
1.1.1 能够正确配置机械单元参数
1.1.2 能够把配置好的系统导入控制器
1.1.3 能够配置系统各单元间的联锁信
1.2.1 能够完成机器人本体与直线型外部轴的坐标系标定
1.2.2 能够完成机器人本体与旋转型外部轴的坐标系标定
1.2.3 能够完成机器人本体间的坐标系标定
1.3.1 能够对工业机器人系统外部设备机械电气参数进行设定
1.3.2 能够对工业机器人系统外部设备软件参数进行设定

【学习导图】

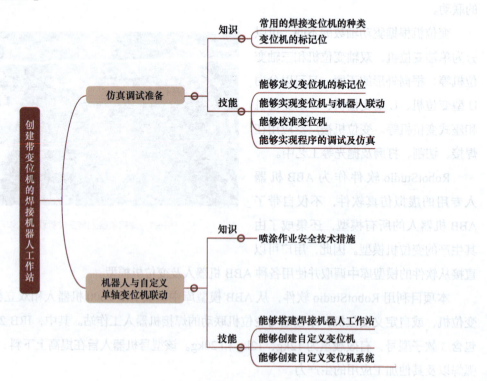

任务1　仿真调试准备

【任务描述】

本任务介绍如何搭建与变位机联动的弧焊机器人工作站。在机器人应用中,变位机可改变工件的姿态,在焊接、切割等领域有着广泛的应用。本任务将导入双立柱单回转式变位机,通过示教器操作实现变位机与机器人的联动,使机器人完成圆柱边缘的焊接,如图8-2所示。

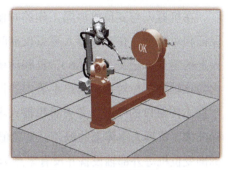

图8-2　带变位机的机器人工作站

【知识准备】

1. 常用的焊接变位机的种类

焊接变位机的常见形式有双立柱单回转式、双座头尾双回转式、L形双回转式和C形双回转式。

(1)双立柱单回转式　如图8-3所示,双立柱单回转式焊接变位机的主要特点是:立柱一端的电动机驱动工作装置沿一个回转方向运转,另一端随主动端从动。两侧立柱可设计成升降式,以适应不同规格产品结构件的焊接需求。这种形式的焊接变位机的缺点是:只能在一个圆周方向回转,为此,选择时要注意焊缝形式是否适合。

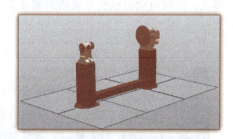

图8-3　双立柱单回转式变位机

(2)双座头尾双回转式　双座头尾双回转式焊接变位机在双立柱单回转式焊接变位机的基础上,将被焊结构件的活动空间增加了一个旋转自由度。这种形式的焊接变位机较为先进,焊接空间大,可将工件旋转到需要的位置,目前已被许多工程机械厂家成功应用。

(3)L形双回转式　如图8-4所示,L形双回转式焊接变位机的工作装置为L形,有两个回转自由度,且都可以±360°任意回转。这种焊接变位机的优点是:开敞性好,容易操作。

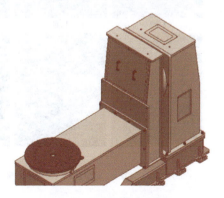

图8-4　L形双回转式变位机

（4）C形双回转式　如图8-5所示，C形双回转式焊接变位机与L形双回转式焊接变位机相比，只是根据结构件的外形，将焊接变位机的工装夹具稍作了变动。这种形式的焊接变位机适合装载机、挖掘机的铲斗等结构件的焊接。

2. 变位机的标记位

在机器人与变位机协同工作的时候，需要通过校准以保证相对精准。在对机器人零点校准时，可以先找到机器人上的零点标记位（图8-6），再移动机器人的某一轴，使它与该轴标记位对齐。用户手册中的提示为：将标志线置于标志位缺口的中间，并查看机器人本体6个电动机偏移标准表（机器人本体上的银色标签数值，图8-7）。但ABB

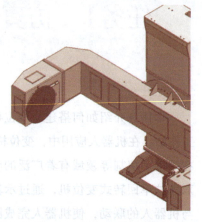

图8-5　C形双回转式变位机

标准变位机等外部轴设备并没有零点标记位和电动机零位偏移值。因此，需要设定变位机base（基座）和机器人的关系，将机器人TCP移动至变位机转盘上的一个固定点，并将该固定点作为标记位。

ABB机器人的电动机偏移标准表中的数据是6个轴的每个电动机所对应的电动机偏移数据，它代表的是安装完成后实际零点和显示零点之间的一个相对值。这个值在机器人出厂的时候是校准好的，且不能随意更改，否则会影响机器人精度。但如果更换电动机，则需要重新校准机器人，此时电动机也会生成新的偏移值。

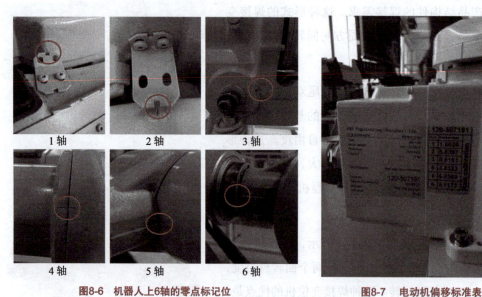

图8-6　机器人上6轴的零点标记位

图8-7　电动机偏移标准表

项目8 创建带变位机的焊接机器人工作站

创建变位机与
机器人联动工作

【任务实施】

1. 定义变位机的标记位

操作步骤见表 8-1。

表 8-1　定义变位机标记位的操作步骤

操作说明	图例
第 1 步 导入 IRB 2600 机器人、焊枪	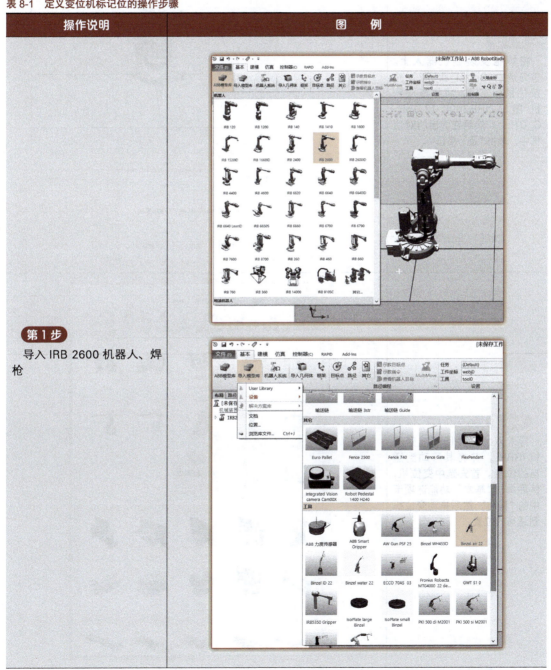

（续）

操作说明	图 例
第2步 将焊枪安装到机器人上。首先选中"Binzel_air_22"，并按住鼠标左键，将其拖放到机器人"IRB2600_12_165_C_01"上，然后在弹出的对话框中，单击"是"按钮	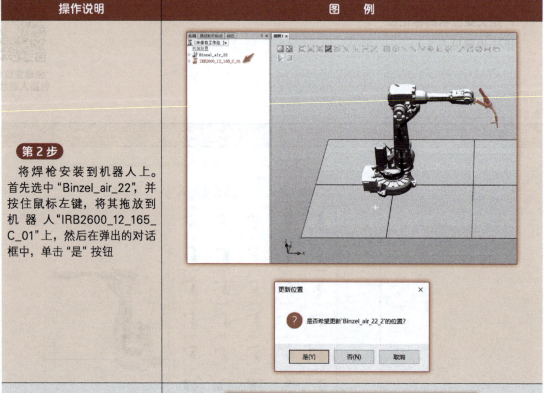
第3步 导入双立柱单回转式变位机 IRBPL，并将其移动到适当的位置。首先选中变位机，然后单击"基本"功能选项卡中的"移动"，然后拖动变位机到适当的位置	

（续）

操作说明	图 例
第3步 导入双立柱单回转式变位机 IRBPL，并将其移动到适当的位置。首先选中变位机，然后单击"基本"功能选项卡中的"移动"，然后拖动变位机到适当的位置	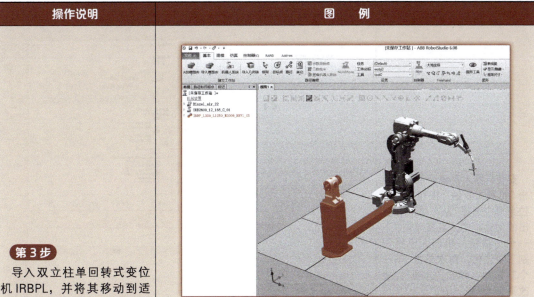
第4步 安装机器人系统。首先，单击"机器人系统"按钮，在下拉菜单中选择"从布局"。在弹出的对话框中，直接单击"下一个"按钮；机器人已经识别了变位机，再次单击"下一个"按钮；单击"选项"，更改语言为"Chinese"	

(续)

操作说明	图 例
第4步 安装机器人系统。首先,单击"机器人系统"按钮,在下拉菜单中选择"从布局"。在弹出的对话框中,直接单击"下一个"按钮;机器人已经识别了变位机,再次单击"下一个"按钮;单击"选项",更改语言为"Chinese"	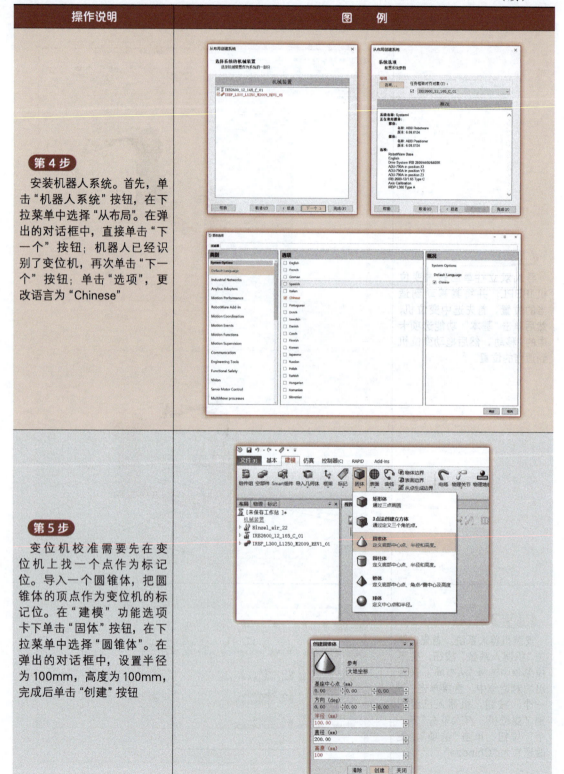
第5步 变位机校准需要先在变位机上找一个点作为标记位。导入一个圆锥体,把圆锥体的顶点作为变位机的标记位。在"建模"功能选项卡下单击"固体"按钮,在下拉菜单中选择"圆锥体"。在弹出的对话框中,设置半径为100mm,高度为100mm,完成后单击"创建"按钮	

（续）

操作说明	图例
第6步 移动圆锥体，使其停靠在变位机上。选中"布局"窗口中的圆锥体"部件_1"，并单击右键，在弹出的快捷菜单中选择"位置"→"旋转"。在弹出的对话框中设置参数，将圆锥体绕X轴旋转90°，完成后单击"应用"按钮；然后选中圆锥体，单击"基本"功能选项卡下的"移动"按钮，并拖动圆锥体，使圆锥体停靠在变位机上	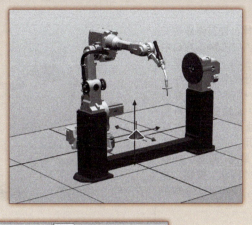 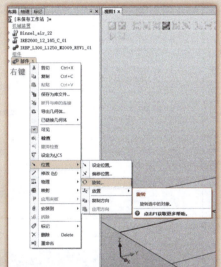 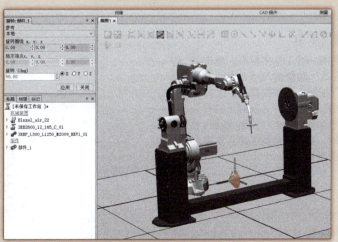

（续）

操作说明	图　例
第6步 移动圆锥体，使其停靠在变位机上。选中"布局"窗口中的圆锥体"部件_1"，并单击右键，在弹出的快捷菜单中选择"位置"→"旋转"。在弹出的对话框中设置参数，将圆锥体绕X轴旋转90°，完成后单击"应用"按钮；然后选中圆锥体，单击"基本"功能选项卡下的"移动"按钮，并拖动圆锥体，使圆锥体停靠在变位机上	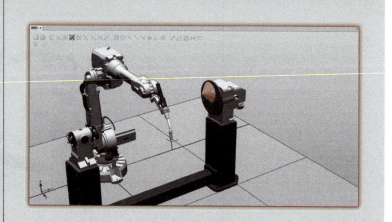
第7步 把圆锥体装到变位机上。首先选中"部件_1"，并按住鼠标左键，将其拖放到变位机上，然后松开鼠标；然后在弹出的对话框中，单击"否"按钮，使圆锥体相对现在的位置不变。圆锥和变位机将会一起运动，圆锥的顶点可看作是变位机上的一个固定点，并将其作为标记位	 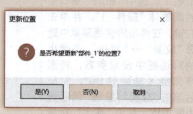
第8步 创建一个工件坐标系。单击"基本"功能选项卡中的"其它"按钮，在下拉菜单中选择"创建工件坐标"，在弹出的对话框中直接单击"创建"按钮。此时，在大地坐标系原点处将产生坐标系Workobject_1	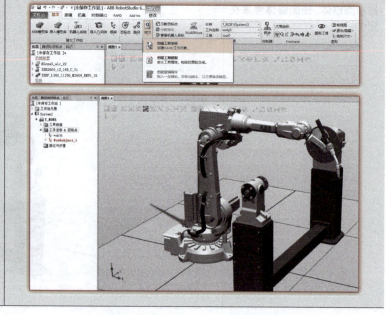

（续）

操作说明	图 例
第9步 把工件坐标系 Workobject_1 安装到变位机上。选中坐标系"Workobject_1"，并单击鼠标右键，在弹出的快捷菜单中选择"安装到"→"IRBP_L300_L1250_M2009_REV1_01 T_ROB1"变位机。在弹出的"更新位置"对话框中，单击"是"按钮，在"确认外轴移动工件坐标"对话框中，单击"确定"按钮	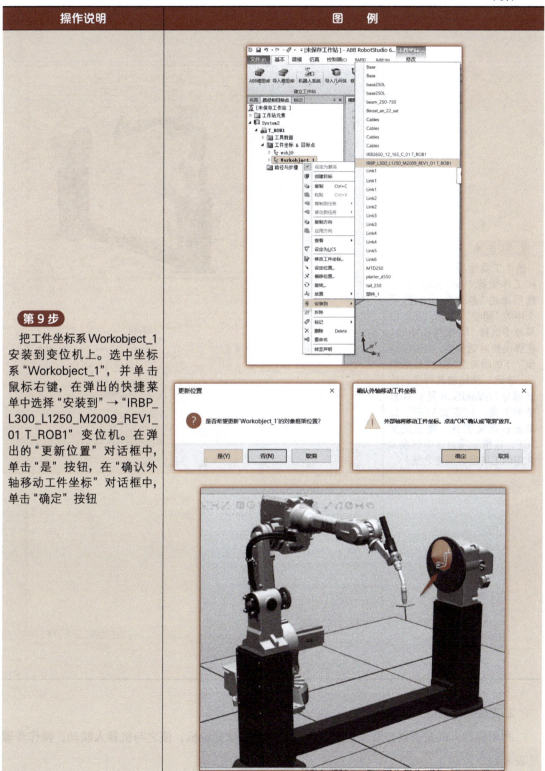

（续）

操作说明	图 例
第10步 选中工具坐标"tWeldGun"和工件坐标"Workobject_1"，然后单击"基本"功能选项卡中的"同步"按钮，在下拉菜单中选择"同步到RAPID"。在弹出的对话框中，勾选"同步"下的所有选项，完成后单击"确定"按钮使其同步到控制器中（tWeldGun是软件自带的工具，已定义TCP；如果是自定义工具，需要定义TCP，详情见项目3中任务4介绍的工具坐标创建方法）	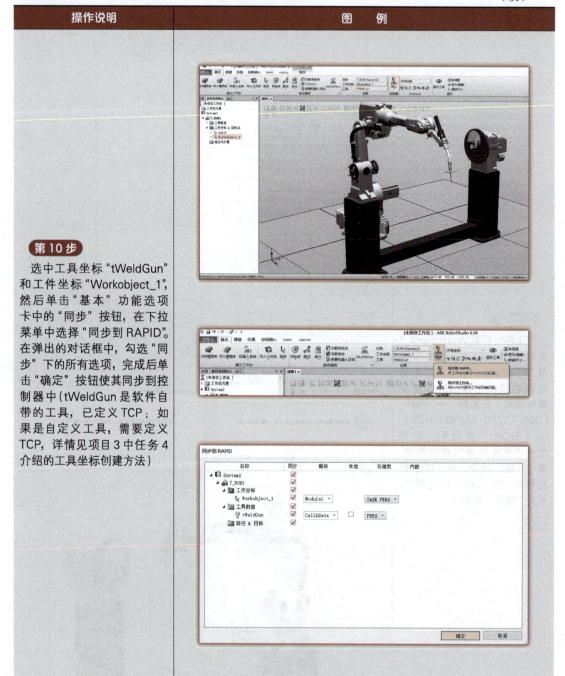

2. 变位机与机器人联动

利用机器人的控制器控制变位机，并用示教器调试变位机，使之与机器人联动，操作步骤见表8-2。

表 8-2　变位机与机器人联动的操作步骤

操作说明	图　例
第1步 单击"控制器"功能选项卡中的"示教器"按钮,在下拉菜单中选择"虚拟示教器",打开示教器。将示教器的操作模式设置为"手动模式",然后单击"Enable"使能按钮,发现外部轴并没有启动	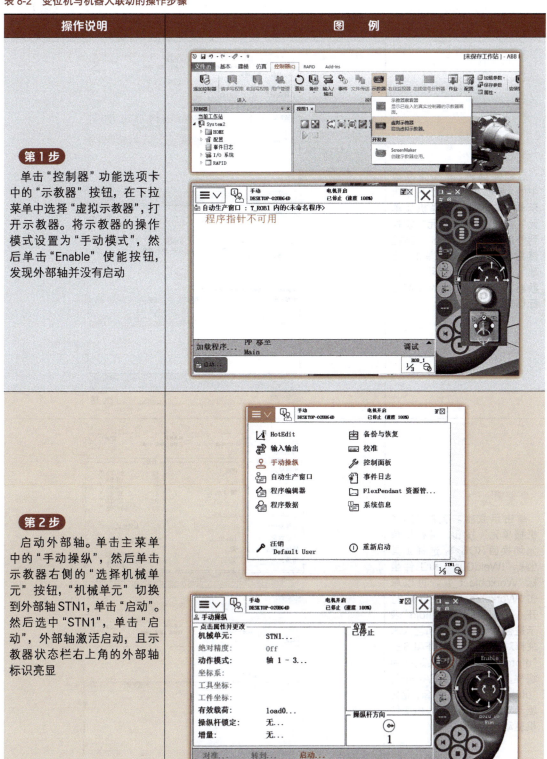
第2步 启动外部轴。单击主菜单中的"手动操纵",然后单击示教器右侧的"选择机械单元"按钮,"机械单元"切换到外部轴STN1,单击"启动"。然后选中"STN1",单击"启动",外部轴激活启动,且示教器状态栏右上角的外部轴标识亮显	

（续）

操作说明	图　例
第2步 启动外部轴。单击主菜单中的"手动操纵"，然后单击示教器右侧的"选择机械单元"按钮，"机械单元"切换到外部轴STN1，单击"启动"。然后选中"STN1"，单击"启动"，外部轴激活启动，且示教器状态栏右上角的外部轴标识亮显	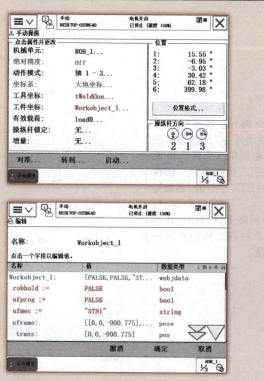
第3步 单击示教器右侧的"选择机械单元"按钮，将机械单元切换回ROB_1，选择工具坐标"tWeldGun"和工件坐标"Workobject_1"。可以单击"Workobject_1"，将其打开。在新界面中，"robhold"表示是否由本任务中的机器人来夹持对象，一般设为"FALSE"；"ufprog"表示机器人是否能编程，一般设置为"FALSE"；"ufmec"表示驱动对象，此处驱动对象为"STN1"，由变位机驱动	

— 270 —

（续）

操作说明	图例
第 4 步 单击示教器右侧的"选择机械单元"按钮，切换到外部轴。然后按住摇杆的方向按钮，如果机器人会改变姿态，且焊枪跟着圆锥顶点一起运动，则完成了手动的机器人和变位机的联动	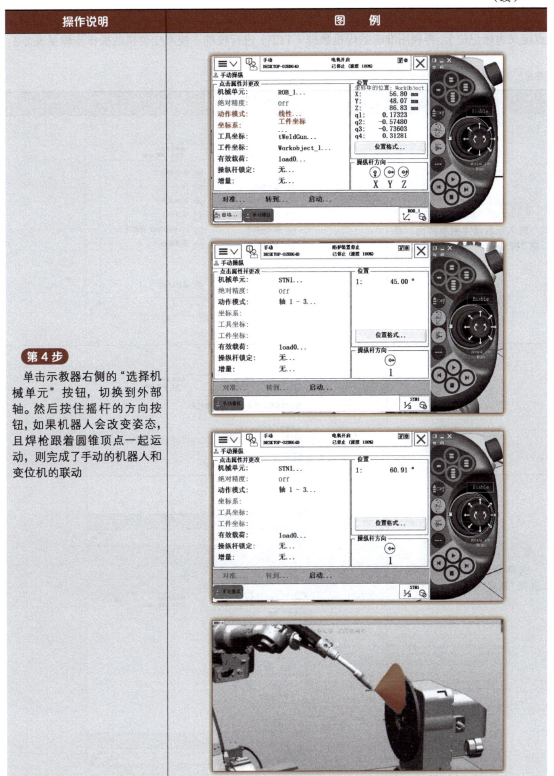

3. 校准变位机

在使用前,变位机并不知道工件坐标的位置,因此,要先找到认定的标记位(已将圆锥顶点定义为标记位),再利用准确的焊枪数据(TCP)进行校准。校准变位机的操作步骤见表8-3。

表8-3 校准变位机的操作步骤

操作说明	图 例
第1步 进入示教器主菜单界面,单击"校准"	
第2步 选择变位机"STN1",然后选择"基座"(base)	

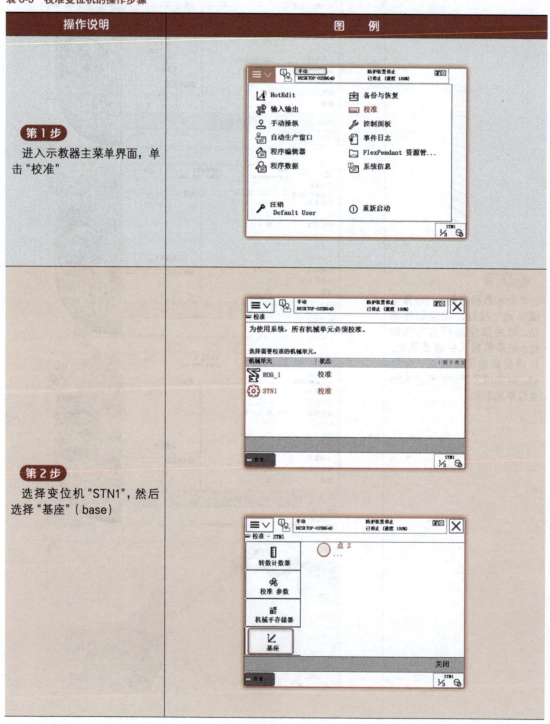

（续）

操作说明	图　例
第3步 移动机器人工具至变位机旋转盘上的圆锥顶点处（标记位），并单击"修改位置"来记录位置 注意：要激活变位机，并选择正确的机器人工具坐标	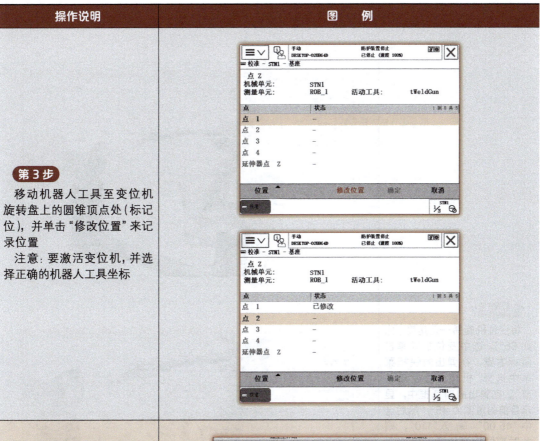
第4步 将变位机旋转一定角度（比如65°）。选中变位机并单击鼠标右键，在弹出的快捷菜单中选择"机械装置手动关节"。在弹出的对话框中，显示目前的角度为45°，然后选中"45.00"输入"110"，则此时变位机旋转到110°；再次移动机器人工具至变位机转盘上的圆锥顶点处，并单击"修改位置"来记录第二个位置	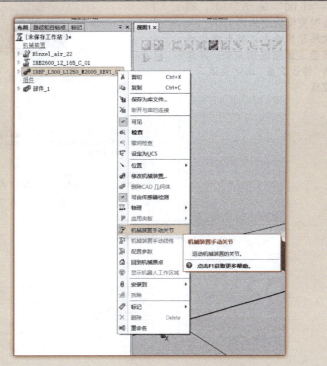

(续)

操作说明	图　例
第4步 将变位机旋转一定角度（比如65°）。选中变位机并单击鼠标右键，在弹出的快捷菜单中选择"机械装置手动关节"。在弹出的对话框中，显示目前的角度为45°，然后选中"45.00"输入"110"，则此时变位机旋转到110°；再次移动机器人工具至变位机转盘上的圆锥顶点处，并单击"修改位置"来记录第二个位置	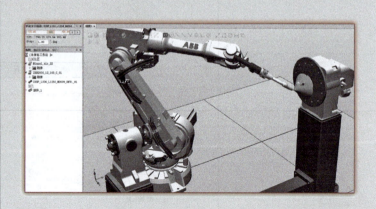 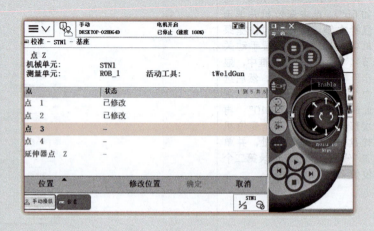

（续）

操作说明	图例
第 5 步 同理，记录点 3 和点 4	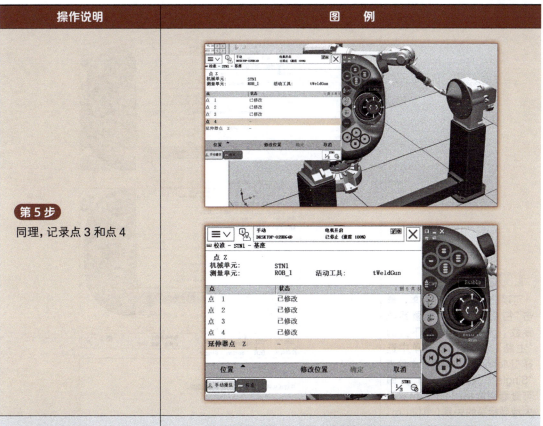
第 6 步 移动机器人离开变位机并记录为延伸器点 Z（该操作仅设定变位机 base 的 Z 正方向）。单击"基本"功能选项卡中的"线性运动"按钮，将机器人工具沿着变位机的 Z 方向（即大地坐标 Y 方向，可通过坐标颜色判断）移动一定距离，然后单击"修改位置"来记录位置。完成所有记录点的修改后单击"确定"，从而完成最大误差等数值的计算	 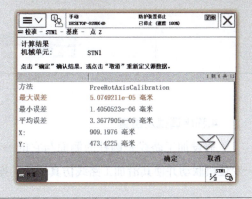

（续）

操作说明	图 例
第7步 可以进入示教器主菜单，单击"控制面板"→"配置系统参数"，然后单击界面下方的"主题"，在弹出的菜单中选择"Motion"，在新界面中单击"Single"，选择"STN1"，即可查看变位机的 base 相对于大地坐标系的关系（单位：m）	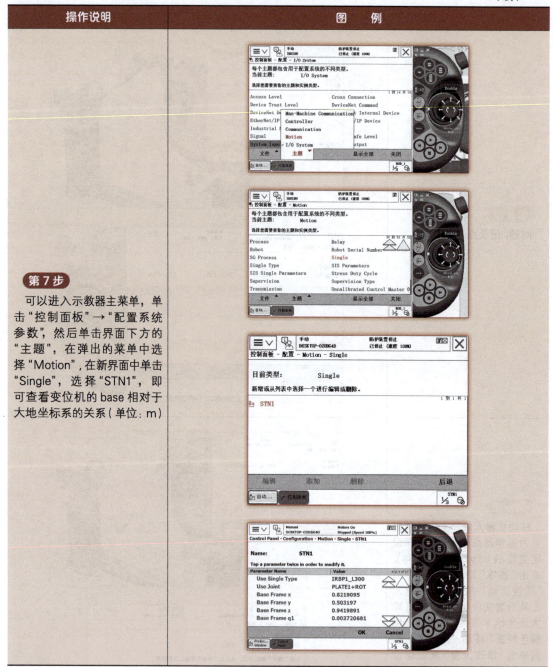

工件焊接轨迹编程

4. 程序调试及仿真

假设加工路线是圆柱的侧面与它的一个底面交界的圆，现在将工业机器人与变位机联动并使其沿加工路线仿真运行，操作步骤见表8-4。

表 8-4　程序调试及仿真的操作步骤

操作说明	图　例
第 1 步 将工件安装在变位机上。删除圆锥体，导入部件_1；选中左侧"布局"窗口中的"部件_1"并按住鼠标左键，将其拖动到变位机中，在弹出的对话框中单击"是"按钮，使之安装在变位机上；然后通过移动、线性运动等操作把机器人和变位机调整到适当位置	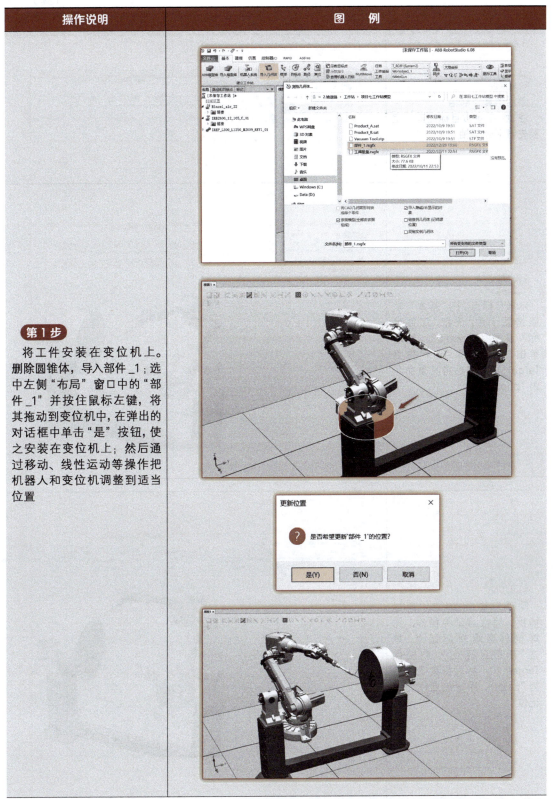

（续）

操作说明	图 例
第2步 激活仿真外部轴 注意：在示教目标点前一定要先激活外部轴	
第3步 示教目标点。在"基本"功能选项卡中，先把"工件坐标"设置为"wobj0"，然后单击"示教目标点"，产生点Target_10，然后将其重命名为"phome"	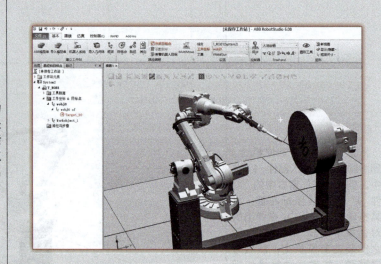
第4步 同理示教 pstart 点。通过捕捉、线性运动等操作，把焊枪移至焊接起始点，单击"示教目标点"，产生点Target_10，然后将其重命名为"pstart"，并把该点作为标记位	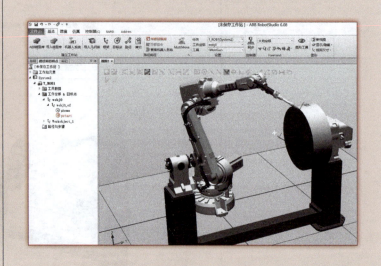

项目8 创建带变位机的焊接机器人工作站

（续）

操作说明	图例
第 5 步 示教其他点。在"基本"功能选项卡中，先把"工件坐标"设置为"Workobject_1"，然后单击"示教目标点"，产生点"Target_10"；然后，选中变位机，单击鼠标右键，在弹出的快捷菜单中选择"机械装置手动关节"。从弹出的对话框中可知，目前变位机的角度为0°	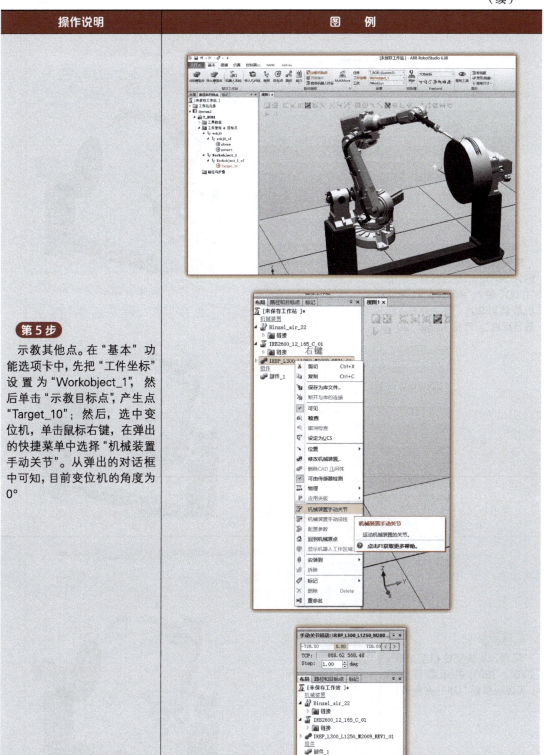

— 279 —

（续）

操作说明	图例
第6步 将变位机旋转一定角度（示例为90°），示教目标点。单击"0.00"，输入"90"，此时变位机旋转到90°；然后单击"示教目标点"，产生Target_20	
第7步 同理，旋转变位机至180°、270°、360°，并示教目标点（可以观察到"OK"在旋转）	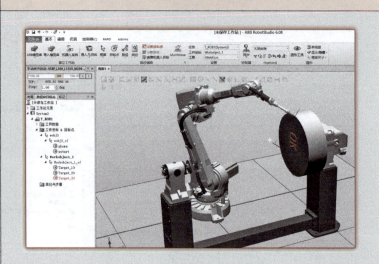

创建带变位机的焊接机器人工作站 项目8

(续)

操作说明	图 例
第7步 同理，旋转变位机至180°、270°、360°，并示教目标点（可以观察到"OK"在旋转）	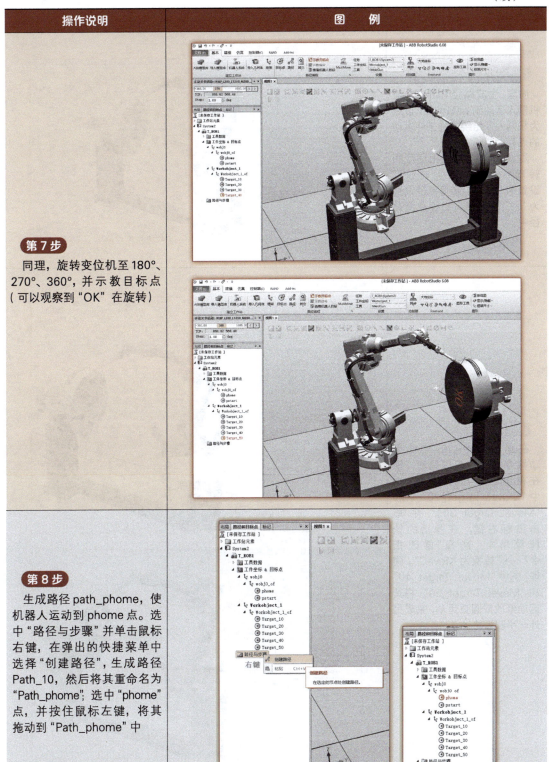
第8步 生成路径path_phome，使机器人运动到phome点。选中"路径与步骤"并单击鼠标右键，在弹出的快捷菜单中选择"创建路径"，生成路径Path_10，然后将其重命名为"Path_phome"；选中"phome"点，并按住鼠标左键，将其拖动到"Path_phome"中	

(续)

操作说明	图　例
第9步 同理,生成路径 Path_10 使机器人运动到 pstart 点(该点为机器人开始绕圆柱工件运动的点) 注意:先在右下角把速度和转弯半径调小后(可将速度设置为"v400",转弯半径设置为"z1"),再拖动目标点至路径中	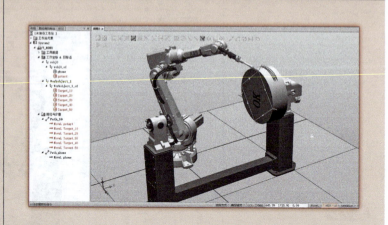
第10步 在路径"Path_10"中的运动指令默认是直线运动,现在将其改变为圆弧运动。选中"MoveL Target_20"和"MoveL Target_30",并单击鼠标右键,在弹出的快捷菜单中,选择"修改指令"→"转换为MoveC"。同理,选中"MoveL Target_40"和"MoveL Target_50",将其运动修改成圆弧运动,完成另外一半圆弧路径	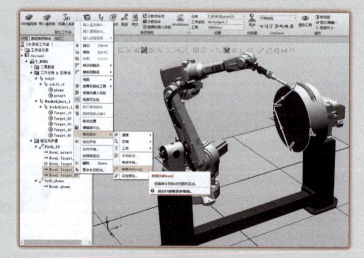 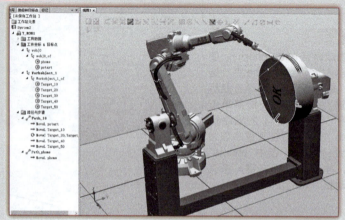

操作说明	图例
第10步 在路径"Path_10"中的运动指令默认是直线运动,现在将其改变为圆弧运动。选中"MoveL Target_20"和"MoveL Target_30",并单击鼠标右键,在弹出的快捷菜单中,选择"修改指令"→"转换为MoveC"。同理,选中"MoveL Target_40"和"MoveL Target_50",将其运动修改成圆弧运动,完成另外一半圆弧路径	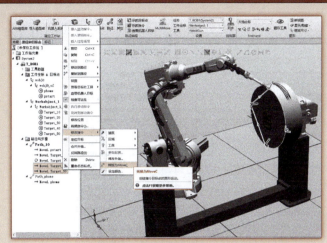 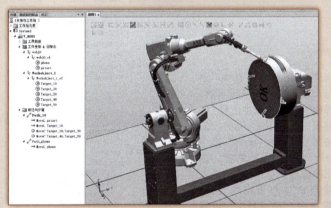
第11步 创建main程序。选中"路径与步骤",并单击鼠标右键,在弹出的快捷菜单中选择"创建路径",生成路径Path_20,并将其重命名为"main"。选中"main"并单击鼠标右键,在弹出的快捷菜单中选择"插入逻辑指令"。在弹出的"创建逻辑指令"对话框中,设置各参数后单击"创建"按钮	

(续)

操作说明	图例
第11步 创建 main 程序。选中"路径与步骤",并单击鼠标右键,在弹出的快捷菜单中选择"创建路径",生成路径 Path_20,并将其重命名为"main"。选中"main"并单击鼠标右键,在弹出的快捷菜单中选择"插入逻辑指令"。在弹出的"创建逻辑指令"对话框中,设置各参数后单击"创建"按钮	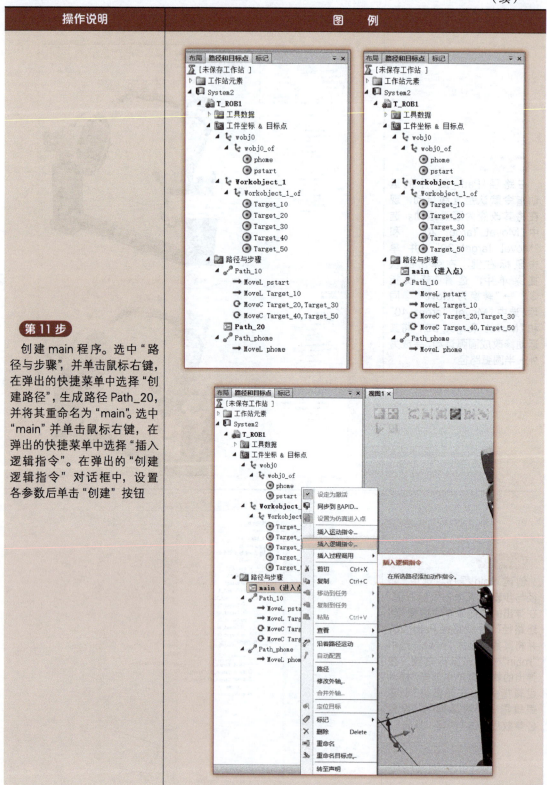

项目8 创建带变位机的焊接机器人工作站

（续）

操作说明	图 例
第 11 步 创建 main 程序。选中"路径与步骤"，并单击鼠标右键，在弹出的快捷菜单中选择"创建路径"，生成路径 Path_20，并将其重命名为"main"。选中"main"并单击鼠标右键，在弹出的快捷菜单中选择"插入逻辑指令"。在弹出的"创建逻辑指令"对话框中，设置各参数后单击"创建"按钮	
第 12 步 将程序同步到 RAPID	
第 13 步 编辑程序。打开 RAPID 程序，在 main 程序里面添加程序，然后单击"应用"按钮	

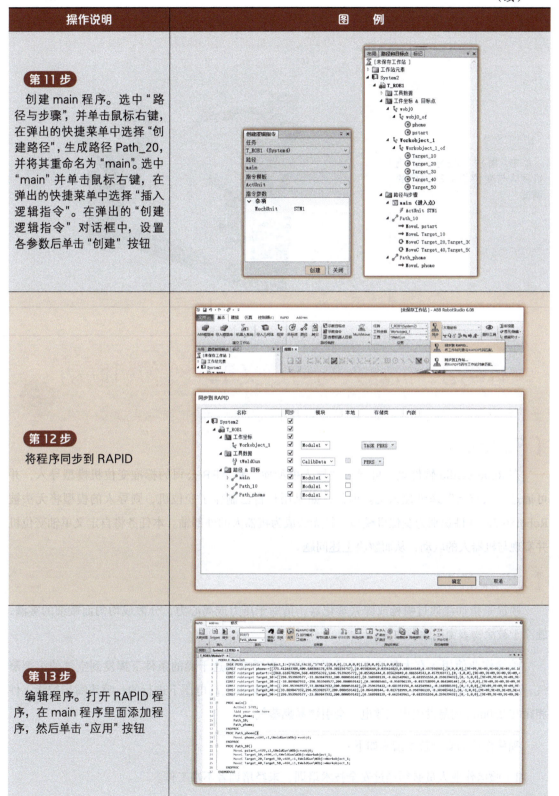

（续）

操作说明	图　例
第14步 单击"播放"按钮，完成机器人与变位机联动程序的调试	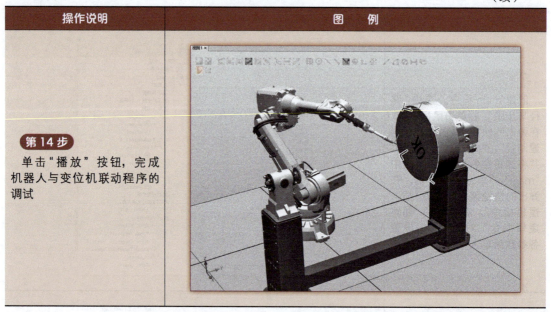

任务2　机器人与自定义单轴变位机联动

【任务描述】

在 RobotStudio 软件里，可通过"导入模型库"将 ABB 公司的标准变位机模型导入，并可通过"从布局"来创建系统。但是，如果用户自己制作了变位机，则导入的模型将无法被 RobotStudio 软件识别为变位机模型，且无法成为机器人的外部轴。本任务将自定义单轴变位机并实现与机器人的联动，从而解决上述问题。

【知识准备】

喷涂是指油漆通过喷枪或碟式雾化器，借助于压力或离心力，分散成均匀而微细的雾滴，施涂于被涂物表面的涂装方法。

喷涂作业使用含有大量溶剂的易燃漆料，在要求快速干燥的条件下挥发到空气的溶剂蒸气，易形成爆炸混合物。其中，静电喷漆是在 60kV 以上高电压下进行的，喷漆嘴与被漆工件相距在 250mm 内易发生火花放电，会引燃易燃蒸气。

喷涂作业的安全技术措施如下：

1）喷涂作业人员必须经过安全技术培训，未经培训者不准工作。

2）喷漆作业前必须对所有的喷漆设备及工具进行全面检查，确认无问题后方可工作。

3）作业中，企业安全技术部门应设专人定时测定密闭空间内空气中氧含量和可燃气体浓度，氧含量应在 18% 以上，可燃气体浓度应低于爆炸下限的 10%。

4）舱内喷漆作业至少配备两人以上共同操作，若作业场所过于狭小，仅能容纳单人操作时，另外一人应负责监护。

5）多支喷枪同时作业时，必须拉开间距（5m 左右），并按同一方向进行喷涂。

6）特涂作业的喷涂设备及软管应设专人管理，若设备出现故障或有异常情况，首先通知舱内人员撤出舱外，然后由维修人员检修。

7）作业完毕后，必须及时将喷枪撤出舱外，并继续进行通风，直至漆膜完全固化。

8）喷漆作业结束后，应及时对工作场所进行清理，将剩余的涂料和溶剂及时送回仓库，不准随便乱放。

常用的 ABB 喷涂设备如图 8-8 所示。

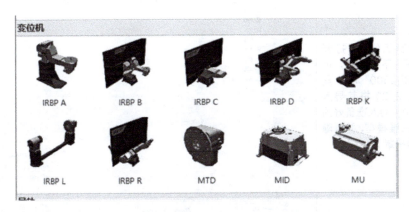

图8-8　常用的ABB喷涂设备

【任务实施】

机器人与自定义单轴变位机联动的创建流程图如图 8-9 所示。

图8-9　机器人与自定义单轴变位机联动的创建流程图

1. 导入模型

导入机器人、工具和 3 个部件的模型，操作步骤见表 8-5。

机器人与自定义单轴变位机联动（1）

表 8-5 导入机器人、工具和 3 个部件的模型的操作步骤

操作说明	图 例
第 1 步 新建一个空工作站；打开"ABB 模块库"下拉菜单，选择机器人"IRB2600"和工具"Binzel_air_22_2"，将其导入至工作场景中；导入准备好的 3 个部件的三维模型，并且隐藏组 _1 里的护罩 2	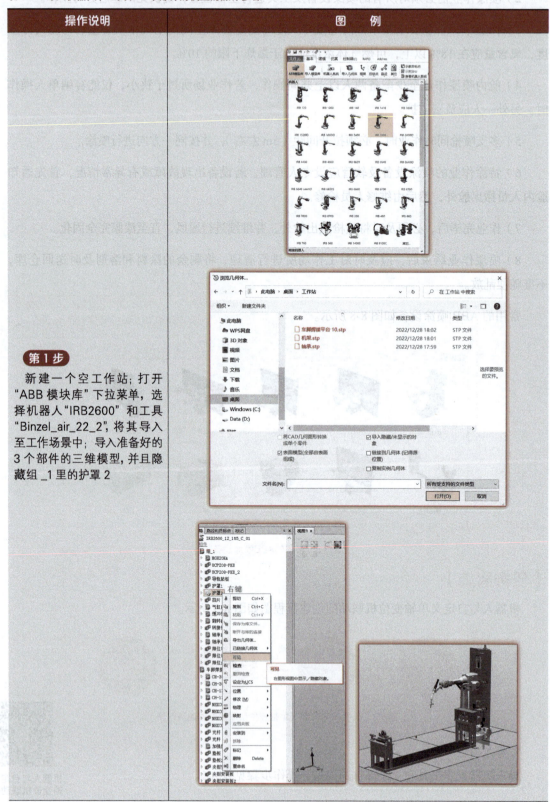

（续）

操作说明	图 例
第2步 通过移动和旋转，把轴承放到轴的附近。然后选中"轴承"，并单击鼠标右键，在弹出的快捷菜单中选择"位置"→"放置"→"一个点"。在弹出的对话框中，通过捕捉工具，"主点–从"设置为轴承中心点，"主点–到"设置为轴的中心点，从而将轴承的中心点放置在轴的中心上	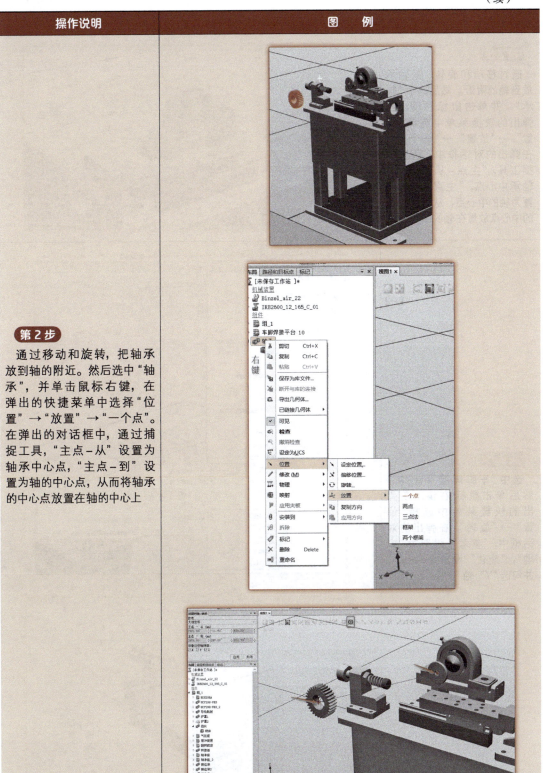

(续)

操作说明	图　例
第2步　通过移动和旋转，把轴承放到轴的附近。然后选中"轴承"，并单击鼠标右键，在弹出的快捷菜单中选择"位置"→"放置"→"一个点"。在弹出的对话框中，通过捕捉工具，"主点-从"设置为轴承中心点，"主点-到"设置为轴的中心点，从而将轴承的中心点放置在轴的中心上	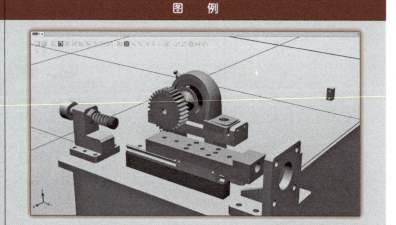
第3步　选中"车脚焊接平台10"，然后单击鼠标右键，在弹出的快捷菜单中选择"位置"→"旋转"。在弹出的对话框中，"参考"设置为"本地"，"旋转"设置为"-90"，并勾选"Y"轴	 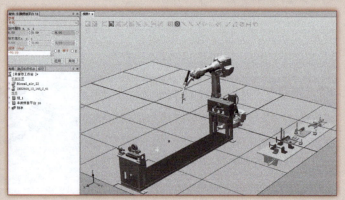

（续）

操作说明	图　例
第4步 把车脚焊接平台的轴心放到轴承的中心上	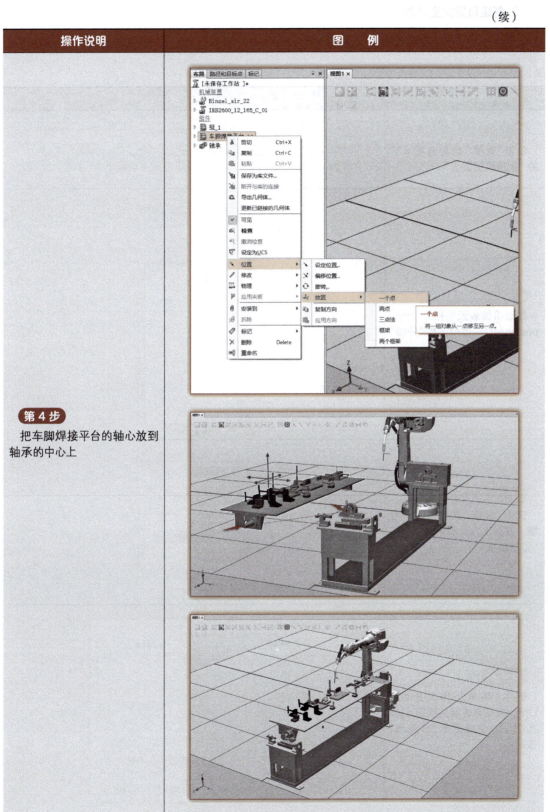

2. 创建自定义变位机

操作步骤见表 8-6。

表 8-6 创建自定义变位机的操作步骤

操作说明	图 例
第1步 单击"建模"功能选项卡下的"创建机械装置"	
第2步 修改机械装置名称为"my-positioner",类型选择"外轴"	
第3步 选中"链接"并单击鼠标右键,在弹出的快捷菜单中选择"添加链接"	
第4步 选中"轴承"作为BaseLink,然后单击箭头按钮,添加组_1,完成后单击"应用"按钮	

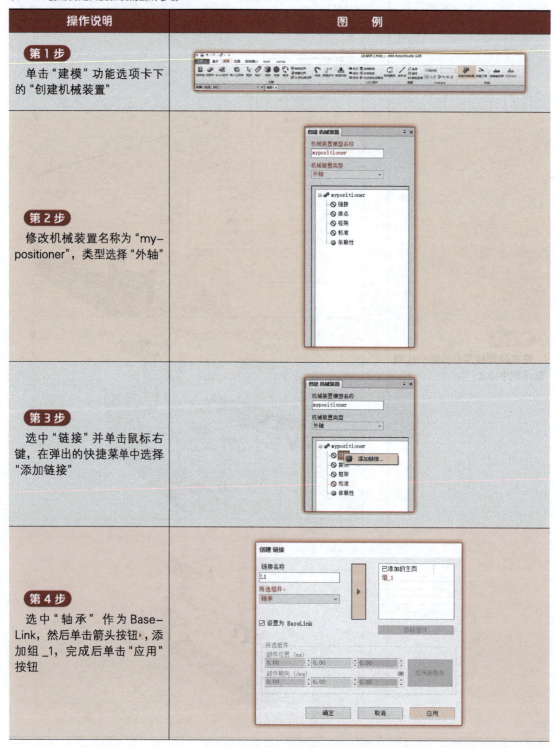

（续）

操作说明	图 例
第5步 把"链接名称"改为"L2",然后"所选组件"选中"轴承",单击" ▶ "按钮,完成后单击"确定"按钮	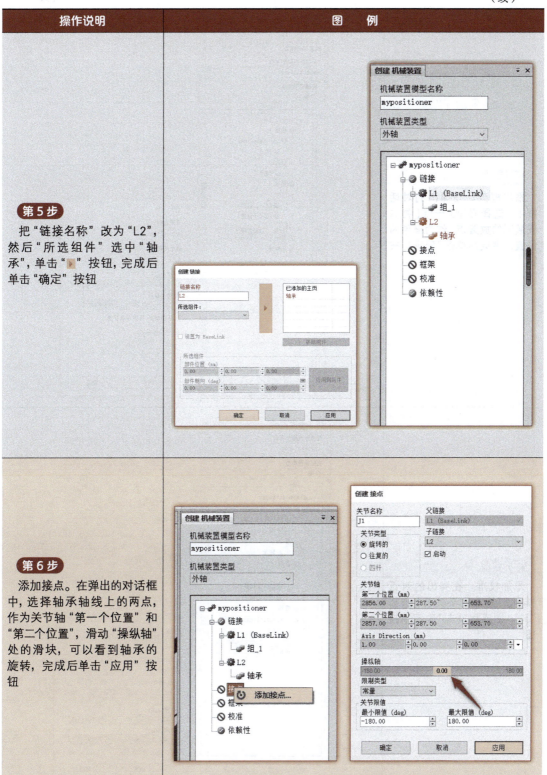
第6步 添加接点。在弹出的对话框中,选择轴承轴线上的两点,作为关节轴"第一个位置"和"第二个位置",滑动"操纵轴"处的滑块,可以看到轴承的旋转,完成后单击"应用"按钮	

(续)

操作说明	图 例
第7步 添加框架。在弹出的对话框中，选择界面上一点（物体安装时的放置点）作为框架的位置，完成后单击"确定"按钮	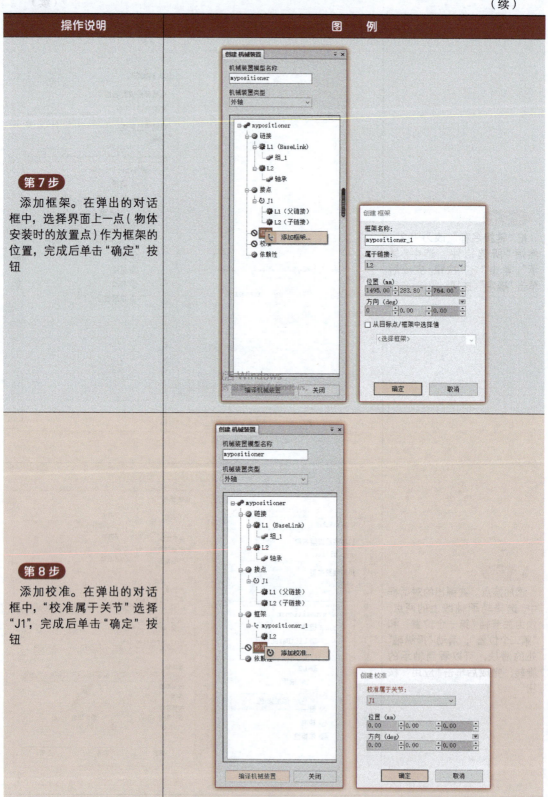
第8步 添加校准。在弹出的对话框中，"校准属于关节"选择"J1"，完成后单击"确定"按钮	

（续）

操作说明	图 例
第9步 单击"编译机械装置"，然后单击"关闭"生成自定义单轴变位机 mypositioner	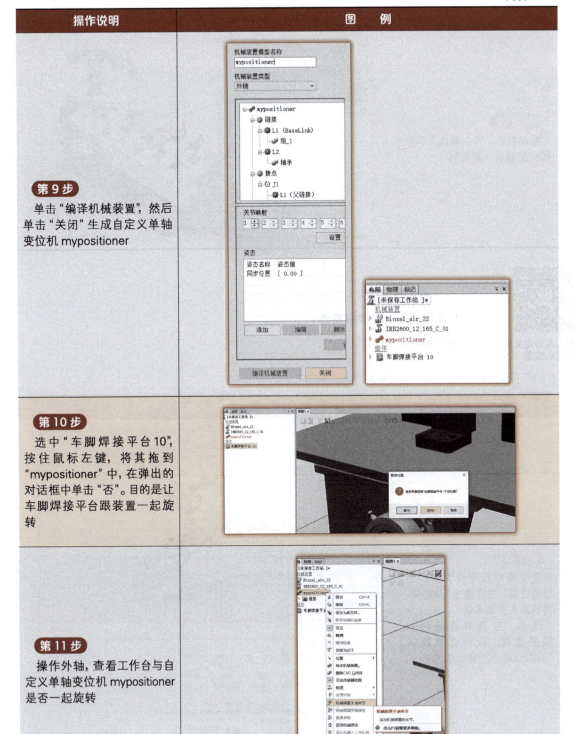
第10步 选中"车脚焊接平台10"，按住鼠标左键，将其拖到"mypositioner"中，在弹出的对话框中单击"否"。目的是让车脚焊接平台跟装置一起旋转	
第11步 操作外轴，查看工作台与自定义单轴变位机 mypositioner 是否一起旋转	

(续)

操作说明	图例
第12步 拖动控件,可以看出工作台和机械装置一起旋转	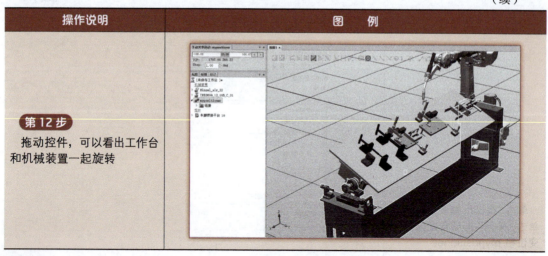

机器人与自定义单轴变位机联动(2)

3. 创建自定义变位机系统

操作步骤见表 8-7。

表 8-7 创建自定义变位机系统的操作步骤

操作说明	图例
第1步 把车脚焊接平台调整到适当的位置,并且通过"从布局"为机器人安装系统 注意:在选择系统的机械装置时,只勾选机器人"IRB2600_12_165_C_01"	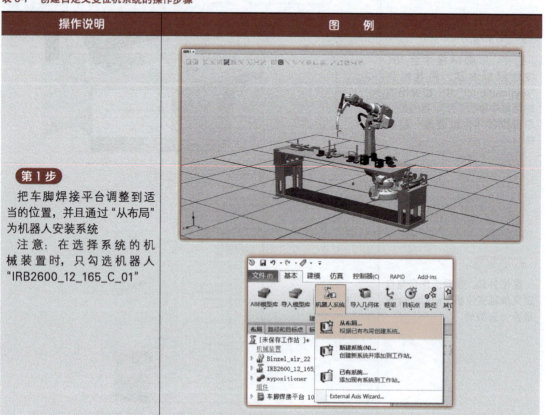

（续）

操作说明	图 例
第2步 单击"Add-Ins"功能选项卡中的"RobotApps"，在弹出的对话框中，通过搜索找到外部轴导向插件External Axis Wizard 6.08.01（其版本要与软件版本匹配），然后添加该插件。添加完成后一定要重启软件	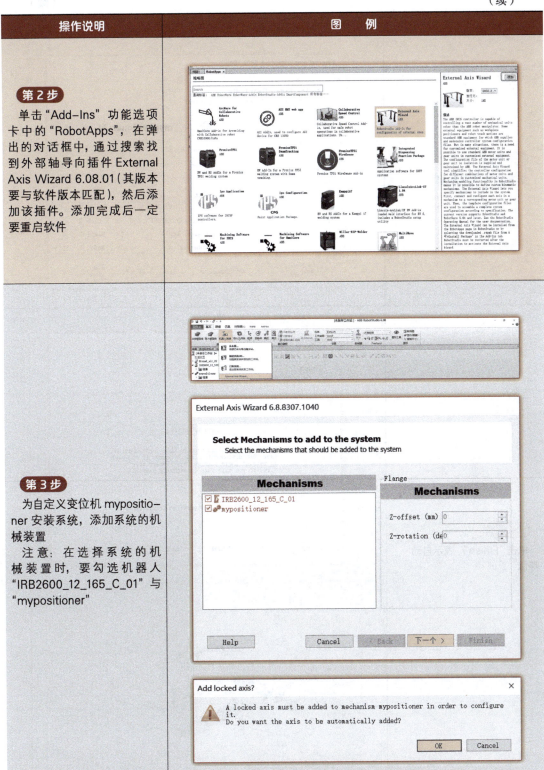
第3步 为自定义变位机mypositioner安装系统，添加系统的机械装置 注意：在选择系统的机械装置时，要勾选机器人"IRB2600_12_165_C_01"与"mypositioner"	

（续）

操作说明	图 例
第4步 选择相应的电动机	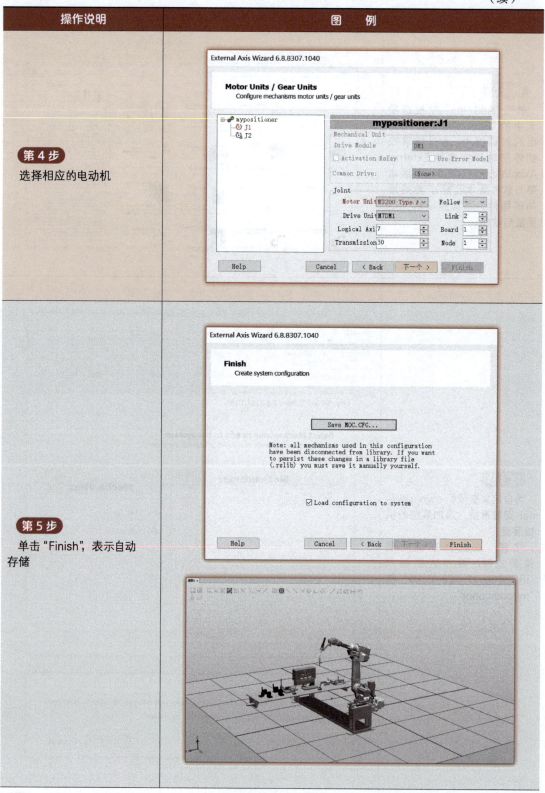
第5步 单击 "Finish"，表示自动存储	

(续)

操作说明	图 例
第6步 经过上述的系统创建,车脚焊接平台的位置可能会发生改变。因此,需要通过前面所述的移动等方式来调整车脚焊接平台的位置	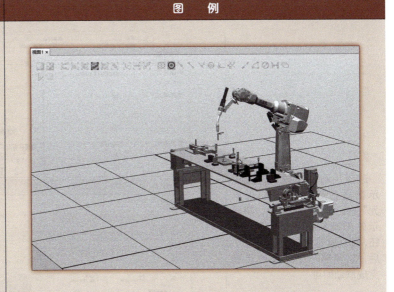
第7步 选中"车脚焊接平台10",并按住鼠标左键,将其拖到"mypositioner"中,并在弹出的对话框中选择"否"	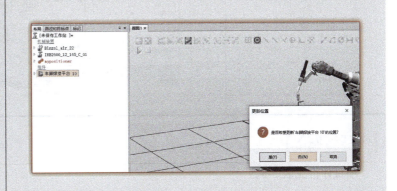
第8步 打开示教器,用示教器控制车脚焊接平台的旋转	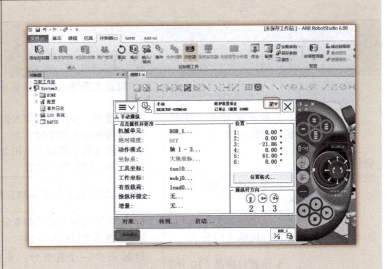

(续)

操作说明	图 例
第9步 选择手动操作模式,通过示教器右侧的"选择机械单元"按钮切换到外部轴,将显示外部轴参数。打开使能按钮,可观察轴承的旋转。成功后,按照前一个任务的步骤完成联动即可	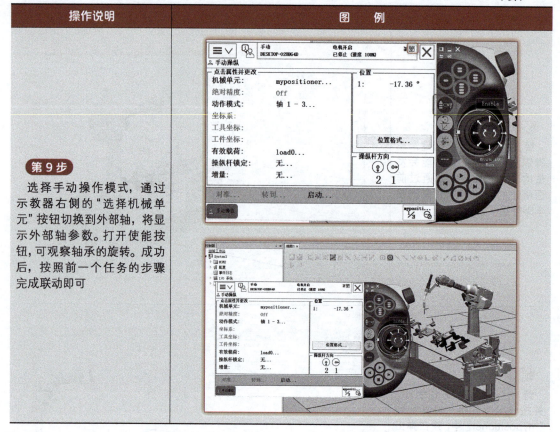

【项目评价】

项目评价见表8-8。

表8-8 评分表

评分表 学年		工作形式 □个人 □小组分工 □小组	实践工作时间	
训练项目	训练内容	训练要求	小组互评	教师评分
创建带变位机的焊接机器人工作站	1.导入机器人、变位机、焊枪(10分)	1)机器人未导入或未按要求导入扣2分 2)传送带、变位机未导入扣2分 3)焊枪未导入扣2分 4)焊枪未装至机器人上扣2分 5)布局未调整好扣2分		
	2.定义变位机工件坐标(5分)	未定义变位机工件坐标扣5分		
	3.安装机器人系统,激活变位机(10分)	1)未安装机器人系统扣5分 2)未激活变位机扣5分		
	4.示教目标点(10分)	目标点少一个扣2分,直到扣完为止		

（续）

评分表 学年		工作形式 □个人　□小组分工　□小组	实践工作时间	
训练项目	训练内容	训练要求	小组互评	教师评分
创建带变位机的焊接机器人工作站	5. 通过目标点创建路径，并优化路径（20分）	1）生成路径失败一处扣2分 2）路径未走圆弧一处扣2分，直到扣完为止		
	6. 同步程序到RAPID程序（5分）	未同步扣5分		
	7. 编辑、调试程序，并仿真运行（30分）	1）main程序未建立扣5分 2）程序报错一处扣5分，直到扣完为止 3）未能仿真扣10分		
	8. 职业素养与安全意识（10分）	现场操作、安全保护符合安全操作规程；团队有分工、有合作，配合紧密；遵守纪律，尊重教师，爱惜设备和器材，保持工位的整洁		

【拓展训练】

焊接机器人分为点焊机器人、弧焊机器人等。

（1）点焊机器人　点焊机器人具有有效载荷大、工作空间大的特点，配备有专用的点焊枪，并能灵活准确地运动，以适应点焊作业的要求，其最典型的应用是用于汽车车身的自动装配生产线。

（2）弧焊机器人　因弧焊的连续作业要求，弧焊机器人需实现连续轨迹控制，也可利用插补功能并根据示教点生成连续焊接轨迹。弧焊机器人除机器人本体、示教器与控制柜之外，还包括焊枪、自动送丝机构、焊接电源和保护气体相关部件等。熔化极焊接具体应用不同，其送丝机构在安装位置和结构设计上也有不同的要求。

（3）搅拌摩擦焊机器人　基于焊接过程中产生的振动、对焊缝施加的压力、搅拌主轴尺寸大、垂向和侧向的轨迹偏转等原因，对搅拌摩擦焊机器人提供的正压力、扭矩，以及机器人的力觉传感能力、轨迹控制能力等都提出了较高的要求。

（4）激光焊机器人　激光焊机器人不仅能满足较高的精度要求，还常通过与线性轴、旋转台或其他机器人协作的方式实现复杂曲线焊缝或大型焊件的灵活焊接。

项目 9

创建喷涂机器人工作站

【项目背景描述】

涂装是产品制造的一个重要环节,它关系着产品的外观质量,也是产品价值的重要影响因素。目前,喷涂机器人已经广泛用于汽车整车及其零部件、电子产品和家具的自动喷涂,如图 9-1 所示。在提高漆膜性能、提高喷涂效率和涂料利用率、降低 VOC 排放、提升涂装工人作业环境等方面,喷涂机器人有着其他喷涂设备无法比拟的优势。近五年,喷涂领域是我国工业机器人应用最广泛的五大应用领域之一。目前,全球喷涂机器人企业主要包括 ABB、杜尔、发那科、安川、史陶比尔、川崎等,并且欧美、日本等发达国家在喷涂机器人的研发与应用上占据着主导地位,这些地区的企业在喷涂机器人仿真技术、控制技术和远程再示教技术等方面积累了大量生产经验和实验数据,使得喷涂机器人的设计与制造逐渐进入到产业化、规模化的发展阶段。但随着中国制造业的发展,国内喷涂机器人企业也在不断涌现。

典型的喷涂机器人工作站主要由机器人、机器人控制系统、供漆系统、自动喷枪/旋杯、喷房和防爆吹扫系统等组成,如图 9-2 所示。简单来说,喷涂机器人可以拆分为机器人系统与喷涂系统两大部分,相较于传统的"人+喷涂"的喷涂方式,它使用机器人来

图9-1 工业机器人喷涂应用

代替人进行喷涂作业。从另一个角度来讲,喷涂机器人其实属于机器人应用场景的一个分支(喷涂机器人的特殊要求在于防爆性能),主要是伴随汽车工业的发展,机器人喷涂应用获得了生命力。

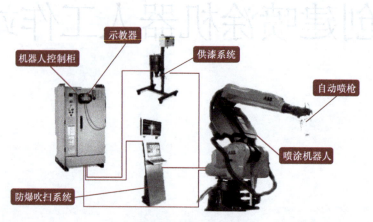

图9-2 喷涂机器人工作站

【学习目标】

知识目标	能力目标	素养目标
1. 了解奇异点的定义及规避方法 2. 掌握创建及布局喷涂机器人工作站的方法 3. 掌握使用 Smart 组件创建动态喷涂效果的方法 4. 掌握创建信号连接并设定机器人工作站逻辑的方法 5. 掌握利用投影功能自动创建曲面喷涂轨迹的方法 6. 掌握编写及调试工业机器人喷涂任务的程序并进行仿真运行的方法	1. 能够创建并合理布局喷涂机器人工作站 2. 能够创建喷涂机器人系统 3. 能够使用 Smart 组件创建动态喷涂效果 4. 能够创建信号连接并设定喷涂机器人工作站逻辑 5. 能够利用投影功能自动创建曲面喷涂轨迹 6. 能够编写工业机器人喷涂任务的仿真程序和调试方法	1. 树立安全思想,增强防护观念 2. 在进行喷涂作业时,必须树立安全第一的思想,增强防护观念,落实具体的安全防护措施 3. 了解汽车涂料的种类和特性、对人体的伤害方式、涂料的使用注意事项及中毒时的急救措施等

对接工业机器人应用编程 1+X 证书模块(中级)

 3.1.1 能够根据工作任务要求进行模型创建和导入
 3.1.2 能够根据工作任务要求完成工作站系统布局
 3.3.1 能够根据工作任务要求实现搬运、码垛、焊接、抛光和喷涂等典型工业机器人系统的仿真
 3.3.2 能够根据工作任务要求对搬运、码垛、焊接、抛光和喷涂等典型应用的工业机器人系统进行离线编程和应用调试

创建喷涂机器人工作站 项目9

【学习导图】

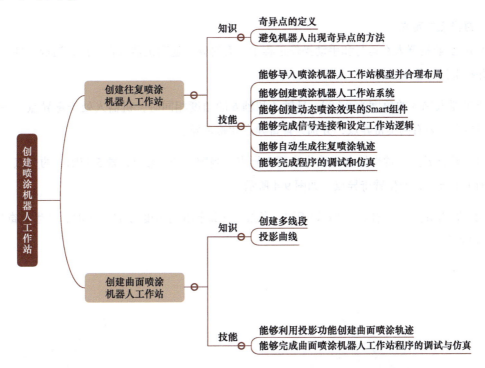

任务1 创建往复喷涂机器人工作站

【任务描述】

本任务通过创建往复喷涂机器人工作站,如图9-3所示。编制并调试工业机器人对喷涂模型的离线仿真程序,学生应掌握PaintApplicator子组件的用法,并完成往复喷涂的离线编程和虚拟仿真。

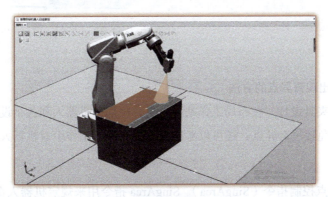

图9-3 往复喷涂机器人工作站

【知识准备】

1. 奇异点的定义

ABB 工业机器人在运行和手动操作过程中，有时候会遇到机器人奇异点，造成机器人停止运行并报奇异点错误。

当机器人轴 5 的角度为 0（°），且轴 4 和轴 6 的角度相同时，机器人处于奇异点。一般说来，机器人主要有两类奇异点，分别为臂奇异点和腕奇异点。

（1）臂奇异点　臂奇异点又称为肩部奇异点。当腕中心（轴 4、轴 5 和轴 6 的交点）正好位于轴 1 上方时，产生臂奇异点，如图 9-4 所示。

（2）腕奇异点　当轴 4 和轴 6 处于同一条线上（即轴 5 的角度为 0（°））时，产生腕奇异点，如图 9-5 所示。

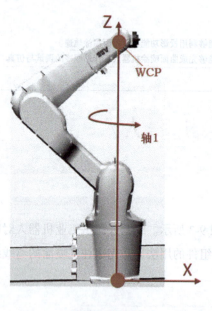
图 9-4　臂奇异点

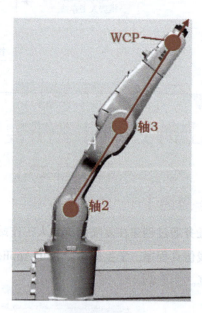
图 9-5　腕奇异点

2. 避免机器人出现奇异点的方法

（1）布局以及夹具设计　在布局工作站时，要合理摆放机器人和各个设备，尽量使机器人在工作过程当中避免经过奇异点；还可以考虑机器人夹具在工作中对机器人姿态的影响，进而避免奇异点的出现。

（2）使用奇异点控制指令（SingArea）　SingArea 指令用来规定机器人奇异点的定位方式，

它可以通过轻微改变工具的姿态或者锁定轴 4 的位置来规避奇异点。

例 SingArea\Wrist；允许轻微改变工具的姿态，以便通过奇异点

MoveL p70，v200，z50，tool0；// 机器人移动到 p70 点

SingArea\OFF；// 撤销奇异点姿态控制功能

MoveL p80，v200，z50，tool0;// 机器人移动到 p80 点

【任务实施】

往复喷涂机器人工作站的创建流程图如图 9-6 所示。

图9-6　往复喷涂机器人工作站的创建流程图

创建往复喷涂机器人工作站

1. 创建动态喷涂效果的Smart组件

操作步骤见表 9-1。

表 9-1　创建动态喷涂效果的 Smart 组件的操作步骤

操作说明	图　例
第1步 导入 IRB120 机器人、喷枪模型 ECCO_70AS__03	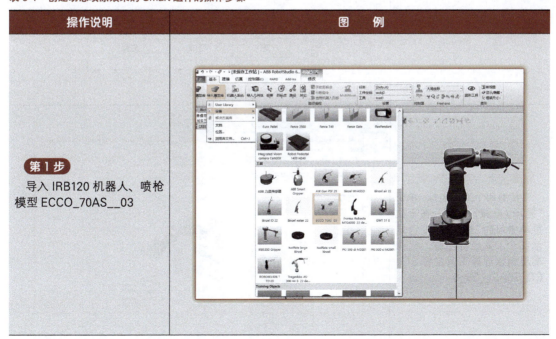

— 307 —

（续）

操作说明	图例
第2步 将喷枪安装到机器人上。首先选中"ECCO_70AS__03"，并按住鼠标左键将其拖放到机器人"IRB120_3_58__01"上；然后在弹出的对话框中，单击"是"按钮	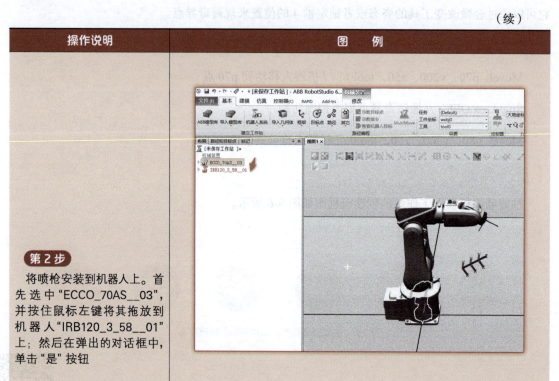 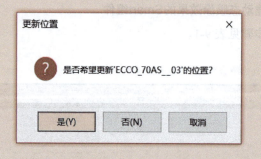
第3步 喷枪有四个工具坐标，单击"显示/隐藏"按钮，在下拉菜单中勾选"框架名称"，显示四个工具坐标名称，根据高度需求选择工具坐标ECCO_70AS__03_0	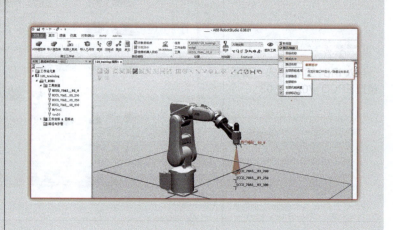

(续)

操作说明	图例
第4步 创建矩形体,生成部件_1,并将其作为喷涂对象。然后选中机器人并单击鼠标右键,在弹出的快捷菜单中选择"显示机器人工作区域"。再将部件_1移至机器人工作区域的合理位置	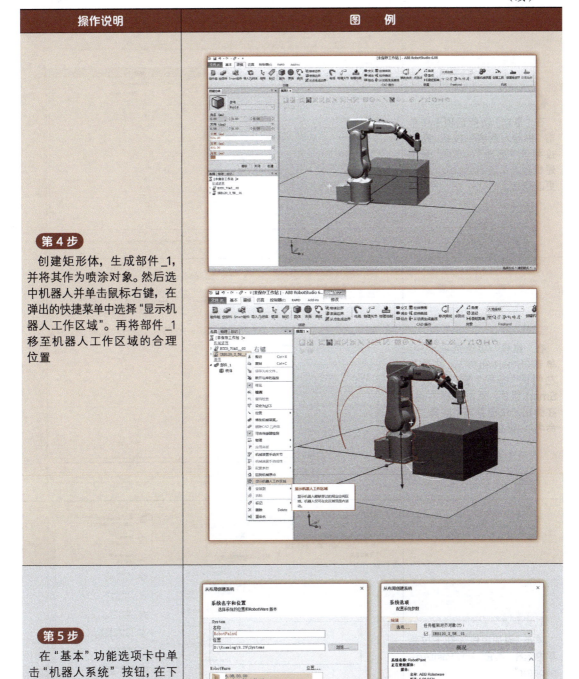
第5步 在"基本"功能选项卡中单击"机器人系统"按钮,在下拉菜单中选择"从布局"来创建机器人系统 RobotPaint,并更改语言	

（续）

操作说明	图例
第5步 在"基本"功能选项卡中单击"机器人系统"按钮，在下拉菜单中选择"从布局"来创建机器人系统 RobotPaint，并更改语言	
第6步 在"建模"功能选项卡中，单击"Smart 组件"，并且在左侧的"布局"窗口中选中 Smart 组件，单击鼠标右键，在弹出的快捷菜单中选择"重命名"，设置为"SC_Paint"	
第7步 单击"添加组件"，在下拉菜单中选择"其它" → "PaintApplicator"	

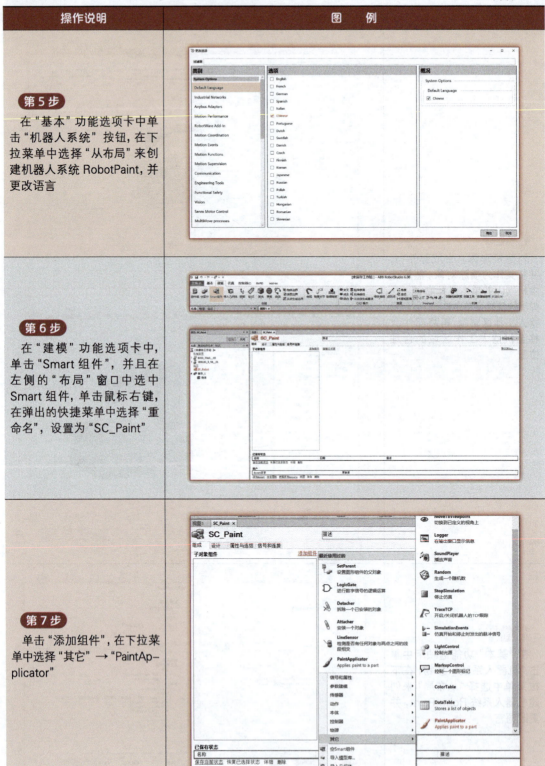

（续）

操作说明	图例
第8步 在属性设置的对话框中，"Part"设置为"部件_1"，"Color"设置为红色，其他参数设定如右图所示，完成后单击"应用"按钮	
第9步 把机器人和喷枪设置为不可见后，可发现创建的PaintApplicator默认显示在大地坐标原点处	
第10步 将创建的PaintApplicator子组件安装在喷枪工具上。选中"PaintApplicator"子组件并按住鼠标左键，将其拖动到喷枪工具下，然后松开鼠标。在弹出的"选择工具柜架"对话框中选中"ECCO_70AS__03_0"，再单击"确定"按钮	
第11步 在系统弹出的"更新位置"对话框中，单击"是"按钮	

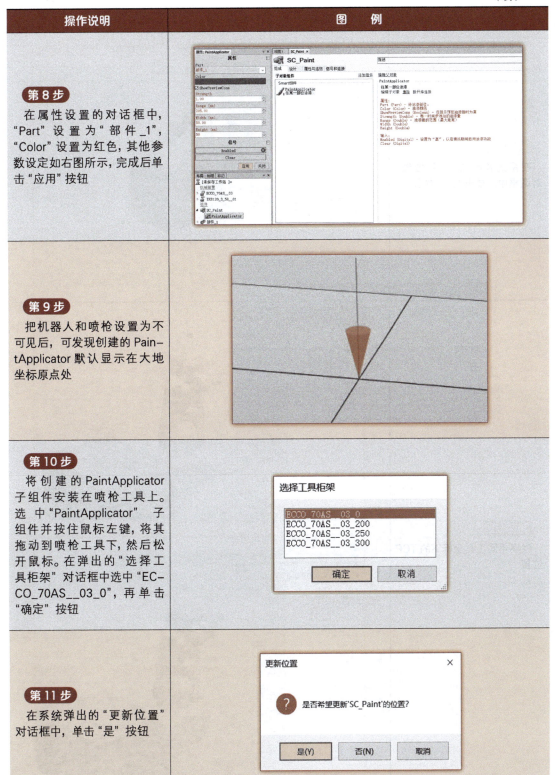

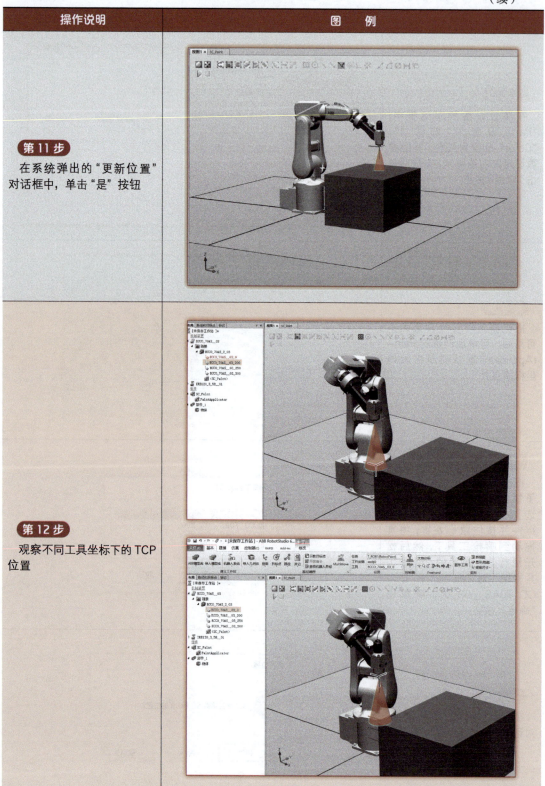

(续)

操作说明	图 例
第12步 观察不同工具坐标下的TCP位置	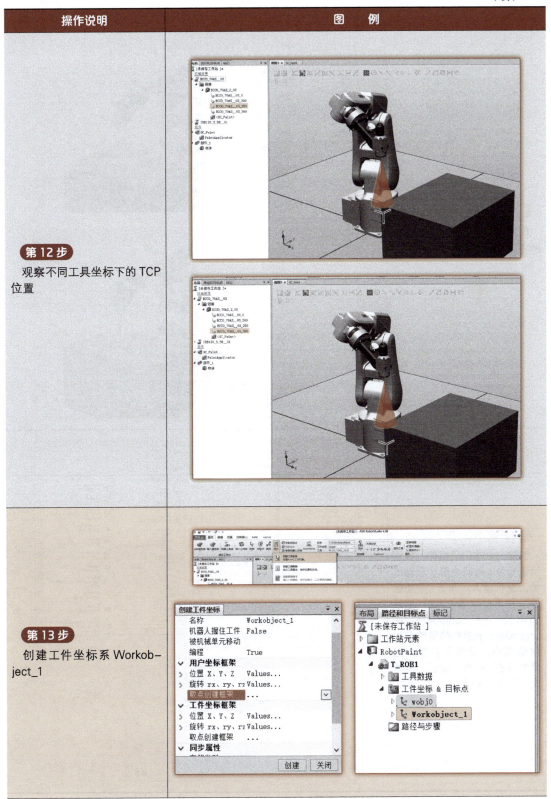
第13步 创建工件坐标系Workobject_1	

（续）

操作说明	图 例
第13步 创建工件坐标系 Workobject_1	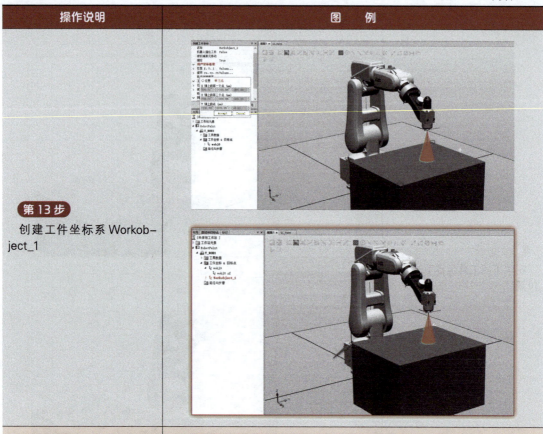
第14步 创建一个非门子组件，实现当信号为1时将当前状态输出给工业机器人。单击"添加组件"，在下拉菜单中选择"信号和属性"→"LogicGate"。在LogicGate子组件的属性设置对话框中，设置各参数，完成后单击"应用"按钮，再单击"关闭"按钮	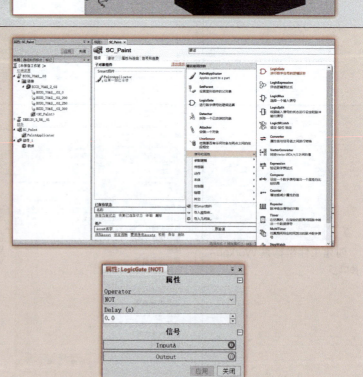

— 314 —

2. 信号连接

创建数字输入信号 distart 来触发喷枪喷涂，操作步骤见表 9-2。

表 9-2 创建数字输入信号的操作步骤

操作说明	图例
第 1 步 打开"SC_Paint"，单击"设计"选项卡中的"输入"。在弹出的对话框中新建数字输入信号 distart，完成后单击"确定"按钮	
第 2 步 将鼠标放在"distart(0)"上，按住鼠标左键，将其拖动到"Enabled(0)"上后松开，完成信号的连接。该信号连接的意思是：如果有信号来，子组件就喷涂油漆	
第 3 步 使用同样的方法，将"distart(0)"与 LogicGate 子组件的"InputA(0)"连接，然后将"Output(1)"与"PaintApplicator"的"Clear(0)"连接。该信号连接的意思是：如果信号没有来，就清除掉油漆	

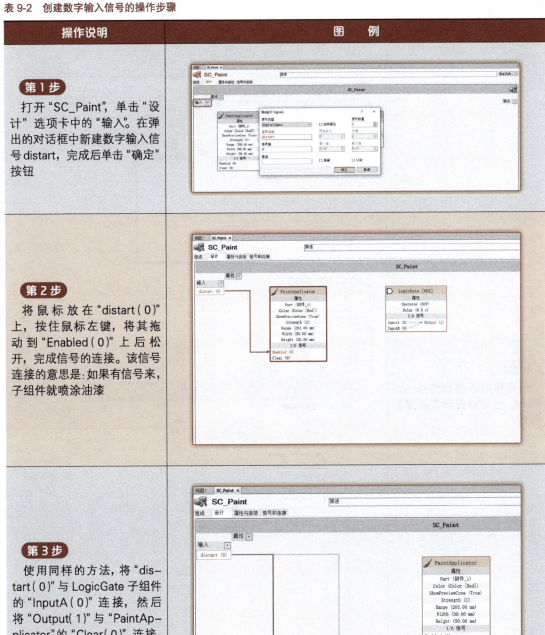

3. 设定工作站逻辑

操作步骤见表 9-3。

表 9-3　设定工作站逻辑的操作步骤

操作说明	图　例
第 1 步 创建程序的输出信号 do-Paint，也可以在示教器里面创建	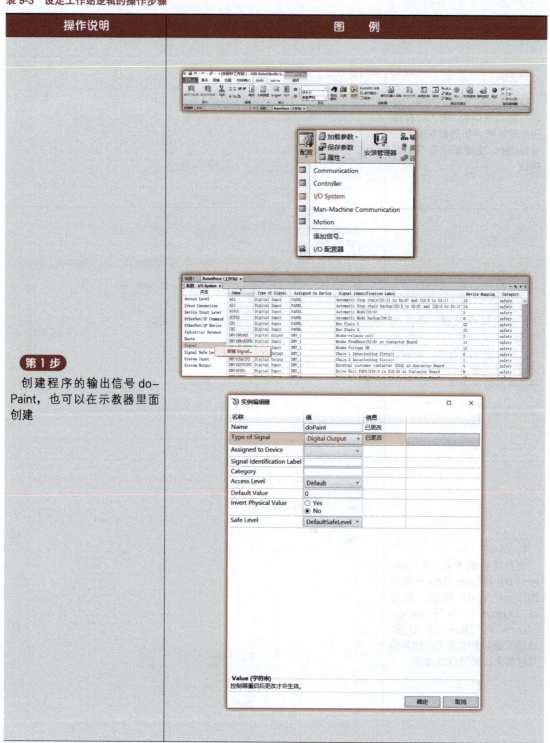

（续）

操作说明	图　例
第2步 创建完信号后，必须重启控制器，输出信号才有效	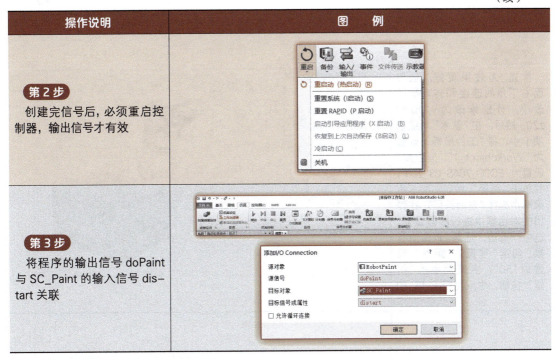
第3步 将程序的输出信号 doPaint 与 SC_Paint 的输入信号 distart 关联	

4. 程序调试及仿真

自动生成喷涂轨迹，然后进行程序调试，完成仿真运行，操作步骤见表 9-4。

表 9-4　程序调试及仿真操作步骤

操作说明	图　例
第1步 首先，为效果更好，把界面右下角的速度和转弯半径改小，分别修改为 v400 和 z20。然后，在"基本"功能选项卡中，将"工件坐标"设置为"Workobject_1"，"工具"设置为"ECCO_70AS_03_200"，并单击"路径"按钮，在下拉菜单中选择"自动路径"。在弹出的对话框中进行参数设置，选中一条边，注意"近似值参数"勾选"常量"，"距离"设置为"50"，完成后单击"创建"按钮，生成路径 Path_10	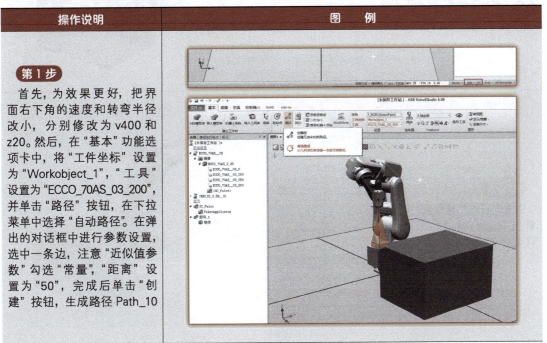

（续）

操作说明	图 例
第1步 首先，为效果更好，把界面右下角的速度和转弯半径改小，分别修改为v400和z20。然后，在"基本"功能选项卡中，将"工件坐标"设置为"Workobject_1"，"工具"设置为"ECCO_70AS_03_200"，并单击"路径"按钮，在下拉菜单中选择"自动路径"。在弹出的对话框中进行参数设置，选中一条边，注意"近似值参数"勾选"常量"，"距离"设置为"50"，完成后单击"创建"按钮，生成路径Path_10	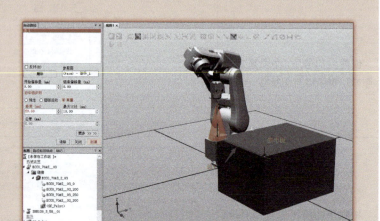
第2步 同理，选择另外一条边，注意勾选"反转"，使两条边的方向一致，生成路径Path_20	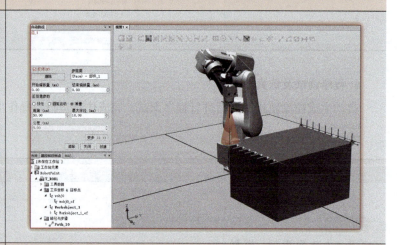
第3步 查看目标点工具位置，可以看出Target_10处的工具反向了	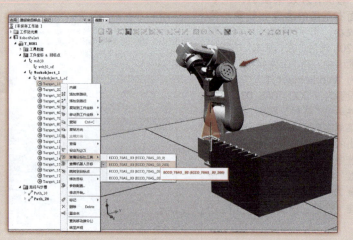

（续）

操作说明	图 例
第4步 选中"Target_10"并单击鼠标右键，在弹出的快捷菜单中选择"修改目标"→"旋转"。在弹出的对话框中设置参数，使工具绕Z轴旋转180°，效果如右图所示	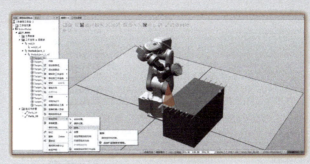  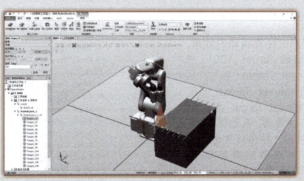
第5步 选中"Target_10"并单击鼠标右键，在弹出的快捷菜单中选择"复制方向"。然后选中其他目标点并单击鼠标右键，在弹出的快捷菜单中选择"应用方向"	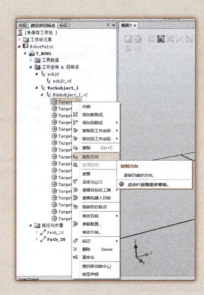 

(续)

操作说明	图　例
第6步 为了产生往复运动的效果，将"MoveL Target_100"拖到"MoveL Target_10"后面，将"MoveL Target_110"拖到"MoveL Target_20"后面，依次类推，拖动其他点；新建路径，并将其重命名为"main"；示教当前目标点，并将其重命名为"phome"；把"phome"点和"Path_10"拖动至"main"中，如右图所示	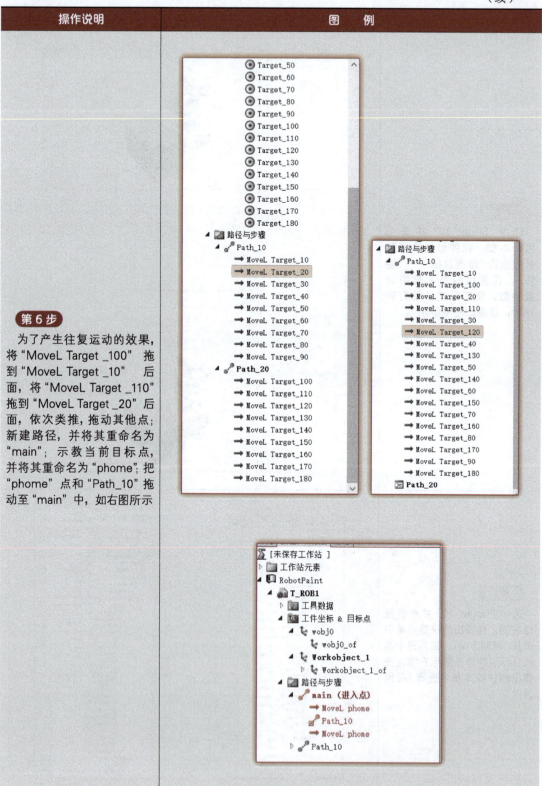

（续）

操作说明	图例
第7步 将程序同步到 RAPID	
第8步 编辑程序。打开 RAPID 程序，并做部分修改和注释	
第9步 单击"应用"按钮，完成程序调试	
第10步 单击"播放"按钮，进行仿真	

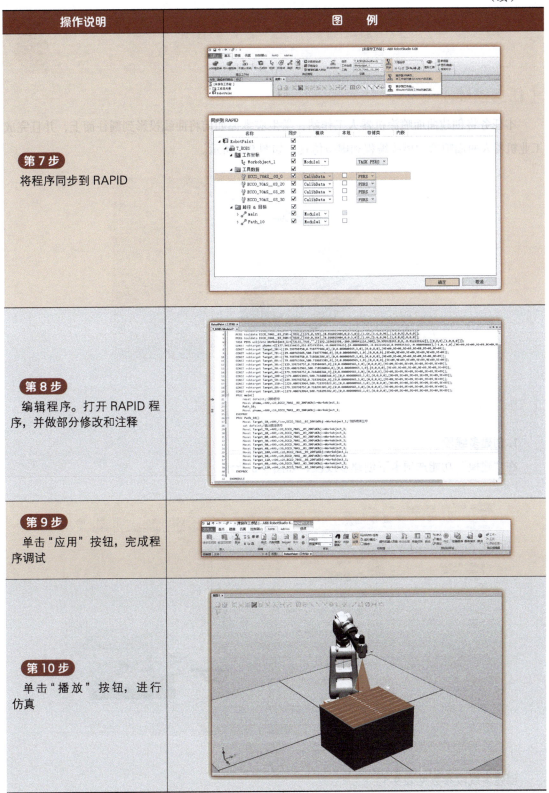

任务2　创建曲面喷涂机器人工作站

【任务描述】

本任务将创建曲面喷涂机器人工作站，学生应掌握如何将曲线投影到圆柱面上，并且完成工业机器人曲面喷涂的离线编程和虚拟仿真，如图9-7所示。

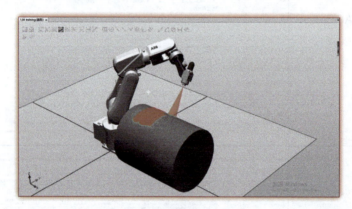

图9-7　曲面喷涂机器人工作站

【知识准备】

1. 创建多线段

在"建模"功能选项卡下创建多线段，如图9-8所示。

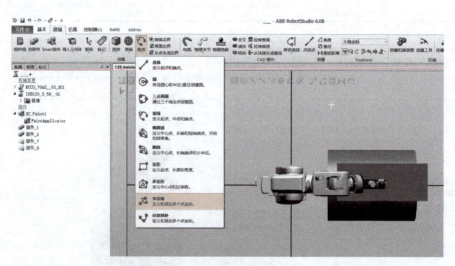

图9-8　创建多线段

创建多线段参数见表9-5。

表 9-5 多线段参数

参数	说 明
Reference（参考）	选择要与所有位置或点关联的 Reference（参考）坐标系
点坐标	在此处指定多段线的每个节点，一次指定一个，具体方法是：输入所需的值，或者单击这些框之一，然后在图形窗口中选择相应的点，以传送其坐标
Add（添加）	单击此按钮可向列表中添加点及其坐标
Modify（修改）	在列表中选择已经定义的点并输入新值之后，单击此按钮可以修改该点
列表	多段线的节点。要添加多个节点，可单击"Add New"（添加一个新的），并在图形窗口中单击所需的点，然后单击"Add"（添加）
创建闭合曲线	选择复选框，创建一条连接起点和终点的折线

2. 投影曲线

投影曲线是指将曲线投射到表面。单击"建模"功能选项卡中的"修改曲线"按钮，然后从下拉菜单选择"投影曲线"，如图 9-9 所示。弹出投影曲线的对话框，在图形窗口单击要投影的曲线。

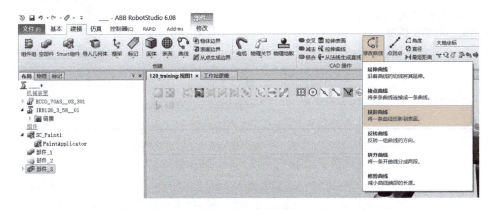

图9-9 投影曲线

注意：将指针放在曲线上时，会显示投射方向。投射方向始终为用户坐标系的 -Z 方向。如要改变投射方向，则要按所需方位创建一个新框架，并将其设为用户坐标系。"要投影的曲线"列表显示了将要投射的曲线。要从该列表中删除某条曲线，可选择相应的列表项，然后按 <DELETE> 键。单击"目标体"列表，然后在图形窗口内单击要投射的体。这些体必须处于投射方向上，并且要大到能覆盖投射的曲线。若要删除列表中的物体，可选择列表项目并按一下 <DELETE> 键。

【任务实施】

曲面喷涂机器人工作站的创建流程图如图 9-8 所示。

工业机器人虚拟仿真技术及应用

图9-10 曲面喷涂机器人工作站的创建流程图

创建曲面喷涂机器人工作站

1. 创建动态喷涂效果的Smart组件

操作步骤见表9-6。

表9-6 创建动态喷涂效果的Smart组件的操作步骤

操作说明	图例
第1步 导入IRB120机器人、EC-CO_70AS__03喷枪模型	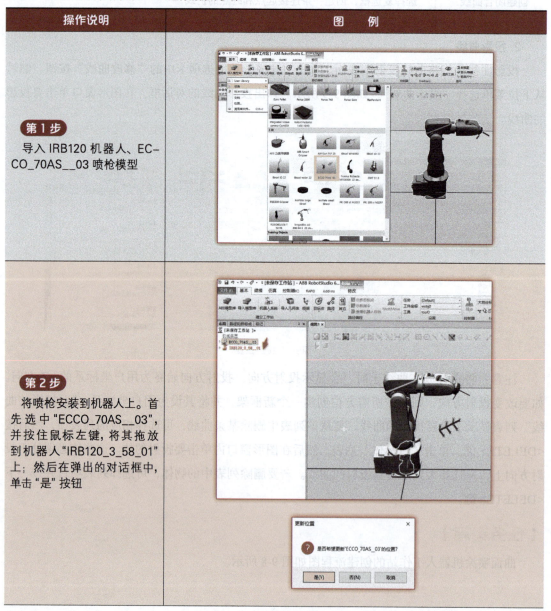
第2步 将喷枪安装到机器人上。首先选中"ECCO_70AS__03",并按住鼠标左键,将其拖放到机器人"IRB120_3_58_01"上;然后在弹出的对话框中,单击"是"按钮	

— 324 —

(续)

操作说明	图　例
第3步 在"建模"功能选项卡中，单击"固体"按钮，在下拉菜单中选择"圆柱体"。在左侧弹出的对话框中，输入圆柱体的半径（或直径）、高，生成部件_1；然后通过旋转、移动等方式，合理设置圆柱体的位置	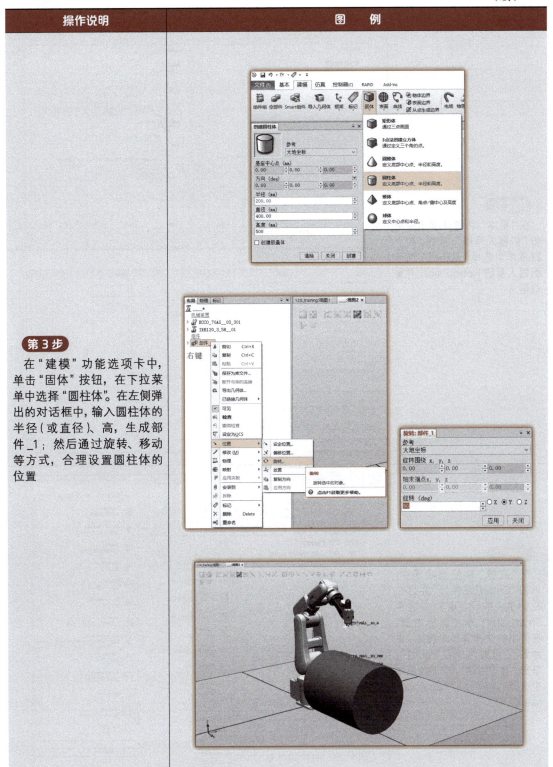

（续）

操作说明	图例
第4步 在"基本"功能选项卡中单击"机器人系统"按钮，在下拉菜单中选择"从布局"，创建机器人系统RobotPaint，并更改语言	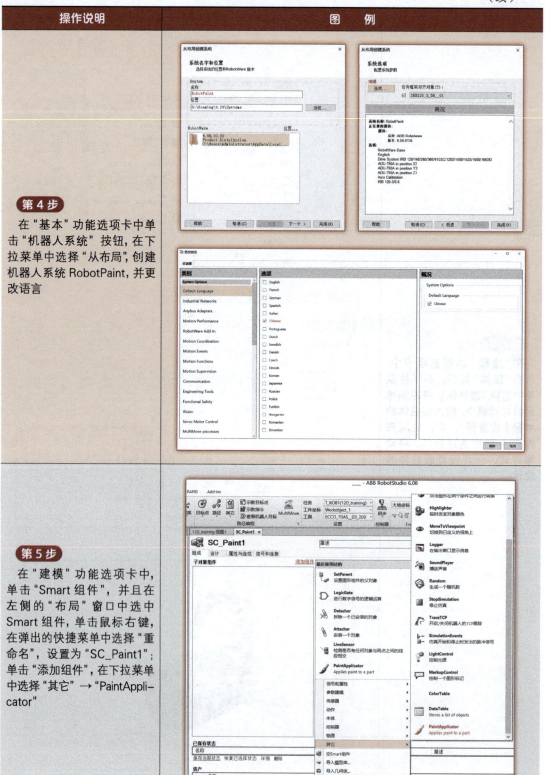
第5步 在"建模"功能选项卡中，单击"Smart组件"，并且在左侧的"布局"窗口中选中Smart组件，单击鼠标右键，在弹出的快捷菜单中选择"重命名"，设置为"SC_Paint1"；单击"添加组件"，在下拉菜单中选择"其它"→"PaintApplicator"	

（续）

操作说明	图 例
第6步 在属性设置的对话框中，"Part"设置为"部件_1"，"Color"设置为红色，其他参数设定如右图所示。完成后单击"应用"按钮	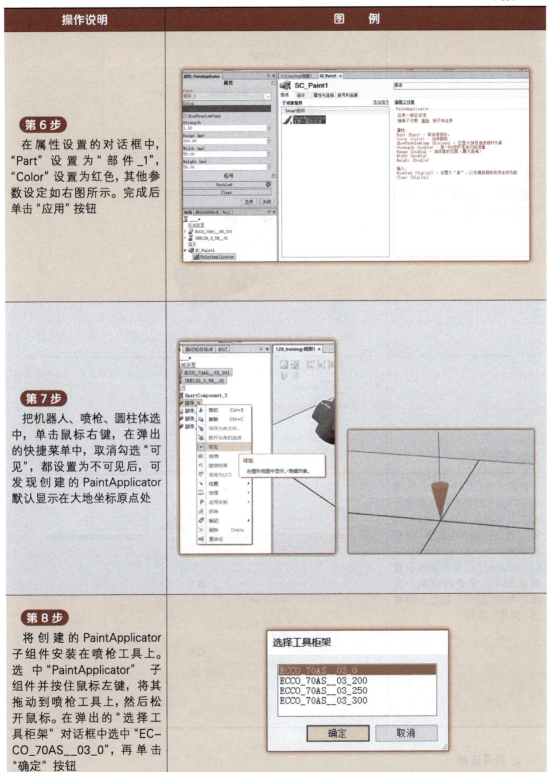
第7步 把机器人、喷枪、圆柱体选中，单击鼠标右键，在弹出的快捷菜单中，取消勾选"可见"，都设置为不可见后，可发现创建的PaintApplicator默认显示在大地坐标原点处	
第8步 将创建的PaintApplicator子组件安装在喷枪工具上。选中"PaintApplicator"子组件并按住鼠标左键，将其拖动到喷枪工具上，然后松开鼠标。在弹出的"选择工具柜架"对话框中选中"ECCO_70AS__03_0"，再单击"确定"按钮	

(续)

操作说明	图例
第9步 在弹出的"更新位置"对话框中,单击"是"按钮	
第10步 创建一个非门子组件,实现当信号为1时将当前状态输出给工业机器人。单击"添加组件",在下拉菜单中选择"信号和属性"→"LogicGate"。在LogicGate子组件的属性设置对话框中,设置各参数,完成后单击"应用"按钮,再单击"关闭"按钮	

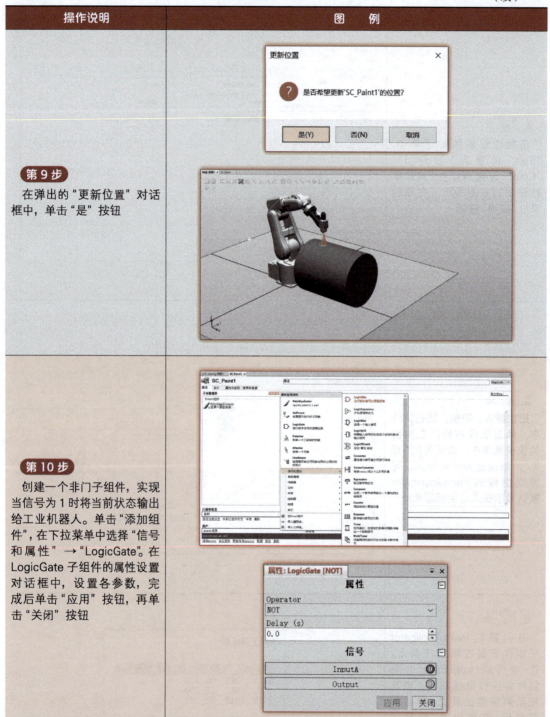

2. 信号连接

创建数字输入信号 distart1 来触发喷枪喷涂,操作步骤见表9-7。

表9-7 创建数字输入信号的操作步骤

操作说明	图例
第1步 打开"SC_Paint1",单击"信号和连接"。在"I/O信号"栏中单击"添加I/O Signals",在弹出的对话框中新建数字输入信号distart1,完成后单击"确定"按钮	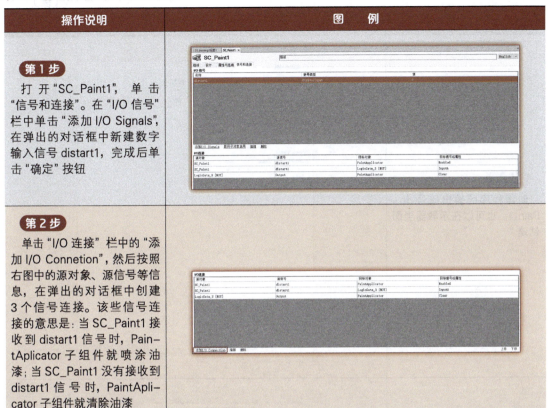
第2步 单击"I/O连接"栏中的"添加I/O Connetion",然后按照右图中的源对象、源信号等信息,在弹出的对话框中创建3个信号连接。该些信号连接的意思是:当SC_Paint1接收到distart1信号时,PaintAplicator子组件就喷涂油漆;当SC_Paint1没有接收到distart1信号时,PaintAplicator子组件就清除油漆	

3. 设定工作站逻辑

操作步骤见表9-8。

表9-8 设定工作站逻辑的操作步骤

操作说明	图例
第1步 创建程序的输出信号doPaint1,也可以在示教器里面创建	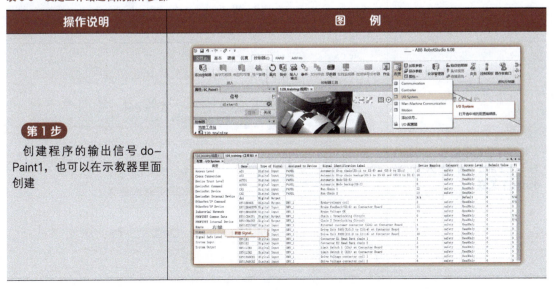

(续)

操作说明	图 例
第1步 创建程序的输出信号 doPaint1，也可以在示教器里面创建	
第2步 创建完信号后，必须重启控制器，输出信号才有效	
第3步 将程序的输出信号 doPaint1 与 SC_Paint1 的输入信号 distart1 关联	

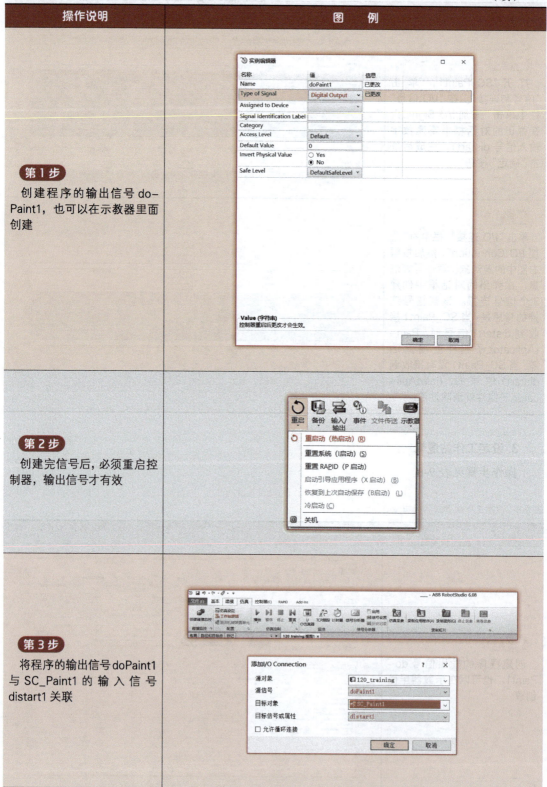

4. 利用投影功能自动创建曲面喷涂轨迹

操作步骤见表 9-9。

表 9-9 利用投影功能自动创建曲面喷涂轨迹的操作步骤

操作说明	图例
第1步 创建矩形体并在上面画曲线。在"建模"功能选项卡中,点击"固体"按钮,在弹出的下拉菜单中选择"矩形体"。在弹出的对话框中设置矩形体的长、宽、高,完成后单击"创建"按钮,生成部件_2,并将其移至合适的位置	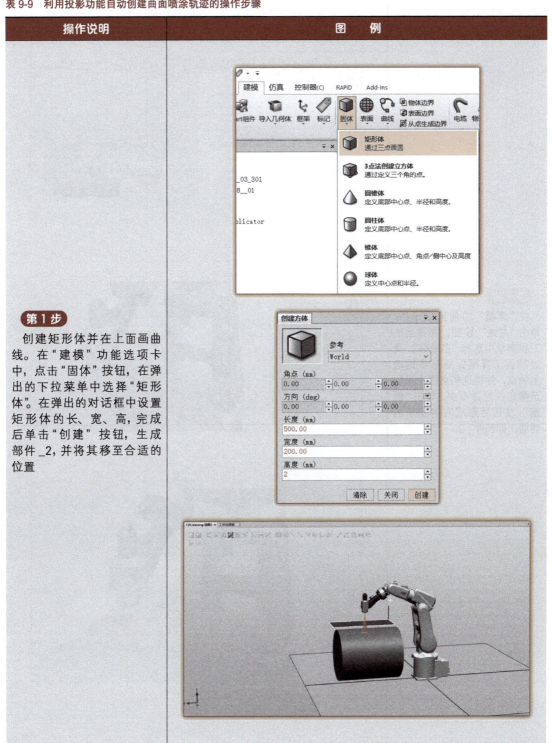

(续)

操作说明	图例
第2步 在"建模"功能选项卡中，单击"曲线"按钮，在弹出的下拉菜单中选择"多段线"。通过捕捉工具捕捉矩形体边沿上的点，并将这些点依次添加至弹出的对话框中，单击"创建"按钮后形成右图所示的曲线，即部件_3	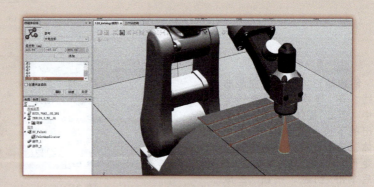 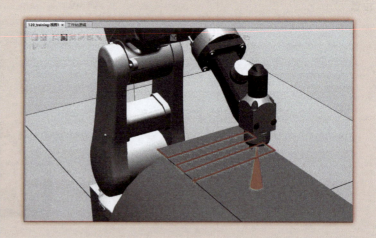

(续)

操作说明	图例
第3步 隐藏矩形体。选中"部件_2"并单击鼠标右键,在弹出的快捷菜单中取消勾选"可见"	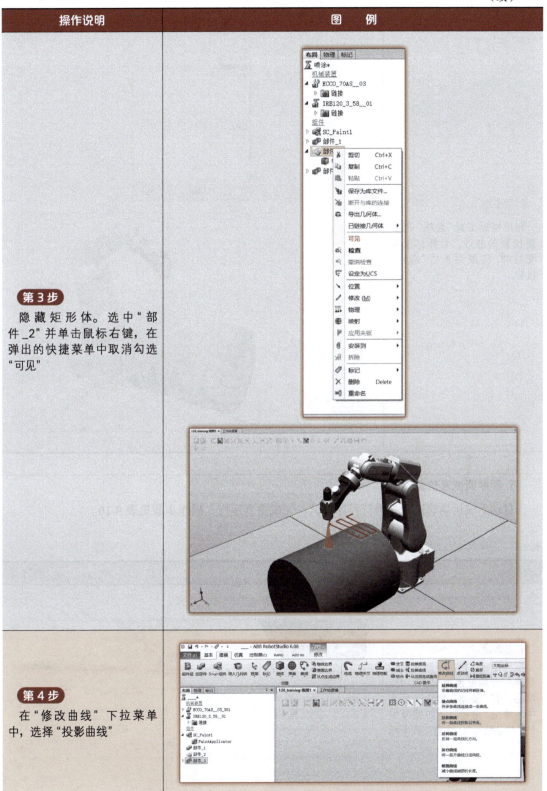
第4步 在"修改曲线"下拉菜单中,选择"投影曲线"	

(续)

操作说明	图例
第5步 利用捕捉工具"曲线"捕捉要投影的曲线,目标体选中圆柱体,完成后单击"应用"按钮	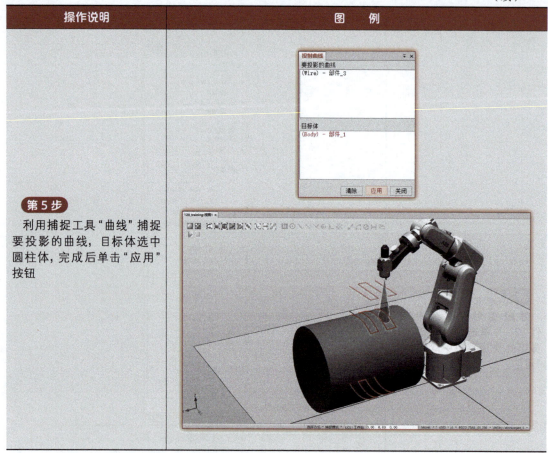

5. 程序调试及仿真

自动生成运动轨迹,并进行程序调试,完成仿真运行,操作步骤见表9-10。

表9-10 程序调试及仿真操作步骤

操作说明	图例
第1步 在界面右下角,将速度和转弯半径分别设置为v200、z1。然后,在"基本"功能选项卡中,单击"路径"下拉菜单中的"自动路径",注意工具坐标	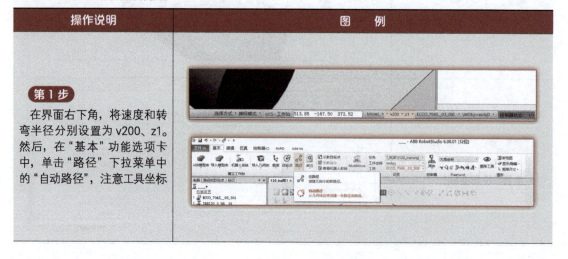

（续）

操作说明	图 例
第2步 在弹出的对话框中，通过捕捉工具"曲线"捕捉圆柱面上的曲线作为路径，选中圆柱面作为参考面，完成后单击"创建"按钮	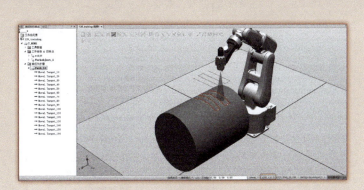
第3步 查看目标点工具，可发现Target_10处的工具反向了	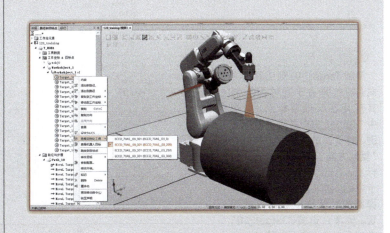
第4步 选中"Target_10"并单击鼠标右键，在弹出的快捷菜单中选择"修改目标"→"旋转"。在弹出的对话框中设置参数，使工具绕Z轴旋转180°	

操作说明	图 例
第 5 步 复制 Target_10 处工具的方向（喷枪垂直于圆柱面），将其应用在其他目标点上。选中"Target_10"并单击鼠标右键，在弹出的快捷菜单中选择"复制方向"。然后选中其他目标点，单击"修改"功能选项卡中的"对准目标点方向"，在弹出的对话框中进行参数设置，参考点选择"Target_10"，完成后单击"应用"按钮，再单击"关闭"按钮，效果如右图所示	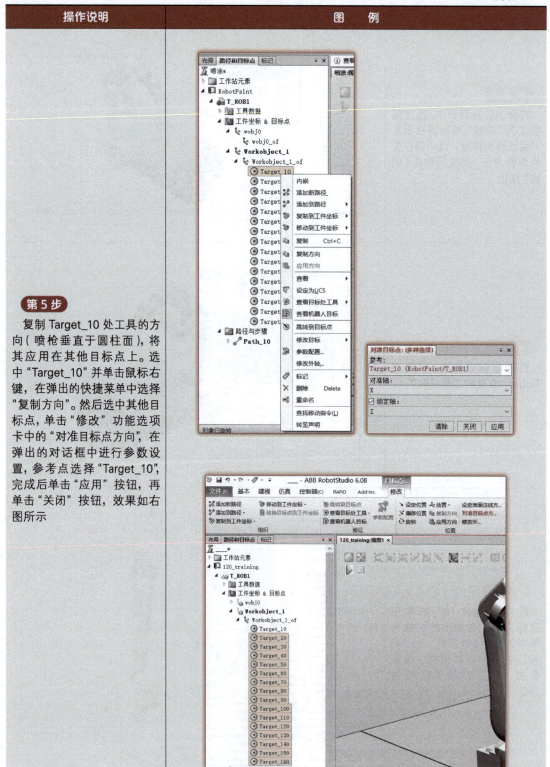

（续）

操作说明	图 例
第6步 选中"Path_10"，并单击鼠标右键，在弹出的快捷菜单中选择"重命名"，改为"main"。然后，将程序同步到RAPID	
第7步 勾选全部选项	
第8步 编辑程序。打开RAPID程序，并做部分修改和注释如右图所示	

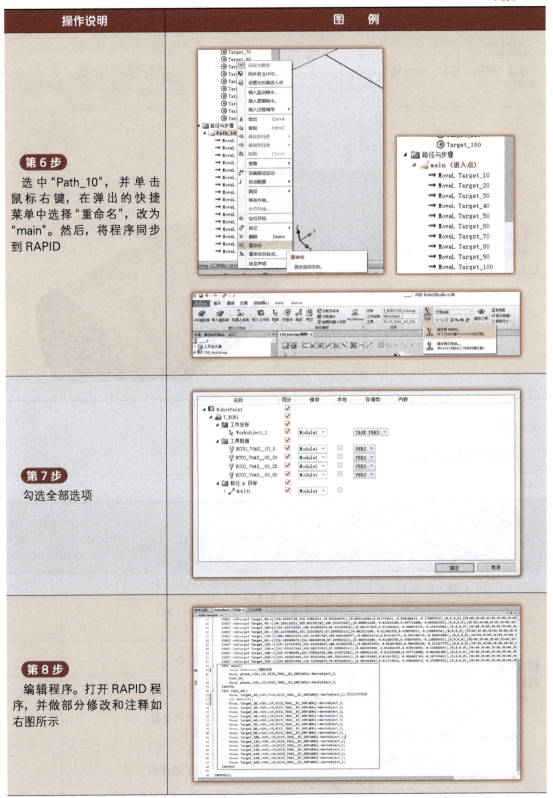

（续）

操作说明	图例
第9步 单击"应用"按钮，完成程序调试	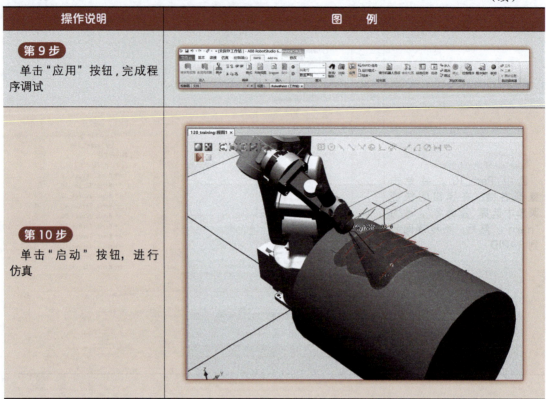
第10步 单击"启动"按钮，进行仿真	

【项目评价】

项目评价见表 9-11。

表 9-11 评分表

评分表 学年		工作形式 □个人　□小组分工　□小组	实践工作时间	
训练项目	训练内容	训练要求	自我 评价	教师 评分
创建喷涂机器人工作站	1.导入机器人、工具、工件并安装（10分）	1）机器人未导入或未按要求导入扣3分 2）工具未导入扣2分 3）机器人未调整到合适的位置扣3分 4）工件未导入扣2分		
	2.创建工业机器人系统（5分）	工业机器人系统未安装成功扣5分		
	3.创建Smart组件，并模拟运行（15分）	1）未成功创建Smart组件扣3分 2）子组件创建失败一处扣2分 3）信号设置、信号连接失败一处扣2分 4）Smart组件动态模拟失败扣3分		
	4.设定工作站逻辑（5分）	1）工作站逻辑信号未建立扣2分 2）Smart组件里面的信号与工作站逻辑信号未连接扣3分		

（续）

评分表 学年		工作形式 □个人 □小组分工 □小组		实践工作时间	
训练项目	训练内容	训练要求		自我评价	教师评分
创建喷涂机器人工作站	5.曲线投影曲面（10分）	1）曲线未建立扣5分 2）曲线未投影到曲面上扣5分			
	6.自动生成喷涂轨迹（15分）	轨迹生成未成功，一处扣5分，扣完为止			
	7.优化并调试程序（25分）	1）main程序未建立扣5分 2）编程语法错误，扣1分，最多扣10分 3）无喷涂效果扣5分 4）喷涂不完整扣5分			
	8.仿真运行（5分）	工作站动态模拟失败扣5分			
	9.职业素养与安全意识（10分）	现场操作、安全保护符合安全操作规程；团队有分工、有合作，配合紧密；遵守纪律，尊重教师，爱惜设备和器材，保持工位的整洁			

【拓展训练】

具有防爆功能的涂装防爆机器人是涂装领域专用的自动喷涂设备，简单地说，就是安全等级高、防护能力强、能够适应一些特殊工作环境的机器人，它的IP等级通常在IP54以上。那么喷涂的时候为什么要用防爆喷涂机器人呢？

喷涂的时候，无论是喷粉还是喷漆，因为要保证均匀喷涂，所以必须要将涂料进行雾化。而涂料的成分皆为化学物质，其漆雾和挥发的其他气体都具有可燃性，因此喷涂的作业现场如同一个汽油站，易燃易爆。而机器人由电力驱动，如果防护不当，便会导致起火爆炸。因此在喷涂项目中，国际标准要求必须使用防爆机器人，而防爆机器人的常用场景也是在喷涂项目中，所以也常将喷涂机器人称为防爆机器人，或将防爆机器人称为喷涂机器人。

参 考 文 献

[1] 叶晖. 工业机器人工程应用虚拟仿真教程 [M]. 北京：机械工业出版社，2014.

[2] 王志强，禹鑫燚，蒋庆斌. 1+X 工业机器人应用编程（ABB）：初级 [M]. 北京：高等教育出版社，2020.

[3] 胡毕富，陈南江，林燕文. 工业机器人离线编程与仿真技术（RobotStudio）[M]. 北京：高等教育出版社，2021.

[4] 朱洪雷，代慧. 工业机器人离线编程（ABB）[M]. 北京：高等教育出版社，2022.

[5] 陈瞭，肖步崧，肖辉. ABB 工业机器人二次开发与应用 [M]. 北京：电子工业出版社，2021.

[6] 刘怀兰，鸥道江. 工业机器人离线编程仿真技术与应用 [M]. 北京：机械工业出版社，2019.

[7] 宋云艳，隋欣. 工业机器人离线编程与仿真 [M]. 2 版. 北京：机械工业出版社，2023.